大数据时代城市生活垃圾管理公众参与理论与实践

褚祝杰　张　凌　田　煜・著

上海科学技术出版社

图书在版编目（CIP）数据

大数据时代城市生活垃圾管理公众参与理论与实践 / 褚祝杰，张凌，田煜著. -- 上海 : 上海科学技术出版社，2020.11
ISBN 978-7-5478-5153-1

Ⅰ. ①大… Ⅱ. ①褚… ②张… ③田… Ⅲ. ①城市－垃圾处理－公民－参与管理－研究－中国 Ⅳ. ①X799.305

中国版本图书馆CIP数据核字(2020)第229804号

大数据时代城市生活垃圾管理公众参与理论与实践
褚祝杰　张　凌　田　煜・著

上海世纪出版(集团)有限公司
上 海 科 学 技 术 出 版 社　出版、发行
(上海钦州南路 71 号　邮政编码 200235　www.sstp.cn)
浙江新华印刷技术有限公司印刷
开本 787×1092　1/16　印张 15.75　插页 4
字数 350 千字
2020 年 11 月第 1 版　2020 年 11 月第 1 次印刷
ISBN 978－7－5478－5153－1/X・58
定价：120.00 元

前　言

中国特色社会主义进入新时代，中国生态文明建设也进入新阶段，着力解决突出环境问题将是生态文明建设的重中之重。党的十九大报告指出，要加强固体废弃物和垃圾处置。我国城市生活垃圾存量已达 80 亿吨，约 2/3 的城市被垃圾“包围”，1/4 的城市已无垃圾填埋场，5 亿平方米耕地被侵占，每年经济损失高达 300 亿元，城市生活垃圾管理成为制约我国全面建成小康社会的突出环境问题和重大民生短板。为此，各级政府纷纷出台相应的城市生活垃圾管理政策，以期通过法律规范来整治城市生活垃圾管理问题。然而，城市生活垃圾管理不仅是政府的事情，同时也是每个公众、企业、社会团体共同的权利与义务。因此，城市生活垃圾管理遇到的问题既要靠政府的支持与引导，还需要社会各方力量的参与。城市生活垃圾管理的公众参与成为环境保护和生态文明建设过程中制定一些政策、规章的信息来源和理论基础。

当前，我国正处于大数据时代，通信技术、计算机技术、物联网技术以及决策理论的飞速发展对城市生活垃圾分类、收集、运输和处理都有了一定的特殊要求。这些新技术的出现，不仅给城市生活垃圾管理带来了一定的机遇，还带来了些许挑战。特别是，公众掌握了大数据技术、要求政府公开各种信息的需求日益迫切，城市生活垃圾管理公众参与已成必然。因此，研究大数据时代背景下城市生活垃圾管理公众参与适应了当前城市发展的迫切要求，为提升城市生活垃圾管理能力提供了一条切实可行的途径。

本书通过梳理我国目前城市生活垃圾管理公众参与的现状，以及通过对国内外典型城市生活垃圾管理公众参与进行分析，引出大数据时代背景下城市生活垃圾管理公众参与的研究，即通过对大数据时代城市生活垃圾公众参与的影响、动力、实现、保障、反馈以及实践进行深入研究，得出了大数据时代城市生活垃圾管理公众参与的相关策略，探讨政府如何利用大数据平台完善公众参与城市生活垃圾管理的渠道，进而提高城市生活垃圾管理的效率，实现源头减量化、收集分类化、处理资源化和无害化的目标。

撰写本书的主要目的有以下几点：

第一，揭示城市生活垃圾管理公众参与存在的问题。虽然近几年我国城市生活垃圾管理公众参与取得了一些进步，在城市生活垃圾分类方面效果尤其显著，全国46个垃圾分类重点城市居民小区垃圾分类覆盖率已达53.9%。但是，还存在着垃圾分类参与主体单一、法律法规不健全等问题。因此，在详细介绍城市生活垃圾管理公众参与的现状基础上，深度挖掘出我国城市生活垃圾管理公众参与的主要问题和次要问题、关键问题和核心问题，为完善城市生活垃圾管理公众参与机制夯实基础。

第二，明确大数据对于城市生活垃圾管理公众参与的重要作用。大数据的出现为公众参与城市生活垃圾管理提供了新的平台与契机，极大地拓展了公众参与城市生活垃圾管理的地理边界和知识边界。大数据建立起了连接政府与公众的新型桥梁，使公众参与意识不断增强。同时，数据公开成为现代城市生活垃圾管理的趋势，大数据也为公众参与城市生活垃圾管理提供了必要保障，使公众参与城市生活垃圾管理成为必然。

第三，指导我国城市生活垃圾管理公众参与的具体工作。虽然我国已经颁布了《中华人民共和国环境保护法》和污染防治单行法等城市生活垃圾管理的相关法律法规，但是针对公众参与如何、怎样参与城市生活垃圾管理还没有具体规定，导致地方政府职能部门在具体工作中无所适从。为此，本书以可操作为主要原则，提出我国城市生活垃圾管理公众参与的详细策略，指导广大基层工作的实际工作。

本书由上海交通大学国际与公共事务学院教授、上海交通大学城市治理研究院研究员褚祝杰，哈尔滨工程大学经济管理学院、灾难与危机管理研究所张凌教授，中国国际工程咨询有限公司战略咨询部田煜共同完成。同时，感谢范秀华、彭玉姣、褚旭、李倩倩、穆云梦、周安、马斯塔力、马艺菲、陈安娜等所做的大量工作。最后，感谢国家社科基金教育部哲学社会科学研究重大课题攻关项目(资助号：17JZD026)对我们工作的支持。

褚祝杰

2020 年 7 月于上海

目　录

第1章
绪　论

一、研究背景

21世纪以来，各国经济迅速发展，城市化进程也进一步加快，但同时垃圾产生量也在以惊人的速度增加。据世界银行预测，由于人口增长、经济发展和快速城市化的影响，未来30年全球的垃圾量将增加70%，即年垃圾产生量将由2016年的20.1亿吨增至2050年的34亿吨。2016年固体废物处理和处置产生的二氧化碳（CO_2）当量为16亿吨，占全球排放量的5%。如果不予改善，到2050年垃圾相关排放量甚至可能会增加到26亿吨CO_2当量，从而对生态环境造成严重污染。城市是全球一半以上人口的家园，对世界GDP的贡献超过80%，处于应对全球固体废弃物挑战的最前沿。加强城市固体废弃物管理，减少碳排放量刻不容缓[1]。因此，作为固体废弃物的重要组成部分——城市生活垃圾的减量变得尤为重要。世界各国纷纷从国家层面推出相应的规划与政策，寻求城市生活垃圾减量化的解决方案。特别是我国高度重视以城市生活垃圾减量化为核心的城市生活垃圾管理工作，并将其纳入生态文明建设战略中。2012年，中国共产党第十八次全国代表大会将生态文明建设纳入中国特色社会主义事业的“五位一体”总体布局，明确提出要大力推进生态文明建设。2013年，习近平总书记在中共中央政治局第六次集体学习时明确指出：“共谋全球生态文明建设，深度参与全球环境治理，形成世界环境保护和可持续发展的解决方案，引导应对气候变化国际合作。”党的十九大报告着重强调“加强固体废弃物和垃圾处置”，坚持人与自然和谐共处是新时代坚持和发展中国特色社会主义的基本方略之一，将建设美丽中国作为全面建设社会主义现代国家的主要目标。

当前，我国正处在城市化快速发展、科技大爆炸和生态文明建设起步的新时期。一方面，城市化进程的持续推进促进了我国经济社会的快速发展。另一方面，城市产生的生活垃圾大量增加，由此造成了“垃圾围城”问题，妨碍了我国可持续发展战略目标的实现。因此，寻找大数据时代背景下城市生活垃圾管理的新路径，是实现城市生活垃圾减量化、促进生态文明建设的关键。特别是大数据新概念、城市生活垃圾管理与公众参与理念三者的结合恰好适应了当前时代背景下城市发展的迫切要求，为提升城市生活垃圾管理能力和推进新型城市化建设提供了一条切实可行的途径。

（一）大数据应用蔓延到各个领域

在信息技术飞速发展的 21 世纪，云计算、移动互联网、物联网等新技术迅猛发展，全球数据量激增。2012 年，联合国发布《大数据政务白皮书》，指出大数据对于联合国和各国政府都是一个历史性的发展机遇。大数据时代背景下人们可利用丰富的数据资源对社会经济进行实时分析，以帮助政府建立经济社会运行的快速响应机制。2014 年，大数据首次被写入《政府工作报告》，指出要为新兴产业建立创新创业平台，赶超大数据等先进领域，引领未来经济发展。2015 年，国务院发布《促进大数据发展行动纲要》，明确提出要加快大数据部署、深化大数据应用。2016 年，国家工业和信息化部正式发布了《大数据产业发展规划（2016～2020 年）》。2017 年以来，大数据与人工智能的热度已蔓延到各个领域，如无人驾驶、无人超市、智慧城市等[2]。具体到城市生活垃圾管理领域，大数据使城市生活垃圾产生量统计更加精准，带来的危害更加清晰，公众参与更加迫切。

（二）城市生活垃圾数量日益增加

随着城市规模的不断扩大、人口数量的持续增长和商品消费量的迅猛增加，城市生活垃圾的产生量也飞速增加。数据显示，目前我国各类固体废物累积堆存量为 600 亿～700 亿吨，年产生量近 100 亿吨，2018 年我国城市生活垃圾清运量为 22 802 万吨（图 1.1），并以每年 8%～10%的速度增长[3]。

大量的城市生活垃圾不仅影响城市的美观，而且对水、空气和土壤造成了极大污染，对城市居民的健康和生存造成严重威胁。相关医学研究表明，城市生活垃圾的无序堆放对大气、土壤和水体造成的污染，会通过食物链的富集作用进入人体，

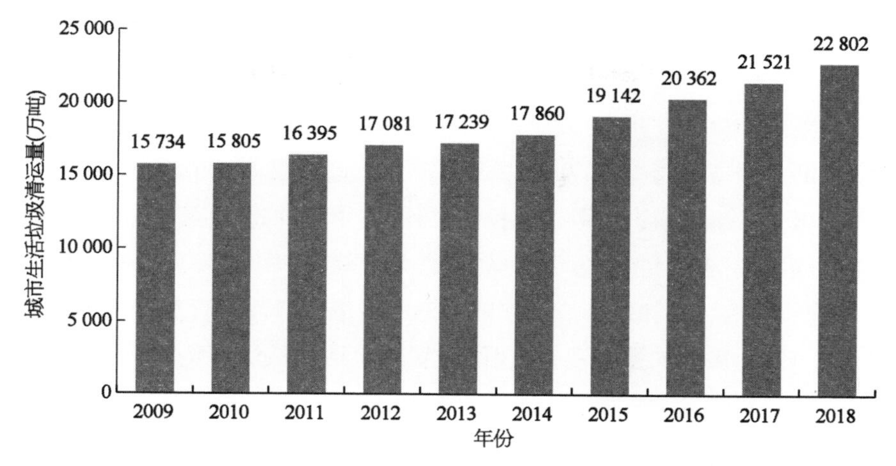

图 1.1 2009～2018 年中国城市生活垃圾清运量情况

对人体健康造成直接或潜在危害，如重金属超标导致中毒等。若不对其进行妥善处理和利用，将对人们的日常生活和生态环境造成严重损害，同时也会给城市发展带来一定的压力。

（三）公众参与城市管理蓬勃兴起

随着 21 世纪初公众参与式管理作为一种新型的管理模式被引入我国，城市生活垃圾管理也出现了转变——由传统的政府主导型向公众参与式转变。《中国 21 世纪议程》指出："团体和公众需要参与跟环境和发展有关的决策过程，尤其是可能影响其家庭和工作的决策过程，并需要参与对决策执行情况的监督[5]。"党的十九大报告也强调，加强和创新社会治理，并将公众参与作为社会治理体系的重要组成部分。近年来，我国部分省、自治区和直辖市陆续构建了开放型重大行政决策机制，对各自的《重大行政决策程序规定》中公众参与的内容进行修订和完善，并将公众参与视为重大行政决策机制的关键环节[6]。为此，城市生活垃圾管理也积极地引入公众参与全周期、全过程、全要素管理。

（四）生态文明建设在我国"五位一体"格局中处于突出地位

2012 年 11 月 8 日，党的十八大提出："把生态文明建设放在突出地位，融入经济建设、政治建设、文化建设、社会建设的各方面和全过程，努力建设美丽中国，实现中华民族永续发展。"2016 年 1 月，习近平在省部级主要领导干部学习贯彻党的十八届五中全会精神专题研讨班上指出："环境就是民生，青山就是美丽，蓝天也是幸福，绿水青山就是金山银山。”2017 年，我国发布《生活垃圾分类制度实施方案》，对城市生活垃圾管理工作提出了具体要求。2019 年 7 月，上海市率先实行强制性垃圾分类，随后，重庆、广州等 45 个试点城市也纷纷制定了相应的垃圾分类制度实施方案，不断推进城市生活垃圾分类工作，全国进入城市生活垃圾强制分类阶段[4]。从“对自然不能只讲索取不讲投入、只讲利用不讲建设”到“人与自然和谐相处”，从“协调发展”到“可持续发展”，从“科学发展观”到“绿色发展”，都表明我国将生态文明建设作为一种执政理念和实践形态。城市生活垃圾管理作为生态文明建设的重要一环，更需要加强重视，加速推进城市生活垃圾管理进程，不断深化生态文明思想和实践。

二、研究意义

本书根据公众参与在城市生活垃圾管理中的作用，希望以“两个尺度”（空间脉络和时间脉络）为参照系，从公众参与的“内生态”（价值定位、文化观念）与“外生态”（经济持续发展、自然环境保护）平衡出发，培养出公众参与的“软实力”，将公众带来的第一手情况及材料真实地、有效地和原发性地反映出来，有效利用公众权利制约公权力，最大限度地防止腐败，提高管理的执行效率，体现出追求社会、经济与伦理道德要求的“德—得”统一历史使命。同时，通过公众参与的“眼”，达到我国城市经济发展、社会进步、环境友好的“三赢”目标。

（一）利于我国城市生活垃圾管理能力的整体提升

在大数据时代，大数据、城市生活垃圾管理和公众参与这三者的完美结合丰富了城市生活垃圾管理机制，使政府和公众能有效地进行沟通和交流，有助于政府制定科学、民主、高效的城市生活垃圾管理决策，提高决策的执行力。具体来说，一方面，将大数据引入城市生活垃圾管理体系中，充分利用大数据相关技术，通过监测、分析、整合数据等方式优化资源，促进管理理念的智慧化与精细化，提高政府的工作效率。另一方面，从公众参与视角对城市生活垃圾管理进行研究，使城市生活垃圾管理的决策更符合公众利益，增加政策的可执行性；同时，公众参与城市生活垃圾管理，还有利于加强对城市生活垃圾管理行政行为的监督，分担行政机关的监督、检查、纠察等职能[7]。

（二）利于公众参与城市生活垃圾管理积极性的调动

公众作为城市生活垃圾管理的主体，其参与的积极性、主动性和有效性，不仅对城市生活垃圾管理成败起着关键性的作用，同时也是加快美丽中国建设的有效举措。在大数据时代，应用大数据技术的相关特点，畅通和简化公众参与渠道，推进公众参与城市生活垃圾管理，能切实提高公众的环保意识和环保素质，使公众可以直接参与城市生活垃圾管理，包括城市生活垃圾管理政策的制定、修改和执行，增加公众对政府有关城市生活垃圾管理工作的参与度和认同感，增强公众的责任感、使命感和荣誉感，使公众更加积极主动地配合城市生活垃圾管理工作的推进，提高城市可持续发展的能力，进而推动生态文明建设。

（三）利于生态环境的保护

高效的城市生活垃圾管理能够减轻城市生活垃圾处理不当带来的生态环境破坏，消除其对人居生活环境的影响，促进生态宜居的美丽中国建设。具体来说，首先，与城市生活垃圾关系最为紧密的公众被完全纳入管理体系中，保障了公众的发言权，有助于公众提出城市生活垃圾管理的有效方法，给予环境有利保护。其次，对于城市生活垃圾管理中所涉及的企业而言，公众参与能够有效约束其外部性的败德行为，从而使其做出合理取舍，最大限度地发挥保护环境的作用。最后，对政府而言，结合大数据和公众参与能够及时、有效地引导公众参与城市生活垃圾管理，集思广益，提高生态环境保护能力。

三、研究综述

（一）国内研究现状

1. 大数据

（1）大数据的定义：大数据时代刚刚开始，学术界对大数据的含义存在许多不同的看法，没有一个规范的定义。搜狗百科解释：大数据（big data）是指在一定时期内使用传统软件工具无法进行抓取、管理和处理数据内容的数据集合[8]。百度百科对大数据的定义：大数据也称巨量资料，是指采用新的数据处理模式以具备更强的决策力、洞察力和流程优化能力的庞大、高增长率和多样化的信息资产。表1.1为国内学者对大数据的定义[2]。

表 1.1　国内学者对大数据的定义

学　者	定　　义
李德毅	大数据本身既不是科学，也不是技术，反映的是网络时代的一种客观存在。各行各业的大数据，规模从 TB 到 PB、到 EB、到 ZB，都是以三个数量级的阶梯迅速增长，是用传统工具难以认知的、具有更大挑战的数据
李国杰	大数据是指无法在一定时间内用常规软件工具对其内容进行抓取、管理和处理的数据集合，具有数据量大、种类多和速度快等特点，涉及互联网、经济、生物、医学、天文、气象、物理等众多领域
涂子沛	大数据是指那些大小已经超出了传统意义上的尺度，一般的软件工具难以捕捉、存储、管理和分析的数据
黄欣荣	所谓大数据就是指规模特别巨大的数据集合，因此从本质上来说，它仍然是属于数据库或数据集合，只不过是规模变得特别巨大而已
姜珂	大数据可理解为大规模和超大规模的数据集，但大数据时代不仅仅是对这些数据的存储和掌握，最重要的意义在于对特定的数据集进行专业化处理，以达到盈利的目的
何莎、何仁生	大数据是指信息爆炸时代所产生的海量数据。大数据时代则是指数据爆炸性增长并随之带来一系列生产、生活巨大变更的时期，而这个过程的长短及其发展还很难有一个准确的预测

刘晓茜给出了十分详细、具体的描述："大数据是指具有超大的、难以用现有常规的数据库管理技术和工具处理的数据集，具有数量巨大、类型多样、结构化程度不同、价值密度不均衡、动态特征不一致、应用处理特征不同等特点的信息集合[9]。"另外，大数据涉及三项内容，分别是半结构化数据、结构化数据和非结构化数据。通常，结构化数据是指传统意义上的数据，如数字和符号等，数据分析可遵循一定现有规律；半结构化和非结构化数据是指各类文本、图片、音视频和网页等，其在研究期间采用的规模并不是已知的，必须借助多种信息展开模型，采取形式化的研究方式获取结果。

（2）**大数据的价值**：杨佶在《政府信息公开法律规范必须转变视角——以保障公民知情权为宗旨》中谈到："数据化代表着人类认识的一个根本性转变。借助大数据，我们不会再将世界视为我们以为的或是自然或是社会现象的一系列事件，我们将意识到，世界本质上是由信息组成的[10]。"刘晓茜认为："大数据在多个领域都发挥着至关重要的作用，比如在安防方面，大数据的运用能进一步加强安全防范能力；在教育、医疗等民生领域，大数据技术的使用也能提高运转效率、服务水平以及个性化服务[9]。"赵鹏飞谈到："通过大数据的集成和共享，可形成被行政部门、研究机构、各大公司和众多用户所理解和认可的重要应用程序。大数据可为整个社会的经济和文化发展提供新的参考价值，其被广泛认可的原因是：它可从大多数无用的海量数据中挖掘出有用的信息，并为企业、机构和政府部门制定计划和政策提供依据[11]。”臧超等则认为：“政府部门要想提高城市决策的科学性，就需要把大数据思维与技术运用到政府治理与决策中，依靠数据采集、统计和分析来直观呈现城市各行业的运行情况，通过相应的数据挖掘辅助有关城市部门进行科学决策，用‘数据说话’。同时，在决策执行过程中，可将大量客观数据快速反馈给城市决策者，并可实时监控决策的执行过程和效果，充分掌握决策的实施效果和调整下一步的改进方向，跟踪决策的实施情况，优化决策过程[12]。”

（3）大数据的应用：近年来，随着大数据技术的快速发展，其在商业智能、政府服务、市场营销等方面的应用十分广泛，以下分别从智慧城市、商业发展、环境治理三方面进行介绍。

① 智慧城市：蔡若佳等在《“智慧城管”初探：大数据时代的城市管理创新》中说：“‘智慧城管’是大数据时代的一大产物，其充分利用云计算、移动互联网、物联网与其他先进的信息和通信技术，实现对城市运行的数据融合、综合感知和智能决策，整合各个职能部门，综合和优化现有资源，以提供更优质的服务、更优美的环境并构建更和谐的社会，提高经济发展的质量和产业竞争力，是一种以智慧管理、智慧服务、智慧生活、智慧人文、智慧产业、智慧技术等为核心的城市管理与发展的新模式[13]。”宋敏从智慧城市交通领域、智慧城市环境保护领域、智慧城市规划方面及市民生活领域等进行了详细的探索，分析了大数据技术在智慧城市管理中的存在价值，认为大数据技术不仅为智慧城市管理明确了方向，也为智慧城市管理提供了技术支持[14]。任志孟认为，大数据技术为智慧城市的管理带来了全新的机遇，主要体现在数据收集、数据处理、数据共享和数据加工 4 个方面[15]。

② 商业发展：李富认为，商业模式只有通过变革才能在竞争中获得先发优势，但商业模式创新的矛盾也不容忽视，需要采取适当方法加以规避[16]。谢卫红等基于联动理论，从大数据应用的角度入手，研究了数字情境下管理支持对企业商业发展的具体影响[17]。刘丹等对国家电网进行商业模式创新的做法进行了具体研讨，认为大数据在价值发现、创造与实现等阶段中均存在对企业商业模式创新的显著影响，进而导致了企业差异化特征优势的形成[18]。汪涛武等以制造业与零售业为研究对象，认为大数据与企业的融合深度会影响行业愿景与现实情况的差距，应通过构建信息共享平台来推进行业的可塑性[19]。邵鹏等从管理视角（包括决策与决策支持、新型组织管理、运营管理等方面）对大数据研究进

行了展望[20]。蒋洁等表示，通过健全以可持续发展原则为基础的时代性数据理论体系，能够实现大数据生态系统的良性循环，并推进人类生存价值与自然永续发展的协作关系[21]。

③ 环境治理：王茹在《基于大数据的环境监测与治理研究》中谈到："有效的环境监控和治理需要先收集数据，然后对其进行分析和处理。对于大数据的应用，首先应树立大数据的概念，并建立使用大数据进行分析和治理的思维。监测重点环境保护领域和环境脆弱地区，实时监测环境状况[22]。"郑石明等认为，大数据在空气污染治理中能够对非结构化监测数据量化分析，从而提高空气环境治理的精细化程度和防治效率，增强公众参与[23]。谭娟等认为，政府在定期发布污染数据的同时，还应深度挖掘数据价值，形成长期、连续的数据链和数据网，动态评估各细分区域的演变规律，探明季节性差异下不同污染源的影响路径和程度，以及污染源之间的相互作用关系，最终将污染防治标准控制在更加精确、科学和实际可行的范围内[24]。魏斌指出，在环境治理方面应开展环境舆情监测和分析，通过自动抓取、自动分类聚类、主题检测、专题聚焦，开展环境舆情监测和分析，掌握社会公众对环境保护重大政策、建设项目环境影响评价等问题的思想动态[25]。

2. 城市生活垃圾管理

(1) 城市生活垃圾的概念：城市生活垃圾是固体废物的一个类别，是指在城市日常生活中或者为城市日常生活提供服务的活动中产生的固体废物，以及法律、行政法规规定视为城市生活垃圾的固体废物[26]。在《城市生活垃圾管理办法》(建设部令第 27 号)中规定，城市生活垃圾是指城市中的单位和居民在日常生活及为生活服务中产生的废弃物，以及建筑施工活动中产生的垃圾[27]。《资源环境法词典》则按照产生来源解释了城市生活垃圾，具体包括居民家庭生活垃圾、商店门户经营产品附带垃圾、环卫工人清扫的街道垃圾、贸易市场交易商品附带垃圾、企事业单位办公垃圾等，不包括医疗垃圾、工业废弃物以及危险废物等[28]。

(2) 公共治理视角下的城市生活垃圾管理：城市生活垃圾管理包括垃圾分类、收集、运输、储存、处理、监督等环节。范文宇在《公共治理视角下的城市生活垃圾管理研究》中认为："传统的城市生活垃圾管理是作为一种基础性公益事业，由政府部门对城市生活垃圾进行清扫、收运以及处理的管理活动。在传统城市生活垃圾管理下，政府在城市生活垃圾管理中处于主导地位，包揽了基础设施建设、资金和技术的投入以及具体垃圾经营工作，并承担着从城市生活垃圾的清扫、收集、转运到处理的全部管理职能[29]。"公共治理视角下的城市生活垃圾管理界定为政府、市场、社会等多元利益相关主体基于平等协商的原则，为实现城市生活垃圾的减量化、资源化和无害化的目标，通过多样化手段对城市生活垃圾进行减量、分类、清扫、收运、处理等一系列活动的系统过程，其主要特征如表1.2所示。

表1.2 公共治理视角下城市生活垃圾管理的主要特征

主要特征	详细内容
主体多元化	城市生活垃圾管理不再限于传统的政府或企业的单一管理，而是基于平等协商而非"政府主导—其他主体参与"的关系，企业、社会组织、公众等多元公共管理主体均可参与其中，协同推进城市生活垃圾管理
手段多样化	包括传统的立法、行政、技术、设施，以及现代化的协商谈判、交易等。立法和行政主要是确立规则以及监督整个管理过程；协商谈判是政府、市场、社会基于共同的价值将多元利益诉求达成一致行动，主要体现在垃圾处理设施的建设上；交易是政府通过购买服务等市场化的方式将垃圾管理服务交由企业和社会组织承担
对象多源化	城市生活垃圾管理的对象不单纯是城市生活垃圾这一整体，而更关注城市生活垃圾中不同特性和产生源的垃圾。传统的生活垃圾管理方式将城市生活垃圾看作一个整体，从而忽视了整体下的具体内容，影响管理效果
过程系统化	城市生活垃圾管理过程是一个包括源头、中间和末端的系统工程，对各阶段进行针对性的管理。源头管理主要对城市生活垃圾进行减量和分类；中间管理是对城市生活垃圾进行清扫、收集、转运；末端管理是对城市生活垃圾进行利用，以及焚烧、堆肥和填埋
目标为"三化"	城市生活垃圾管理的目标是促进城市生活垃圾治理的减量化、资源化和无害化(简称"三化")。"三化"目标是城市生活垃圾管理过程中的战略目标，在此之下还有一些具体的目标。同时，不同城市生活垃圾管理阶段对各目标的重视程度也会有差别

(3) *研究历程*：国内对城市生活垃圾管理的研究主要经历了三个阶段。

第一阶段(1984～1997年)：在此阶段，仅有极少数学者关注城市生活垃圾管理问题。此阶段我国城市生活垃圾管理的相关研究数量少，内容也比较单薄，主要着眼于城市生活垃圾管理的必要性以及相关处理技术的研究上，几乎未涉及城市生活垃圾管理中的分类、收集、运输等过程，也未提出相关建议以促进我国城市生活垃圾管理的发展，人们对于城市生活垃圾管理的概念尚不深入。可以说，在这一阶段，国内对城市生活垃圾管理的研究尚处于萌芽和起步阶段。

第二阶段(1997～2017年)：城市生活垃圾管理问题受到学者们广泛关注。学者们主要从我国严峻的垃圾管理形势和垃圾危害性出发，借鉴日本等国家(地区)城市生活垃圾管理经验，要求进行垃圾分类，并提出完善相关政策法规、加强宣传教育等较为宏观的建议。在这个阶段也有少部分学者开始关注城市生活垃圾的减量化、资源化和无害化，并针对减量化、资源化和无害化分别提出了相应建议，具体包括垃圾计量收费等措施，但也仅是模糊地使用减量化、资源化、无害化等概念，而未对其进行科学、系统地界定或解释，政策建议也比较原则化，难以指导地方真正实现城市生活垃圾的减量化、资源化和无害化目标。

第三阶段(2017～2019年)：城市生活垃圾管理进入新阶段，学者们从宏观和微观两个方面开展了深入研究。在宏观方面，主要研究以减量化、资源化和无害化为目标的法律框架完善、城市生活垃圾管理系统和再生资源回收利用系统的融合，以及多元共治体系的建立。例如，孙佑海等认为，解决城市生活垃圾处理难题的根本之策是从减量化、再利用和资源化的目标出发重新构建循环经济体系，有必要再次界定与循环经济相关的减量化、再利用、资源化等重要概念。在微观方面，主要研究居民、社区等城市生活垃圾分类主体参与分类的影响因素[30]。

3. 公众参与

(1) 公众的概念：在《现代汉语词典》中，“公众”一词的解释有两种：一为社会上大多数的人；二是大众。然而，对“公众”的确定标准，法学理论界、我国法律规定以及公众概念尚没有统一、清晰的认知。有学者认为，公众定位应是分散的个体。例如，乔永平提出：“生态文明的四大主体——政府、社会组织、市场(代表企业与消费者)和社会公众。”也有学者认为，与政府和其他公共权力机构相比，公众只包括自然人、法人及其他组织和团体；还有学者将公众定义为一个广义的概念，包括政府、社会组织、自然人和团体[31]。

(2) 公众参与的定义：百度百科对公众参与的定义为：从狭义上讲，公众参与是指公民在代议制政治中的投票活动，是公民在现代社会中的一项重要责任。从广义上讲，除了公民的政治参与之外，公众参与还必须包括所有关心公共利益和公共事务管理的人们的参与，以及促进决策过程的行动。在实际活动中，通常是指以普通民众的参与为主体，以促进社会决策和活动的实施。

公众参与的定义可从以下3个方面进行表达：① 这是一个连续的、双向交换意见的过程，以增进公众对负责调查和研究环境问题的政府机构、集体单位和私人公司的做法与过程的了解。② 随时向公众通报项目、计划、方案或政策制定和评估活动的有关情况和含义。③ 在以下方面积极征求全体相关公民的意见：设计项目决策和资源利用，制定、形成以及比较选择方案和管理对策，信息交流以及各种促进公众参与的手段和目标[32]。学者们对公众参与有不同的界定(表1.3)，但就其一致性而言，公众参与应包含3个方面的内容，即参与主体、参与内容、参与途径和方式。

表1.3 国内学者对公众参与的定义

学者	定义
戴雪梅	公众为表达个人诉求或组织诉求，以及为维护相关利益，而通过合理合法的方式表达自己的意见和建议的过程
石路	公民直接参与到关系他们切身利益的政府即行政机关制定公共政策的过程中去，使他们能够通过各种有效的途径，充分表达自己的意见，形成合意，对政府公共政策产生积极而有效的影响
李媛	个人、群体或社会组织通过直接影响公共决策或直接参与公共治理，与政府或其他治理主体的协商、沟通或合作
贾西津	公民通过政治制度内的渠道，试图影响政府的活动，特别是与投票相关的一系列行为
王锡锌	在行政立法和决策过程中，政府相关主体通过允许、鼓励利害关系人和一般社会公众，就立法和决策所涉及的与利益相关或者涉及公共利益的重大问题，以提供信息、表达意见、发表评论、阐述利益诉求等方式参与立法和决策过程，并进而提升行政立法和决策公正性、正当性和合理性的一系列制度和机制
蔡定剑	在进行立法、制定公共政策、决定公共事务或进行公共治理时，由公共权力机构通过开放的途径从公众和利害相关的个人或组织获取信息，听取意见，并通过反馈互动对公共决策和治理行为产生影响的各种行为
王周户	政府之外的个人或社会组织通过一系列正式的和非正式的途径直接参与到权力机关立法或政府公共决策中。它包括公众在立法或公共政策形成和实施过程中直接施加影响的各种行为的总和

此外，王群在《“互联网＋”背景下公众参与公共治理：文献综述与前瞻》中定义：“在‘互联网＋’背景下，公众参与公共治理是指一系列过程，在这些过程中，不具备法定直接决策权的公民、团体或社会组织在参与公共政策的制定(包括对公共问题的确认、解决方案的选择和合法化等)时，必须依赖于计算机、智能电话和网络通信平台等现代技术载体表达其诉求[33]。”王金水认为，基于互联网的参与是公众以网络为介质干预公共生活领域，参与公共决策讨论的行为，直接或间接影响公共政治体系的运行模式、运行规则和政府决策过程[34]。

(3) 公众参与和生态文明建设的关系：郝慧在《福建省公众参与生态文明建设的法律机制研究》中讲：“公众参与生态文明建设是指‘社会公众有权通过特定程序或渠道参与一切与生态利益相关的决策活动和实施过程，表达关切并施加影响，从而有效地维护自身环境权益，实现生态效益与经济效益的统一’[35]。”周鑫在《构建现代环境治理体系视域下的公众参与问题》中谈到：“公众参与生态环境治理，是党和国家的明确要求，符合我国经济社会的发展需要。当前，我国经济社会发展进入新常态，生态环境治理也进入新常态。公众对于优美生活的期待已经成为民生基本诉求之一，百姓对于'温饱'和'生存'的需求也转型成为对于'生态'与'环保'的渴望[36]。"李兵华等认为，提高公众环保参与意识、增强公众参与程度、促进政府环境响应是预防环境风险向社会风险转化的有效途径[37]。毛晓红则认为，公众参与是环境影响评价工作的重要组成部分，可提升环境影响评价的准确性和全面性[38]。

（4）公众参与城市生活垃圾管理的实践：随着公众参与理论研究的深入，各地也开展了各种实践活动，并取得了一系列成果。其中最具代表性的城市是北京和上海，详见表1.4。

表1.4　公众参与城市生活垃圾管理的实践

年　份	实　践　情　况
2000	北京、上海、广州、深圳、杭州、南京、厦门、桂林这8个城市被选为城市生活垃圾分类的试点城市，拉开了我国城市生活垃圾分类收集试点工作的序幕
2003	环保部和证监会增加了公司IPO的环境信息披露要求，为公众监督提供了机会
2008	北京市朝阳区上千公民发起请愿活动，以维护生存环境和保护健康为口号反对在高安屯垃圾掩埋场附近兴建垃圾焚烧厂，致使项目延后建设
2010	NGO组织"绿色之星"在北京朝阳区举办"垃圾分类行动，共筑绿色生活长城公益活动"，发放绿色生活积分活动卡，促进市民积极参与垃圾分类
2017	国家出台《生活垃圾分类制度实施方案》，要求"各城市于2017年底前制定出台办法，细化垃圾分类类别、品种、投放、收运、处置等内容"
2019	上海以地方性法规的形式确立了垃圾分类管理制度，率先实行垃圾强制分类，重庆、广州等地也相继出台了基于垃圾分类和资源回收的管理新规

（二）国外研究现状

1. 大数据

（1）大数据的定义：对于"大数据"，世界著名的美国权威研究机构Gartner给出了这样的定义：大数据是需要新处理模式才能具有更强的决策力、洞察发现力和流程优化能力来适应海量、高增长率和多样化的信息资产。麦肯锡全球研究所给出的定义：一种规模大到在获取、存储、管理、分析方面大大超出了传统数据库软件工具能力范围的数据集合，具备数据规模大、数据流快、数据类型多样、价值密度低的特点。英国大数据权威维克托则在其《大数据时代》一书中这样定义："大数据不是一个确切的概念。起初，这个概念意味着需要处理的信息量太大，普通计算机所具备的内存量无法对其进行数据处理，因此工程师必须改进处理数据的工具。”John Wiley 图书公司出版的《大数据傻瓜书》对大数据的概念是这样解释的：“大数据并不是一项单独的技术，而是新、旧技术的一种组合，它能够帮助公司获取更可行的洞察力。因此，大数据具备一种管理规模巨大的独立数据的能力，以便以适当速度、在适当的时间范围内完成实时分析与响应。”在维基百科中，大数据则被定义为“任何数据集集合的、包罗万象的术语，如此庞大和复杂，以至于很难使用传统的数据处理应用程序进行处理”[39]。

(2) 大数据价值：2012 年 3 月，美国奥巴马政府正式启动大数据研发计划，旨在研究大数据研究的新基础设施和方法，促进在大数据中获取知识和见解的工具和技术的发展，同时提高使用大数据进行科学发现的能力。其具体目的是，开发用于管理、收集、分析、存储和共享大规模数据的核心技术，并利用这些技术加速科学与工程技术的发现，增强国家安全，改变教育学习模式，大力培养开发和使用大数据技术的新人才。此外，它还为下一代数据科学家和工程师做好准备，尤其希望分析人员从任何语言的文本中提取信息的能力提高 100 倍。2013 年 1 月，英国政府宣布一项 1.89 亿英镑的大数据计划，以资金和政策支持医疗、农业、商业、学术研究等领域的大数据开发，以寻找商业企业和研究机构利用大数据的新机遇。2013 年 2 月，法国政府发布“数字路线图”并投资 1 150 万欧元，支持 7 个未来项目的发展，其中包括大数据。2013 年 8 月，澳大利亚联邦政府宣布了澳大利亚公共服务大数据战略，计划通过使用大数据分析技术，以制定更佳的公共政策，并保护公民的隐私，促进公共部门的服务改革。日本政府分别于 2012 年和 2013 年宣布了国家大数据战略“2020 年综合 ICT 战略”和“申报成为世界最先进 IT 国家”，计划在 2013～2020 年制定以公开公共数据和大数据为核心的日本新的国家 IT 战略。

欧盟委员会宣布《地平线 2020》完成下一个研究和创新框架计划，投资约 1.2 亿欧元，用于大数据的相关工业研究和应用。该计划确定了一项研究和创新战略，以指导大数据经济的成功实施，其中包括优秀的科学、工业领导力和社会挑战，其涉及的主题全面涵盖了 ICT 技术，包括从关键的支持技术到网络技术、机器人、内容和信息管理技术。在《地平线 2020》中，ICT15 和 ICT16 主要涉及大数据的工业研究。具体来说，前者侧重于开放数据创新，而后者侧重于大数据研究，包括技术、基准和支持行动(如竞争)[40]。

(3) 大数据的应用：针对实际需求，各国将大数据应用于其各个领域，并取得较好效果。特别在城市管理方面，国外积累了丰富的经验，如表 1.5 所示[41]。

表 1.5　国外城市管理大数据应用案例

领域	案例	背景内容	数据来源	作用效果
公共设施	夏威夷“领养警报器”	夏威夷的防海啸警报器内的电池经常被盗，致使政府无法准确掌握各报警器能否正常使用的情况	Code for America 公司开发了一个“领养报警器”的系统，数据来源于所有报警器	可及时获取所有报警器的实时数据，已在9个城市以不同的形态出现
	拉斯维加斯城市管网	拉斯维加斯因未能全面掌握市政管网信息而时常发生被施工活动误挖的情况	VTN 公司帮助拉斯维加斯市整合各数据源的数据，利用 Autodesk 的技术生成一个三维实时模型	通过模型观察路面和地下的各种管线设施，实时掌握地下关键资产的位置和状况
	加州电网系统运营中心	加州电网系统运营中心管理着加州超过80%的电网，向 3 500 万用户每年输送 2.89 亿兆瓦电力，海量的数据增加了管理难度	天气、传感器、计量设备等各种数据源的海量数据；3 500 万用户用电数据	平衡全网电力供应和需求；对潜在危机做出快速响应；可视化界面使用户优化利用电力能源
	西雅图用大数据节电	西雅图是美国西北部地区耗电量最大的城市，为此，西雅图市政府与微软埃森哲试点大数据电力节能项目	4个主要城区电力管理系统的数据集；PSE 公司提供的用电数据，包括家庭耗电量统计及各类家用电器用电行为习惯的分类数据	对数据进行运算处理、预测分析，寻找具有可行性的节能方案；力图将耗电量降低25%
交通管理	缓解停车难问题	SpotHero 是一个手机应用，可根据用户的位置和目的地，实时跟踪停车位数量变化	入网城市的可用车库或停车位，及对应的价格、时间等数据；以往不同时间段的停车位情况；其他用户可能到达并抢占停车位	华盛顿、纽约、芝加哥、巴尔的摩、波士顿等7个城市的停车位得到实时监控
	里昂用大数据治堵	为避免交通堵塞，里昂政府应用 IBM 开发的“决策支持系统优化器”，根据相关数据做出决策，优化公共交通	实时交通报告，包括大量的交通摄像头数据、信号灯数据、天气数据等；通过对过去的成功处置方案“学习”得到的数据	通过及时调整信号灯使车流以最高效率运行；辅助处理突发事件；预测可能发生的拥堵情况

续 表

领域	案例	背景内容	数据来源	作用效果
交通管理	波士顿交通大数据	IBM的六位数据分析工程师应用大数据来治理波士顿的交通	现有交通数据，以及来自社交媒体的新数据源；交通信号灯、二氧化碳传感器和汽车的数据等	帮助乘客重新调整路线，节省时间、汽油
治安管理	波士顿大爆炸侦破	2013年，波士顿国际马拉松赛现场发生恐怖事件；为加速侦破案件，FBI在案发现场附近采集了10 TB左右的数据	移动基站存储的电话通信记录；周边摄像头的监控录像和志愿者提供的影响资料；大量社交媒体出现的相关照片、录像等	调查人员通过比对、查找和分析，最终确定了犯罪嫌疑人
	大数据预防犯罪	南卡罗来纳州查尔斯顿，警方利用IBM的数据分析工具，帮助当地警察更加准确地进行犯罪模式分析	指纹、掌纹、人脸图像、签名等一系列生物信息识别数据；归档数据、所有相关的图像记录以及案件卷宗等信息	有助于收集犯罪线索、预防犯罪、预测罪犯在假释或缓刑期的犯罪可能性
灾害预警	纽约利用大数据防火	纽约每年有近3 000栋建筑因火灾损毁；纽约的城市复杂度阻碍消防人员的救援；防火重于救火	100万栋建筑物相关数据，包括居民收入水平、建筑物年份、电气性能情况等	通过数据运算，对建筑物的火险概率依次排列；当年火灾发生率下降了约24%

2. 城市生活垃圾管理

(1) 城市生活垃圾管理的发展：城市生活垃圾管理是对城市生活垃圾从产生到结束的阶段进行全程管理的过程，其中减量化、资源化和无害化是其主要的管理原则[42]。早期城市生活垃圾管理问题强调废物的清除，而非废物的有效处置。到20世纪70年代，争论由清除转向利用，但废物处理操作(如回收)只考虑到财务收益，而忽略了对环境产生的影响。20世纪90年代以前，公众参与城市生活垃圾管理领域基本未受关注。1992年，联合国在巴西里约热内卢召开环境与发展会议，发表了10原则和21世纪章程，要求各国提高公众对环境的参与程度，这才引起了各国政府的高度重视。至今，城市生活垃圾管理逐渐发展成为政府主导，居民、企业以及NGO组织积极配合参与的合作管理。

(2) 城市生活垃圾管理政策的理论框架

①“废物等级”原则：任何废物政策的首要目标都是尽量减少废物的产生和

减少对人类健康及环境的负面影响，因此防止废物产生应该是废物管理的首要和优先事项。根据“废物等级”原则，进行固体废物管理时，从最优先到最不提倡的政策顺序依次为：预防废物产生（prevention）、修理以重复使用（preparing for reuse）、循环利用（recycling）、部分资源回收（other recovery）、处置（disposal）（图 1.2）。

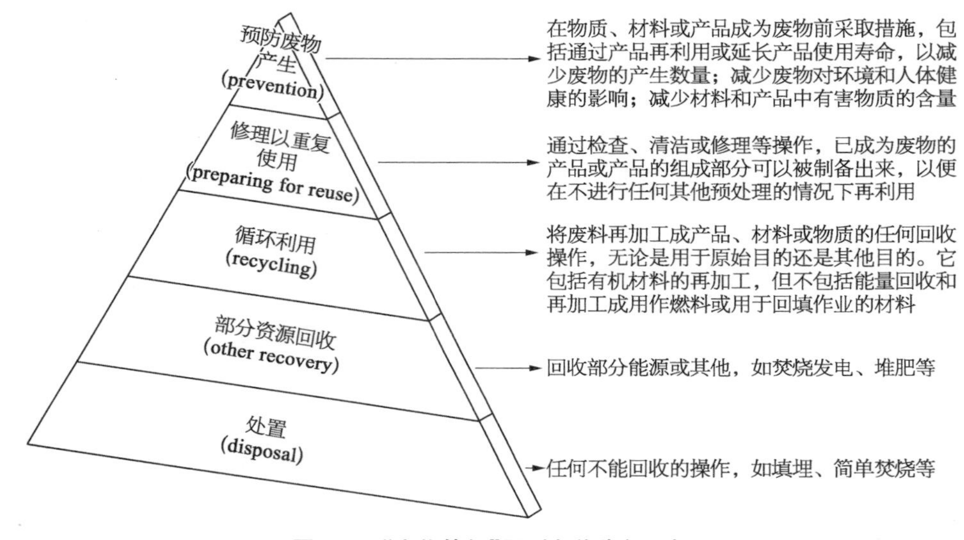

图 1.2 “废物等级”原则各优先级目标

② 综合固废管理理论：综合固废管理（ISWM）以最小化的经济成本、最大化的环境保护和社会效益为导向，整个社会系统为考虑，寻找最好的固体废弃物综合性手段的组织方式。它包括所有源头和涉及的所有方面，覆盖产生、隔离、运输、分类、处理、回收和处置过程；其根据不同实施地区的可持续、经济可行、社会可接受度而建立不同的形式，不在意废弃物管理方法使用的多少，而重点关注这些方法在一套管理战略中的组合。ISWM 通常涉及“废弃物管理优先级”，如减量、重用、材料循环、生物处理、焚烧回收资源、焚烧、填埋等废弃物管理级别。由此可以看出，综合固废管理理论遵循了“废物等级”原则，而其进步之处在于以最小化的经济成本、最大化的环境保护和社会效益量化了“废物等级”的优先级选择标准。

③ 生活垃圾管理社会成本评估理论：社会成本评估源于福利经济学提出的“私人净产品”和“社会净产品”的背离，认为政府需通过补助和税收来消除这种差异，实现“国民所得的最大化”。在应用层面，社会成本评估需采用“费用效益

分析”的方法，在污染行为与人类所受影响之间建立起关系；在操作层面，需运用计量和货币化技术，如土地价格评估方法、拨付法、市场比较法等。此外，生命周期分析（LCA）是生活垃圾焚烧成本研究的基本框架。例如，美国 EPA 发布过一本废弃物管理的全成本核算手册，建立了全成本核算的框架，以帮助政府部门核算生活垃圾管理支出的税收和其他公共资金，并将成本分为前期成本、运营成本、后期成本、修复成本、或有成本、环境成本与社会成本，同时提出了净成本指标[43]。

(3) 城市生活垃圾管理的实施层面

① 城市生活垃圾收集时间：Tin 等认为，城市生活垃圾收集时间安排不当将严重影响城市生活垃圾收集管理的效果[227]。Koushki 等发现，由于居民在上班途中方便将城市生活垃圾倾倒在指定城市生活垃圾收集点，因此城市生活垃圾收集的最佳时间是 3:30～12:00[228]。Kaseva 等发现，在交通高峰时段收集城市生活垃圾时，收集车辆和人员的生产效率最低[229]。Li 等从成本角度分析城市生活垃圾收集时间，发现分别在上午 8:00、下午 14:00 和晚上 18:00 收集城市生活垃圾的效果最好，但其成本很高[230]。Arribas 等设计出了城市固体废物收集系统的方法，减少了收集时间以及运营和运输成本[250]。

② 城市生活垃圾收集频率：Kaseva 等认为，城市生活垃圾收集频率是城市生活垃圾收集管理的一个重要方面，是由收集车辆的状况和人员的数量决定的。他们通过对达累斯萨拉姆的研究发现，每星期 2～3 次是比较恰当的收集频率[229]。Kim 等表明，城市生活垃圾收集频率是由当地的气候、地理、服务价格等条件决定的。例如，在美国北部各州，城市生活垃圾每星期需要收集 1 次，但是在南部各州就需要 2 次[232]。El-Hamouz 表明，确定城市生活垃圾收集频率必须要满足居民追求清洁、健康的生活环境的要求[233]。

③ 城市生活垃圾收集费用模式：Miranda 等、Canterbury 等、Hogg 等、Reichenbach 等认为，城市生活垃圾收费应按产生废弃物的体积和重量的多少进行核算，总原则是居民产生的城市生活垃圾越多，付费越多[234]～[237]。他们认为，只有这样才会从源头上减少城市生活垃圾的产生量。Houtven、Batllevell 等都认为，定额制收费模式不利于城市生活垃圾的减量化[238][239]。Sakai 等、Elia 等认为，“即投即付（PAYT）”是一套能够促进垃圾减量化并且实用性较高的收费方案[240][241]。Brown 等也分析了 PAYT 计划的接受度，结果显示人们的支持度较高[242]。

3. 公众参与

(1) 公众参与的概述：公众参与又称公民参与，是“以人为本”或“以人为本原则”的一部分，指公众参与任何组织或项目的活动。公众参与是由人文主义运动推动的，作为“以人为本”范式转变的一部分而得到推进。在这方面，公众参与可能会挑战“大的更好”的概念和中央等级制度的逻辑，提出“多头胜于一头”的替代概念，并认为公众参与能够维持富有成效和持久的变革。一般来说，公众参与寻求并促进那些可能受到决定影响或对决定感兴趣的人的参与，可能涉及个人、政府、机构、公司或任何其他影响公共利益的实体。公众参与原则认为，受决策影响的人有权参与决策过程。公众参与意味着公众的贡献将影响决策，可被视为赋予权力的一种方式，也是民主治理的重要组成部分。在知识管理的背景下，有学者认为正在建立的参与性进程是集体智慧和包容性的促进者，由整个社区或社会的参与愿望所塑造的。

(2) 公众参与的方法：公众参与的方法有以下几种。

① 信息交流(information)：包括提供信息和收集信息。信息交流的方法包括调研、焦点小组、问卷调查、小册子、情况说明书、信息包、传单、网站、展览、电视和广播等。

② 咨询(consultation)：通常针对更具体的计划和政策，让公民参与并表达意见，而非像调查那样完成多项选择题。咨询方法包括研究、民意调查、问卷调查、焦点小组、公共会议、居民评审团等。

③ 参与(involvement)：形式为互动工作小组和利益相关者之间的对话、公民论坛和辩论等。

④ 协作(collaboration)：让公众积极参加、同意分享资源并做出决定。协作参与的方法是咨询小组、本地战略合作伙伴和地方管理组织等。

⑤ 授权决策(devolved decision-making)：授权决策是参与的最高阶段，是合作参与的一种形式，其权力是从其控制者手中转移出来的。决策者与参与者交换各自的资源和意见，使原本的参与变成了由决策者与参与者共同做出决策。参与方法为地区讨论小组、地方社团组织和社区合作伙伴。此外，公众参与的新方法还有公共辩论、公共调查、咨询小组、市民意见征询组、城镇电子会议、街区议事会以及政府展示会等[43][44]。

(3) 公众参与城市管理的实践：国外城市管理非常注重让公众参与其中，经过漫长的实践过程，国外已积累了丰富的公众参与城市管理成果，具体见表1.6和表1.7[45]。

表1.6　欧美四国城市管理中的主要参与途径

国　家	参与途径
英　国	公众审核、调查会、公众审查和现场接待
美　国	问题研究会、邻里会议、听证会和比赛模拟
德　国	公告、宣传册、市民会议
加拿大	讨论会议、图形手册、设想展示会和热线

表1.7　公众参与典型做法及代表国家

城市管理领域	国　家	典型做法
政府预算	巴西	将公众参与城市财政分为三个阶段：一是广泛参与；二是不同群体和利益代表及政府相关部门进行法律和技术论证；三是多方协商得到最终决策
城市规划	英国	2004年《规划和强制收购法》将公民参与城市规划提前到城市开发意愿形成阶段
	日本	1992年《城市规划法》规定城市规划必须征求市民意见
	德国	公众在城市规划设计过程中先后两次参与城市管理，在保证自身利益的同时也使得规划设计方案更具科学性
	加拿大	分散-集中-再分散-再集中的参与模式

（三）国内外研究现状评述

1. 国内外研究成果

第一，实践性强。国内外对于城市生活垃圾管理公众参与的研究十分重视理论性与实践性的结合，深入到具体的设计方案与技术支持，强调针对城市生活垃圾管理公众参与的现实问题提出切实的解决方案。

第二，内容多元化。国内外学者从不同角度、不同学科分析了城市生活垃圾管理公众参与问题，为促进城市生活垃圾管理公众参与工作提供有价值的理论指导，呈现出多领域、多视角、多层面交叉研究的特点。

第三，涉及学科丰富。国内外关于大数据时代城市生活垃圾管理公众参与的理论研究与统计学、计算机科学、社会学等学科都产生了广泛而深入的交叉，通过与这些学科的交叉，极大地促进了城市生活垃圾管理公众参与的理论扩展与具体实践。

2. 国内外研究的不足

第一，与时代发展结合不够紧密。国内外学者对治理理论、服务型政府理论的研究已经取得了较为丰硕的成果，但是在新时期将其应用于城市生活垃圾管理公众参与中的研究仍然处于起步阶段，尤其是专门针对大数据应用于城市生活垃圾管理公众参与的研究较为少见。

第二，缺乏系统的理论指导。国内外关于城市生活垃圾管理公众参与的研究仍欠缺更深层次的探究，对公众参与城市生活垃圾管理并没有形成一个整体且系统性的理论框架，对大数据技术支持城市生活垃圾管理公众参与更是缺乏相关的系统研究。

第三，与相关学科的结合不够深入。目前，理论界通过与统计学、计算机科学、社会学和生态学等学科的结合，有效地扩展了大数据时代城市生活垃圾管理公众参与的理论体系，但这种结合并不深入，许多方面仅是简单的借鉴，而缺乏多学科深入结合后的理论创新，这样也不利于城市生活垃圾管理公众参与的创新型发展。

3. 本书的重要性

针对国内外相关研究与时代发展结合不够紧密、缺乏系统的理论指导等问题，本研究对这些问题进行了相应的改善，主要有如下几点。

第一，将大数据、城市生活垃圾管理和公众参与的特点结合起来，是对我国生态文明理论研究的进一步丰富和完善，拓展了城市生活垃圾管理的研究范围。通过对大数据时代城市生活垃圾管理公众参与的内涵、特征、影响机理、动力系统和实现方式研究来明确大数据时代城市生活垃圾管理公众参与的具体路径，更好地指导了我国城市生活垃圾管理的发展实践。

第二，对国内外城市生活垃圾管理公众参与情况进行对比分析，以便全面地了解国内外的差距，发现我国城市生活垃圾管理公众参与可能存在的不足。借鉴国外先进的相关经验，为我国城市生活垃圾管理公众参与提供启示，以期应用到我国城市生活垃圾管理公众参与实践中，这也为我国城市生活垃圾管理能力的提升指明了方向。

第三，通过对大数据时代城市生活垃圾管理公众参与反馈系统的反馈主体、反馈方法和反馈渠道的识别，构建了大数据时代城市生活垃圾管理公众参与反馈系统，并借助系统动力学模型讨论了大数据时代城市生活垃圾管理公众参与的反馈机理。这不仅填补了公众参与反馈系统研究不足的空白，还为指导我国城市生活垃圾管理实践提供了新思路。

第 2 章

大数据时代城市生活垃圾管理公众参与的理论基础

一、大数据相关理论

(一) 统计学理论

1. 统计学理论的基本内容

统计学,是指在资料分析的基础上,通过测定、收集、整理、归纳和分析的手段进行推理和预测,从而反映出数据资料所包含信息的科学。从内容上看,统计学分为针对大量随机现象的统计方法、针对非随机非概率的统计方法、处理和某种特定学科相关联的统计方法这 3 种统计方法。这一学科产生于 17 世纪中叶,随后逐步发展起来,并广泛应用于自然科学、社会科学、人文学科等学科,以及工商业和政府的情报决策[46]。

统计学的英文 statistics 一词源自意大利文 statista(国民或政治家)、现代拉丁文 statisticum collegium(议会)以及德文 statistik。一般认为,统计学的学理研究起始于古希腊的亚里士多德时代,起源于社会经济问题的研究,距今已有 2 300 多年的发展历史。在发展过程中,统计学至少经历了"城邦政情"、"政治算数"以及"统计分析科学"三个发展阶段。

(1) "城邦政情"(matters of state)阶段:始于古希腊亚里士多德(Aristotle)撰写的"城邦政情"(城邦纪要),其中共包含 150 余种纪要,内容涉及希腊各城邦的资源、财富、艺术、科学、人口、行政、历史等经济与社会情况的比较和分析,具有社会科学的特点。随后,"城邦政情"式的统计研究延续了两千多年,直至 17 世纪中叶,

"城邦政情"才逐渐被"政治算数"所代替，并很快演化为"统计学"(statistics)，但其依然保留了城邦(state)的词根。

(2) "政治算数"(political arithmetic)阶段：1672年，英国经济学家威廉·配弟(William Petty)出版《政治算术》一书——近代统计学的来源，提出运用统计方法来度量经济、社会现象的思路。该书的出版是此阶段的起始标志。该阶段与"城邦政情"阶段无十分明显的分界点，两者本质差别也不大。其特点是，统计方法、数学计算以及推理方法开始结合，同时更注重运用定量分析的方法来分析社会经济问题。此阶段的统计学已较为明显地体现了"收集、分析数据的科学和艺术"特点，理论分析与统计实证方法浑然一体。

(3) "统计分析科学"(science of statistical analysis)阶段："政治算数"阶段开始出现统计与数学方法两者的结合，此趋势逐渐发展，形成了"统计分析科学"。1908年，英国统计学家戈塞特(William Sleey Gosset)发表关于t分布的论文，创立了小样本代替大样本的方法，开创了统计学的发展新纪元。19世纪末，"统计分析科学"在欧洲大学逐步取代了"政治算数"等课程，但其内容仍是研究与分析社会、经济问题。"统计分析科学"课程的出现是现代统计发展阶段的开端。

20世纪以来，随着现代科学技术的飞速发展，统计学也广泛吸收和整合了相关学科的新理论，不断发展和应用新技术与新方法，进入快速发展时期。归纳分为：① 由记述统计向推断统计发展；② 由经济、社会统计向多分支学科发展；③ 决策科学和统计预测的发展；④ 统计学、信息论、系统论与控制论的相互渗透和结合；⑤ 计算技术和一系列新技术、新方法在统计领域不断得到开发和应用；⑥ 统计学在社会生活和现代化管理中的地位日益重要[47]。

2. 统计学理论与大数据的关系

21世纪，随着大数据时代的来临，统计的面貌也逐渐发生改变，与计算、资讯等领域密切联系，展现出强大的生命力。传统统计学使用概率论来分析和验证统计理论，而大数据则意味着全面、真实和准确；在大数据时代，数据总体即为数据样本，无须进行抽样[48]。然而，由于统计学的相关性无法替代因果关系，数据模型的成功应用又离不开统计思维的支撑，因此，两者之间不可分割，具有十分紧密的联系。

(1) 统计学理论能提供处理大数据发展创新的技术手段：在大数据时代，数据量级大，且单位价值低。行业数据有时甚至涉及数百个参数，其复杂性不仅体现在数据样本本身，而且体现在多实体、多空间和多源异构之间的交互动态性，使用传统方法难以对其进行形容与度量。大数据的多样性使研究的数据类型发生了改变,而其海量化的特征更是致使数据的存储和处理分析出现了危机。缺乏先进的统计分析方法是大数据发挥最大价值的主要障碍。这就需要统计学的分析能力参与其中,在不同时期、从不同角度挖掘数据价值,实现数据的增值[49]。例如,2019年“双十一”购物节的全网成交额超过 4 000 亿元,在其消费数据背后隐藏着巨大的价值。中国人民银行公布“双十一”期间网联、银联共处理网络支付业务 17.79 亿笔,这对其电子支付系统提出了严峻的挑战。为此,多家银行、支付机构提前扩充系统资源、准备应急方案,在统计数据的帮助下,实现电子支付系统平稳运行。京东的统计数据表明,中国消费者需要更有机的食品、更高端的电子产品以及更个性化的定制服务,由此商家会倾向于提供更多的类似产品,以促进消费者购买。根据国家邮政局的监测数据,“双十一”全天各邮政、快递企业共处理 5.35 亿快件,是二季度以来日常处理量的 3 倍,同比增长 28.6%,通过这些数据,物流行业可识别出物流压力,并寻找适当的办法抚平波动,充分利用社会资源提高物流效率。这样可以通过对数据的分类整理、定量计算,进行计数分析、分布特征分析、评价判定分析,并结合实际应用场景,评估出数据统计特征背后的潜在价值[50]。

(2) 大数据时代下统计学展现出统计工作的新生命力:起初,统计学服务于社会管理需要,通过收集和整理有关资源、行政、历史等社会和经济情况,并进行一定的描述与分析,展示数据的宏观特征。随着计算机技术、互联网以及物联网的发展,数据的获得、记录和储存变得更加简易,而数据量级呈几何式增长,要求统计学能提供揭示事物内在规律的研究方法,以达到推断数据本质,甚至预测数据未来趋势的目的。为此,统计学借助大数据技术全面推进了学科的整体发展。

第一,优化了传统抽样。传统统计学在进行数据采集、分析的过程中,多采用抽样法进行数据分析,其工作效率较低、耗费时间长,且分析结果不太准确,而借助大数据技术的支持,可大大提高工作效率及准确性,将社会各层面的数据信息进行整合,辅助统计学进行统计、数据分析,实现各个领域信息的融会贯通[51]。

第二,完善了统计学科体系。大数据应用后,统计学样本的选择、标准的划分都有了相应的改变,使原本的统计模式逐渐朝总计方向改变,这样降低其难度,也可弥补样本统计的缺陷,实现统计学科体系的补充与延伸。

第三,扩大统计学科的应用范围。传统模式下的统计学实践操作需要了解其结果和起因,而以大数据为基础,统计学科需要在实践中了解具体过程。例如,传统模式下的卫生统计,其本身只能成为参考信息,但在大数据之下,其价值能更好地体现出来,大部分用户对于卫生统计数据的收集可囊括众多方面,通过收集的数据进行各种分析，可了解其他发展需求，最终基于用户需求来实现产品的制定，推动可持续发展[52]。

（二）数据挖掘理论

1. 数据挖掘理论的基本内容

数据挖掘（data mining）也称为数据库中知识发现（knowledge discovery in database，KDD）或“数据库知识发现”过程的分析步骤，是计算机科学和统计学的一个跨学科分支。它是从大量数据中获取有效的、新颖的、潜在有用的、最终可理解的模式的非平凡过程，涉及机器学习、统计和数据库系统交叉的方法。其总体目标是，通过使用智能方法从数据集中提取有用信息，并将其转换为易于理解的结构，以备进一步使用。除原始分析步骤外，它还涉及数据预处理、兴趣度量、复杂性考虑、模型和推理考虑、发现结构的后处理、数据管理、数据库以及可视化和在线更新（图 2.1）。

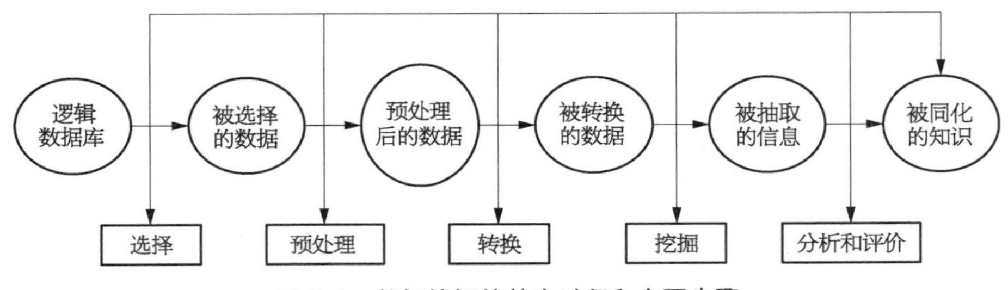

图 2.1　数据挖掘的基本过程和主要步骤

20 世纪 90 年代，随着网络技术的飞速发展和数据库系统的广泛应用，数据库技术也进入一个崭新的阶段，即从过去仅管理一些简单数据发展到管理各种类型的复杂数据（如计算机所产生的图像、视频、电子档案等），并且数据量级也愈发庞大。数据库在给我们提供丰富信息的同时，也体现出明显的海量信息特征。大量的信息给网络技术发展也带来了许多消极影响。其中，最主要的是，难以提取有效信息、过多的无用信息会产生信息距离（DIST 或 DIT）和有用信息的丢失。因此，人们迫切希望深入分析海量数据，发现并提取隐藏在其中的有效信息，以便更好地利用这些数据。然而，仅凭数据库系统的录入、查询、统计等功能，缺乏挖掘数据背后隐藏信息的手段，是无法发现数据间的关联和规律的，更无法根据现有的数据预测未来事件或技术的发展趋势。在此条件下，数据挖掘技术（表 2.1）应运而生[53]。

表 2.1　数据挖掘进行数据分析常用的方法

方　法	具　体　内　容
分类	找出数据库中一组数据对象的共同特点并按照分类模式将其划分为不同的类，其目的是通过分类模型将数据库中的数据项映射到某个给定的类别
回归分析	反映事务数据库中属性值在时间上的特征，产生一个将数据项映射到一个实值预测变量的函数，发现变量或属性间的依赖关系
聚类	把一组数据按照相似性和差异性分为几个类别，使同一类别的数据间的相似性尽可能大，不同类别中的数据间的相似性尽可能小
关联规则	描述数据库中数据项之间所存在的关系的规则，即根据一个事务中某些项的出现可导出另一些项在同一事务中也出现，即隐藏在数据间的关联或相互关系
特征	从数据库中的一组数据中提取出关于这些数据的特征式，这些特征式表达了该数据集的总体特征
变化和偏差分析	偏差包括很大一类潜在有趣的知识，如分类中的反常实例、模式的例外、观察结果对期望的偏差等，其目的是寻找观察结果与参照量之间有意义的差别
Web 页挖掘	通过对 Web 的挖掘，可利用其海量数据进行分析，收集政治、经济、政策、科技等有关信息，并对这些信息进行分析和处理，以便识别、分析、评价和管理危机

此外，数据挖掘的计算方法通常是基于统计学的统计方法，但与数据统计又存在明显区别——数据挖掘针对的是非随机抽样得来的样本，而数据统计针对的是随机抽样得来的样本。因此，数据挖掘所得到的结论更加科学[54]。

2. 数据挖掘理论与大数据的关系

大数据和数据挖掘的相似处或者关联在于：数据挖掘的未来不再是针对少量或样本化、随机化的精准数据，而是海量、混杂的大数据[55]。下面从两个方面说明数据挖掘理论与大数据的关系。

(1) *数据挖掘是大数据的核心技术*：大数据技术的一个关键基础就在于数据挖掘。只有通过数据挖掘才能在巨量数据中找到所需的数据，并为决策者提供信息支撑。

第一，大数据的信息量巨大，且更新速度极快，一台计算机无法对其进行运算，而通过采用数据挖掘的计算方法则可实现运算目的[54]。

第二，数据挖掘技术的兴起，使大型数据库中常被忽视但具有巨大价值的数据得以挖掘，其挖掘目标多样化，且具有一定的针对性，使数据信息更精准，带来高价值的数据信息，省略不必要的数据信息加工处理步骤，节省了时间与精力，充分满足了数据用户在精准性等方面的需求。

第三，数据挖掘技术可实现对大数据集合的深度分析，从数据集合对数据信息的描述来构建数据模型，比照构建出的模型与样本之间的差距，优化数据信息内容，完善数据信息框架模型。通过反复测试与评估，数据挖掘技术可实现对数据信息系统完整的分析，构建出标准的信息管理系统模型，为未来的信息预测机制打下坚实的基础[56]。

第四，大数据是数据挖掘产业化的表现。数据的价值在于信息，而技术的价值在于利润。数据挖掘是一种专业技术，而在商业应用领域进一步升级为大数据。由此可见，数据挖掘技术是大数据技术的核心部分。

(2) *大数据是数据挖掘的概念再升级*：数据挖掘研究是大数据分析最直接的理论前身。大数据概念的兴起仅有 5～6 年的时间，而数据挖掘已有近 30 年的发展历史。大数据和数据挖掘的本质是相同的——挖掘和分析数据，以找到有价值的信息。同时，大数据的兴起，正是在机器学习、人工智能和数据挖掘等技术基础之上发展起来的，而机器学习、人工智能又在为数据挖掘服务。一方面，数据挖掘的对象不仅可用于少量数据，而且同样适用于海量数据。由于挖掘方法和技术工具的不断升级，数据挖掘的概念进一步升级为大数据的概念。另一方面，大数据的本质不在于“大”，而是以全新的思维和技术分析海量数据，揭示其中隐藏的人类行为等模式，由此创造新产品和服务，或预测未来趋势。此外，在大数据时代，数据挖掘技术也随之不断更新与完善，可实现属性不同、种类不同的信息的系统性划分，并对划分出来的不同属性的信息区块进行个性化分析，优化了现代信息处理模式，使信息系统变得高效化、智能化。数据挖掘技术极大地提升了信息的利用价值[56]。

(三) 数据可视化理论

1. 数据可视化理论的基本内容

数据可视化是关于数据视觉表现形式的科学技术研究。其中，这种数据的视觉表现形式被定义为，一种以某种概要形式提取出来的信息，包括相应信息单元的各种属性和变量。数据可视化与信息图形、信息可视化、科学可视化以及统计图形密切相关，其基本思想是将数据库中每一个数据项作为单个图元元素表示，大量的数据集合构成了数据图像，同时以多维数据的形式表示数据的各个属性值，以不同的角度观察数据，从而对数据进行更深入的分析与理解，旨在借助图像处理、计算机视觉、用户界面等图形化手段，对数据加以可视化解释，清晰、有效地传达与沟通信息，实现了成熟的科学可视化领域与新兴的信息可视化领域的统一。此外，数据可视化提出了许多方法，根据其可视化原理的不同，可划分为面向像素的技术、基于图标的技术、基于几何的技术、基于图像的技术、基于层次的技术和分布式技术等[57]。数据可视化理论的发展历程见表 2.2。

表 2.2　数据可视化理论的发展历程

时　期	发　展　历　程
18 世纪	数据可视化的起源
19 世纪	数据可视化的第一个黄金时期
20 世纪前期	现代启蒙
20 世纪中后期	新的生命力
21 世纪	大数据时代

数据可视化起源于 18 世纪，William Playfair 在出版的书籍 *The Commercial and Political Atlas* 中第一次使用了柱形图和折线图。19 世纪上半叶，数据开始受到关注，统计数据和包括直方图、饼图、折线图、时间轴、轮廓等在内的概念图呈爆炸式增长。19 世纪中叶，数据可视化主要用于军事目的。19 世纪下半叶，进入了数据可视化的黄金时代。20 世纪上半叶，人们第一次意识到图形的显示方式能为航空航天、物理学、天文学和生物学领域的科学和工程提供新的见解和发现机会。从 20 世纪 60～70 年代开始，数据可视化依赖于计算机科学和技术，具有新的活力；20 世纪 70～80 年代，人们主要尝试使用多维定量数据的静态图来表示静态数据；在 20 世纪 80 年代中期，动态统计图表开始出现，最后静态数据与动态统计图这两种方式在 20 世纪末开始合并，试图实现动态的交互式数据可视化。在 2003 年，当创建 5 个 EB 数据时，人们开始关注大数据的处理；2011 年，世界上每天新增数据量开始呈指数级增长，用户使用数据的效率也在不断提高；2012 年，我们进入数据驱动的时代。从中可以看出，掌握数据意味着掌握发展方向，因此人们对数据可视化技术的依赖也在不断深化，大数据可视化研究已成为一个新的时代命题[58]。

2. 数据可视化理论与大数据的关系

(1) 数据可视化是表达大数据最直观的方式：数据是资产，但也可能成为包袱，其本身具有两面性。首先，不是所有的数据都有价值，无效数据不仅占用公共资源还需要额外维护；其次，大数据是枯燥且难以直接表达的，基于文本的数据可能难以揭露出事物的特点、相关性和趋势；再者，随着大数据发展的深入，数据加工的复杂度和速度要求也越来越高。同时，还出现了数据转让、租赁、交易、交换之类的创新模式，数据所有者暴露出数据碎片化、管理标准缺乏、价值变现困难等问题，传统的数据管控方式已很难适应大数据时代的需要。大数据为我们提供了发现问题、寻找规律、解决问题的事实基础，而数据可视化则是展现问题最直观的方式，用可视化的方式分析问题，使大数据有了更高的价值。除简单地展现数据状态之外，数据可视化还可通过比较一些可视化数据的相关性来挖掘数据之间的重要关联或预测数据的发展趋势。在大数据环境下，数据可视化已成为人们理解数据的重要途径，随着数据量的增加和快速变化，人们更需要有效的数据可视化工具直观分析大规模数据和快速捕捉数据变化。因此，数据可视化越来越广泛地被人们使用。

(2) *大数据是促进数据可视化发展的重要动力*：随着大数据时代的到来，海量数据的产生也对数据可视化提出了新的要求。

第一，与传统的数据可视化相比，大数据可视化处理的数据对象的本质不同。在现有的小规模或适度规模的结构化数据的基础上，大数据可视化需有效处理类型多样、规模庞大和快速更新类型的数据。

第二，大数据类型多样，常分布于不同的数据库，如何融合不同来源、不同类型的数据，为使用者提供统一的可视化视角，支持可视化的关联探索与关系挖掘，是一个重要的问题。

第三，与传统数据可视化不同，大数据可视化的使用者不仅是图表的受众，而且还通过可视化与图表背后的数据和处理逻辑进行交互，从而反映用户的个性化需求，帮助用户以交互迭代的方式理解数据。

此外，在大数据背景下，数据可视化技术面临主要挑战的同时也遇到了新的机遇。这些新要求与新机遇促进了技术的快速发展，从而形成了新型数据可视化形式，其表达数据的形式更细化、理解数据的维度更全面、呈现数据的方式更美观，促使数据可视化的展现方式不断优化与完善[59]。

二、城市生活垃圾管理相关理论

(一) 治理理论

1. 治理理论的基本内容

治理(governance)原意是控制、引导和操纵。现代意义的治理起源于1989年世界银行报告——《南撒哈拉非洲：从危机走向可持续增长》，报告中首次提出“治理危机”。此后，治理的概念在学术界开始流行。20世纪90年代以来，慈善组织、志愿组织、社区组织、非政府互助组织和其他社会自治组织的力量不断成长壮大，其对当代公共生活的影响日益明显，政府与市场、政府与社会的关系问题也重新受到理论界的关注与思考，治理理论已成为引领公共管理未来发展的新趋势。

1995 年，全球治理委员会对治理做出了具有很大代表性和权威性的界定："治理是或公或私的个人和机构处理相同事务的诸多方式的总和，是调和冲突或不同利益并采取共同行动的连续过程。它包括有权迫使人民服从的正式机构和规章制度，以及各种非正式的安排。所有此类权力均是人民和机构在征得其同意或认为符合其利益的前提下而授予的[60]。"治理具有治理主体的多元化、主体间责任界限的模糊性、主体间权力的互相依赖性和互动性以及自主自治网络体系的建立的特征（表 2.3）。表 2.4 对治理的五维分析框架进行了详细的描述。

表 2.3　治理的特征

特　征	具 体 内 容
治理主体的多元化	治理理论认为政府不是国家唯一的权力中心，包括私营部门、第三者部门和公民个人等非政府部门的参与者同样是合法权力的来源
主体间责任界限的模糊性	治理强调国家与公民社会之间的合作，如谈判对话、模糊公私部门之间的界限，并重视公私之间的依赖关系
主体间权力的互相依赖性和互动性	众多治理主体间无绝对的权力与权威，都不拥有独立解决一切问题所需的充足知识和资源，它们是权力依赖的伙伴关系，须共同合作做出决策
自主自治网络体系的建立	治理注重在各种组织和个人参与的基础上，最终形成一个合作的网络，来分担各种公共事务和责任

表 2.4　治理的五维分析框架

维　度	具 体 内 容
治理目标	"善治"，即追求公共利益的最大化，以促进社会的协调发展和全面进步，一般体现为治理主体在治理公共事务中所要达到的境地或标准
治理主体	治理是多元主体参与的合作网络，公共事务的管理不限于政府部门的单一治理，私营部门、社会组织及公民个人也可参与其中
治理客体	即治理的对象，主要指的是公共事务，大致包括已影响或将要影响公众生存和发展的各种社会问题，如劳动就业、环境治理、养老服务等
治理手段	为维护治理秩序而用以调解各主体行为的一系列规则，包括传统的立法、行政等管制性工具，民营化、税收与货币等市场化手段，以及合作、博弈、规则等治理性工具
治理效果	治理后的客观结果或后果需一系列的评价指标来测定，是检验治理绩效的重要表现。公共事务"善治"目标的达成需要良好治理效果的呈现

2. 治理理论与城市生活垃圾管理的关系

(1) 治理理论的应用促进了城市生活垃圾管理的多样发展：在传统城市生活垃圾管理中，政府处于主导地位，承担着从城市生活垃圾的清扫、收集、转运到处理的全部管理职能。同时，传统的生活垃圾管理将城市生活垃圾看作一个整体，从而忽视了整体之下的具体内容。然而，治理视角下的城市生活垃圾管理变得更加多样化，促进城市生活垃圾的数量减少、循环利用和无害化处理。

第一，城市生活垃圾管理的主体多元化，政府、市场、社会等多元利益相关主体处于平等协商的地位，企业、社会组织等多元主体都可参与城市生活垃圾管理。

第二，城市生活垃圾管理的手段多样化，不仅包括传统的立法、行政、技术以及设施，还包含现代化的协商谈判和交易等。城市生活垃圾管理者通过多样化手段对城市生活垃圾进行减量、分类、清扫、收运、处理等进行有效参与。

第三，随着社会经济的快速发展和居民生活水平的显著提高，城市生活垃圾组成成分发生了巨大变化，城市生活垃圾管理的对象不再单纯是城市生活垃圾这一整体，而是更多地关注城市生活垃圾中不同特性和产生源的各种垃圾个体。

第四，城市生活垃圾管理的过程是一个包括源头、中间和末端的系统程序。源头管理的重点是对城市生活垃圾进行减量和分类；中间管理则主要是对城市生活垃圾进行清扫、收集、转运；末端管理主要是对城市生活垃圾进行利用，以及焚烧、堆肥和填埋。在对城市生活垃圾整体管理的基础上，需对各阶段进行针对性的管理。

(2) 城市生活垃圾管理为治理理论的适用奠定了实践基础：随着城市生活垃圾治理的深度和广度不断扩大，企业、社会组织、公众等非政府主体参与也为治理理论的适用奠定了实践基础。

第一，城市生活垃圾管理服务的准公共物品属性为治理理论的应用提供了理论上的可能性。从理论上讲，准公共物品的供给可通过多种形式实现，既可由公共部门供给，也可利用市场资源分配和私营部门的经营与技术优势来实现有效供给，而多元主体是治理理论的特点之一。因此，城市生活垃圾管理的准公共物品属性与治理理论的核心理念相契合。

第二，城市生活垃圾管理领域的政府失灵和市场失灵为治理理论的适用提供了新领域。随着市场经济的不断发展，传统的官僚制已不适应市场经济条件下资源有效配置的要求，城市生活垃圾管理中日益表现出政府失灵和市场失灵的问题。例如，城市生活垃圾日常经营过程中市场主体的不规范运作等。政府与市场无法提供高质量和高效率的城市生活垃圾管理服务，因此迫切需要治理理论的深入指导。

第三，社会力量在城市生活垃圾管理领域的不断发展为治理理论的适用奠定了主体基础。环保类社会组织快速发展，并在社会管理中担当着越来越重要的角色；在国家推动再生资源产业发展的背景下，涌现出一大批现代化的再生资源回收利用企业；公民环保意识日渐增强，并要求参与到城市生活垃圾管理中来。这些因素都为治理理论适用于城市生活垃圾管理建构了一定的实践主体基础[29]。

（二）循环经济理论

1. 循环经济理论的基本内容

循环经济主要是指在人、科学技术和自然资源的大系统中，在资源投入、企业生产、产品消费和废弃的整个过程中，将传统的依靠资源消耗的线性增长经济，转变为依靠生态型资源循环来发展的经济。该词最早由美国经济学家 K・波尔丁提出。循环经济是一种可持续发展的经济模式，它利用生态学规律来指导人类的社会和经济活动，其本质是生态经济。以资源再生利用为核心，以“减量化(reduce)、再利用(reuse)、再循环(recycle)”，即 3R 为原则，以低消耗、低排放、高效率为基本特征，倡导经济与环境的协调发展，并要求将经济活动确立为“资源→产品→再生资源”的反复循环流动过程，以达到物质利用的最佳化。发展循环经济的目标在于保持经济持续快速增长的同时，不断改善人民的生活水平，并保持生态环境的良好状态。其关键在于转变生产模式和消费模式。循环经济与传统经济的比较情况见表 2.5。

表 2.5　循环经济与传统经济的比较分析

内　容	传统经济模式	循环经济模式
理念	人类中心主义，征服和改造自然	人与自然和谐，适应自然
物质流动	资源→产品→废弃物	资源→产品→再生资源
环境政策	资源→产品→废弃物	全过程控制
技术范式	线性式	反馈式
生产环节	生产不受资源限制；追求最大利润；忽视节约资源的过度生产；忽视废弃物对环境的破坏	合理利用资源，降低环境负荷；追求利润与环境保护相结合；可持续的资源利用；完善维护制度，设计开发易于循环的产品，延长产品生命周期

续 表

内 容	传统经济模式	循环经济模式
消费环节	追求方便性产品的消费,造成废物过剩;普及一次性使用产品;重视个人所有的价值观;缺乏环境保护意识	在满足方便性的前提下,追求减少环境负荷的合理消费;产品循环利用实现消费的合理化;降低个人所有意识,重视产品功能利用的价值观
废弃物	废物排放造成资源浪费和环境污染;缺乏减少排放、保护环境的意识	通过合理化生产、消费和废物资源化,抑制废物的产生和废物无害化处理;彻底实施废物排放责任制度
特征	"三高一低"(高开采、高消耗、高排放、低利用)	"三低一高"(低开采、低消耗、低排放、高利用)

2. 循环经济理论与城市生活垃圾管理的关系

(1) *循环经济理论调控传统城市生活垃圾管理系统*:当前,我国城市生活垃圾管理面临着一些问题。为有效解决这些问题,需将循环经济的概念融入垃圾的生产和处理过程,以循环经济的理念为指导,实现城市生活垃圾的"减量化、资源化、无害化"。在传统的经济体制下,城市生活垃圾管理的操作流程为"资源→产品→消费→生活垃圾"的物质单向开环过程,具有开采量大、投资高、利用率低、排放量高的特点。在循环经济模式下,城市生活垃圾管理的运作流程为"资源→产品→消费→生活垃圾→再生资源"的物质循环的闭环式流程,具有开采量少、投资低、利用率高、排放量低的特点。在循环经济理论的指导下,城市生活垃圾以物质形式在经济系统与生态系统之间的循环流动,是一种深层次的循环。对于经济体系中城市生活垃圾的输出,是一个实施"减量化、资源化、无害化"意义的循环。通过系统内部循环来发掘自身的资源,延缓经济系统对生态系统的输出,使城市生活垃圾最终以对自然环境无害的形态重新返回到生态环境系统中。

(2) *城市生活垃圾管理为循环经济发展提供支撑*:从循环经济的视角来看,城市生活垃圾是人们未能充分利用的资源,蕴藏着可供人类开发利用的能量和物质。根据国家统计局的数据,我国约有 50 家上市的废物管理公司,12 家以上拥有超过 10 亿美元的市值。2016 年我国十大再生资源回收量 2.56 亿吨,产值 5 903 亿元。《工业绿色发展规划(2016～2020 年)》报告显示,到 2020 年将主要再生资源利用率提升至 75%。业内预计,到 2020 年,我国再生资源回收行业整体产业链产值将高达 3 万亿元。由此可见,巨大的城市生活垃圾资源若不加以有效利用,不仅会造成环境污染,还会浪费大量资源。在循环经济理论的视角下,经济系统不再将生态系统作为垃圾箱，而是将经过"减量化、资源化、无害化"的城市生活垃圾作为新的资源和能源，在降低自然资源消耗、保证最大限度地降低污染物排放量的同时，还为发展循环经济提供有力的支撑。

（三）生态文明理论

1. 生态文明理论的基本内容

"生态文明"一词首现于德国法兰克福大学政治学系教授伊林·费切尔（Iring Fetscher）的《论人类的生存环境》（1978 年）一文中。20 世纪 80 年代，苏联和中国的学者开始对其进行研究[61]。"生态文明"一词于 1995 年在英语书中首次被用作技术术语，2007 年后在中国讨论更为广泛。由于世界进行环境立法，受国际上大环境的影响以及我国的实际情况，逐渐形成了中国特色的生态文明理论，密切应对并关注着环境变化以及资源危机问题。2012 年，我国将"实现生态文明"的目标写入宪法，并在其"五年计划"中有所体现。2012 年党的十八大报告把生态文明建设纳入中国特色社会主义事业"五位一体"总体布局，2017 年党的十九大报告又将"物质文明、政治文明、精神文明、社会文明、生态文明"五个"文明"并提，强调"要牢固树立社会主义生态文明观，推动形成人与自然和谐发展的现代化建设新格局"。

马克思主义的生态文明建设思想理论的精髓是处理好人类与自然之间的关系，协调好人类与自然之间的矛盾。其核心是正确处理人类与自然界的关系。我国的生态文明理论包括以毛泽东同志为核心的党中央提出的"节约自然资源，反对铺张浪费"的生态观、以邓小平同志为核心的党中央提出的"人与生态环境协调发展"的生态观、以江泽民同志为核心的党中央提出的"生态环境保护是确保我国经济和社会安全的基本前提"的生态观、以胡锦涛同志为核心的党中央提出的"构建21 世纪生态文明建设的总体战略"的生态观，以及以习近平同志为核心的党中央提出的"绿水青山就是金山银山"的生态观。我们不难发现，党的生态文明理论与历史发展理论是联系的、发展的，既有共性又有个性，具体来说主要表现在坚持人与自然和谐发展、大力发展绿色环保事业、完善保护生态环境的制度建设、构建健康生活方式这四个方面[62]。

2. 生态文明理论与城市生活垃圾管理的关系

（1）生态文明是提升城市生活垃圾管理水平的根本出路：运用生态文明的科学内涵，结合城市生活垃圾管理工作实际创新理念，能够推动城市发展不断进步，促进城市生活垃圾管理与时俱进。城市可持续发展有赖于生态文明建设，生态文明理念要求以可持续发展原则来指导城市生活垃圾管理工作，体现在城市生活垃圾管理的范畴和内容上。

第一，城市生活垃圾分类投放。依据生态文明理论，城市生活垃圾分类投放要求居民将城市生活垃圾放入社区分类垃圾桶，目的是最大限度实现城市生活垃圾资源化。

第二，城市生活垃圾分片收集。在城市各街道设置可回收和不可回收两类垃圾箱，由环卫工人定时收集，并经过各片区环卫中转压缩房二次分类。经过分类投放和将二次分拣的可回收物在回收站点回收，其余垃圾则运往垃圾场进行无害化处理。

第三，城市生活垃圾合理处置。将可回收垃圾重新利用，节省资源；将不可回收垃圾进行焚烧处理，甚至将焚烧的热能用于发电，以提高垃圾的循环使用效益。从科学管理的角度来说，生态文明理念对城市生活垃圾的收集、运输、处理等各项工作具有前瞻性指导作用，使城市生活垃圾管理朝着生态化、文明化方向发展，有利于促进城市生活垃圾管理稳步、健康、持久和科学发展。

(2) 城市生活垃圾管理是生态文明建设的重要环节：建设生态文明是我国经济社会发展的迫切需要，党的十七大做出建设生态文明的重大战略决策，并提出到2020年全面建设小康社会目标实现之时，我国将建成生态环境良好的国家这一重大决策，凸显了生态文明建设的重要性和紧迫性。城市生活垃圾管理是生态文明建设的重要一环，城市生活垃圾管理好坏不仅直接影响到我国生态文明建设的进程和结果，而且将决定人类今后的生存空间和时间。一方面，随着我国经济的高速发展、城市规模的扩大和人民生活的改善，城市生活垃圾日益增多，造成的环境污染和对人类健康的不利影响也愈加严重。要建设生态文明，必须加快城市生活垃圾的资源化利用进程，避免传统的垃圾填埋对环境的严重污染，实现经济发展与生态环境的良性循环[63]。另一方面，通过促进城市生活垃圾管理，能够实现生活垃圾无害化、减量化、资源化处理，同时垃圾回收、发电等产生的经济效益又能作为建设资金进一步推动生态文明的发展，实现人与自然的和谐共处。

三、公众参与相关理论

(一) 新公共行政理论

1. 新公共行政理论的基本内容

新公共行政理论，以弗雷德里克森为代表，是相对于传统公共行政而言的。新公共行政学力图摒弃传统行政的专制主义和以效率为中心的取向，而试图建立以公平为中心的民主行政。新公共行政理论认为，应当研究与公众的日常生活和与公共行政管理者实践相关的问题。它强调政治与行政的连续性，将道德价值观念灌输到行政程序中，并将社会公平注入传统的经济与效率目标中；它强调政府的公正性，需对公众负责而非对公共机构负责，以及公共项目应对决策和执行负责；它强调相关控制、权力下放、公民参与、组织发展、政策制定、客户至上和民主的工作环境。新公共行政理论所倡导的价值观，如回应性、代表权、参与度、社会公平和社会责任感等，促进了公共行政的发展，并在某些方面为新公共管理的出现提供了理论基础。新公共行政理论的主要观点见表 2.6[64]。

表 2.6　新公共行政理论的主要观点

主要观点	内容详解
社会公平和社会正义是公共行政的核心价值	传统的公共行政理论注重公共服务管理的效率、经济和协调性，常以社会公平为代价，而实现社会公平恰恰是新公共行政的基本目标：现代公共行政必须考察政府提供的服务是否促进社会公平，效率必须以公平的社会服务为前提、为代价
突破传统公共行政学，以政治与行政两分法为基础的思维框架	新公共行政理论拒绝“政治中立”的观点，认为不存在行政系统游离于政策制定之外的情况。行政人员既从事行政执行，也从事政策制定，对行政人员的决策地位的认识采取积极态度，有助于提高行政机关及其人员的自觉意识
主张建构新型的政府组织形态	新公共行政理论认为，组织结构与功能状况关系到公共服务的质量，因而需寻求以顾客导向、应变灵活和回应性强的组织形态。他们主张用诸如行政分权模型、居民控制模型、讨价还价模型等组织模型，对现有科层制组织体系，尤其是组织结构进行改造
以全新角度对行政现象进行分解	新公共行政理论认为，两分法使行政研究很少重视与社会、政治密切相关的政策制定与分析等，理论上过于狭窄与空洞，需从一种全新角度对行政现象进行分解，通过重新定义分配过程、整合过程、边际交换过程和社会动机过程，适应和改善公共行政学
主张民主行政	新公共行政理论认为，民主行政的核心在于尊重人民主权和意愿，实现社会正义和社会公平，反对滥用权力和行政无能。民主行政要求公众需要是行政系统运转的轴心，即公众的权利或利益应高于政府自身的利益扩张和利益满足

2. 新公共行政理论与公众参与的关系

(1) 新公共行政理论为公众参与的实现奠定了基础：新公共行政理论破除了传统行政理论中的效率中心主义，转而将实现社会公平视为政治体系和公共行政的终极价值，并强调扩展公众参与途径是实现社会公平的有效方式。随着新公共行政理论的发展,公民社会的力量逐渐显现,公众参与已从原来的政治参与转变为逐渐渗透到社会生活各个方面的参与。20 世纪 70 年代,政府和公众在社会生活中的角色发生了一系列转变:政府从最初的统治者、管理者逐渐转变为服务者和合作治理者,而公众则从原先的被统治者、被管理者转变成为政府决策的参与者以及公共服务的对象。政府不再是社会的单一管理者,而是包括公民、公民组织、企业、协会等在内的社会治理的众多主体之一。在新公共行政理论指导下,政府治理摆脱了行政权力对社会管理的垄断,公众参与由狭隘的政治参与扩展到了社会生活的诸多方面,进而凸显出公众对推动社会发展起到的主体性作用,彰显了社会管理的公共性[65]。

(2) 公众参与是新公共行政理论的进一步升华:新公共行政理论的基本思想是,以社会公平作为核心价值观,建构一种入世的、改革的、具有广泛民主意义的新公共行政科学。真正意义上的民主不仅赋予了公众参与政治决策的权利,更重要的是,公众参与必须以协商民主的方式进行,其目的在于善治。较之新公共行政理论,公众参与更具有实际可操作性,能够在政府行政过程中得到普遍应用。一方面,公众参与是一项有计划、有安排的行动,它使公民能够参与决策过程,并通过政府部门和开发行动负责单位与公众之间的双向沟通,预防和解决公民和政府机构与开发单位之间、公民与公民之间的冲突。另一方面,关于公众参与的实践研究已具体到参与主体、参与客体、参与程序、参与效果的评估等面向对象和具体措施,并且形成了大量关于公众参与的制度设计和建议。公众可通过社会组织、立法听证、行政听证、立法规划、公开征求意见、人民陪审制度、人民监督员制度、基层群众自治制度等多种途径参与社会治理。

(二) 市民参与阶梯理论

1. 市民参与阶梯理论的基本内容

1969 年,谢里・安斯坦(Sherry Arnstein)在美国规划师协会的杂志上发表了题为《市民参与的阶梯》的论文,其中根据市民参与的程度将公众参与分为 8 个等级、3 个层次,从低到高分别为操纵(manipulation)、治疗(therapy)、告知(informing)、咨询(consultation)、展示(placation)、合作(partnership)、权力转移(delegated power)、公民控制(citizen control)[32]。操纵和治疗属于非参与,其目的仅是更好地控制民众。告知、咨询和展示是象征性参与,在这些情况下,民众可以去了解、去表达、去建议,但并不能决定公共政策。在最后 3 个等级上,才进入到真正行使公民权力的阶段,公民能够影响、决定公共政策。表 2.7 为市民参与阶梯理论的具体内容[66]。

表 2.7　市民参与的阶梯

参与类型	含　　义	参与程度
操纵 (manipulation)	政府决策时,公众的参与仅被限制在签名、集合凑人数等,在此过程中政府未向公众传达有用信息,也无交流和讨论,仅具形式上的参与性	非参与
治疗 (therapy)	公众被安排参加大量活动,但其目的不是完善决策。政府认为公众对决策不满是因为公众自身存在理解障碍,而非决策者或决策内容的问题	
告知 (informing)	公众常在决策的最后阶段被告知决策的详细信息及他们所拥有的权利和义务,无法对决策施加影响,但告知构成了参与最重要的第一步,为公民的后续参与提供了基础	象征性参与
咨询 (consultation)	通过态度调查、居民会议等方式,使公众参与决策过程。但若仅把公众当成一种统计性的抽象集合,用参会人数、问卷填写数量等衡量参与程度,那这种参与仍是形式性的	
展示 (placation)	公众力量愈发强大。政府做出决策时会对公众的反映做出回应,从而起到安抚作用。但此阶段政府仍对参与者的建议和最终决策拥有决定权,参与者仅在边缘问题上发挥作用	
合作 (partnership)	政府和公众处于平等地位,公众参与到政府的决策之中。若无公众认可,则决策无法通过;决策通过后政府也不能单方面改变其内容,公民能真正发挥力量的参与开始出现	行使公民权力
权力转移 (delegated power)	公众在决策中占据主导地位,使规划项目能够对公众而非对政府负责。公众和政府分别构成两个平行的团体,当公众不同意政府决策时,可行使否决权	
公民控制 (citizen control)	参与的最高层次。公众可以完全控制政策制定和项目管理,并且有能力排除外部干扰进行独立协商	

2. 市民参与阶梯理论与公众参与的关系

(1) 市民参与阶梯理论为公众参与的可操作奠定了定理性的基础:市民参与阶梯理论对公众参与的方法和技术产生了重大的、实质性的影响,为公众参与成为一种可操作的技术奠定了定理性的基础,至今仍被全世界的研究人员和从业人员所广泛应用。一方面,市民参与是一种市民权力的术语,它进行权力的再分配,使无权者拥有权力,而目前市民参与常被政治和经济过程所忽略,未来发展过程中也未被深入考虑。市民参与阶梯理论有助于阐述被忽略的要点,即市民参与存在不同等级,了解这些等级有助于剖析、理解公众对于参与日益增长的迫切需求。另一方面,参与的阶梯和类型是一种工具,可用于打破象征性的参与和操纵中的参与,从而发展衍变出更深入、更具意义的参与形式。在参与阶梯上，根据某个城市在阶梯上所占据的位置，可表明当前该城市公众参与存在的问题，从而对当局如何实施城市管理中的公众参与模式、实行何种合作规划、其措施符合哪些社会决策以及其在城市管理中的准确性等问题做出解答，具有可操作价值[67]。

（2）公众参与的实践促进了市民参与阶梯理论的发展与完善：在公众参与的实践中，人们逐渐意识到市民参与阶梯理论存在的局限性，并在其基础上做出新的解释，对其进行完善。德斯蒙德·康纳以解决社会问题的步骤为标准，构建了一个新的参与阶梯，由教育、信息反馈、咨询、共同规划、调解、诉讼、解决和预防七部分组成，试图更系统地预防和解决关于具体的政策项目中的公共争议。约翰·克莱顿·托马斯从公共管理的角度出发，根据公众参与在公共决策中影响力的强弱，把决策参与途径分为自主式管理决策、改良的自主管理决策、分散式的公众协商、整体式的公众协商和公共决策五种，为公共管理者更好地运用公众参与技能构建了一个决策模型。经过 40 多年的发展，安德鲁·弗罗伊·阿克兰将公众参与阶梯分为 6 级，由低向高依次为研究和数据收集、提供信息、咨询、参与、合作和协作、授权。这一方法对阿恩斯坦的参与阶梯进行了修正，以更好地适应当前的参与环境[68]。

（三）利益相关者理论

1. 利益相关者理论的基本内容

利益相关者理论产生于 20 世纪 30 年代，随后在 60 年代斯坦福研究所的相关研究扩大了其影响。20 世纪 80 年代，利益相关者理论受到经济与管理学家们更加广泛的关注，对英、美等国的公司治理方式的选择产生了巨大影响，并推动了企业管理模式的改革。同时，利益相关者理论主要应用于企业社会责任与环境保护责任的研究，与 20 世纪 80 年代后逐步兴起的企业社会责任和企业环境管理的观点相一致[69]。利益相关者理论揭示了各个利益团体间的关系，不仅包括由政府、市民和规划师组成的社会利益相关者，还包括由自然环境、人类后代组成的非社会利益相关者[70]。

在企业环境下，利益相关者包括企业的雇员、股东、供应商、消费者、债权人等交易伙伴，也包括媒体、本地居民、本地社区、环保组织、政府部门等压力集团，甚至包括人类后代、自然环境等受到企业经营活动直接或间接影响的客体。这些利益相关者与企业的生存和发展密切相关，他们或为企业的经营活动付出了劳动，或分担了企业的业务风险，或监督和限制了企业的经营行为，因而企业在业务决策中必须考虑到利益相关者的利益或接受利益相关者的约束[69]。按照利益相关者的积极性、影响力和重要性等维度，可将利益相关者分为核心利益相关者、潜在利益相关者和外围利益相关者。

生态文明建设的利益相关者主要包括中央政府、地方政府、企业和公众等，参与主体间的相互监督、推动和制约形成了一个复杂的系统，并影响着生态文明建设的成效[71]。在这个系统中，中央政府和地方政府作为直接推动者，其共同诉求在于公共利益的最大化。在生态环境领域中，利益相关者之间的关联是基于环境外部性事件发生的。只有污染等外部现象发生时，利益相关者间才有关联。如果没有影响利益的外部性事件发生，当事人就不属于利益相关者范畴。环境外部性的不确定性使大部分重要的利益相关者在不出现事件的时候都处于蛰伏状态，属于潜在利益相关者[68]。

2. 利益相关者理论与公众参与的关系

(1) *利益相关者理论为公众参与提供理论依据与技术支撑*：借助利益相关者理论，分析公众参与中各利益相关者之间的关系，可提出切实可行的公众参与方法，为公众参与决策工作进一步提供理论依据与技术支持。按照利益相关者分类的方法，根据利益相关者的三个区分特性（即积极性、影响力和重要性），明确划分各利益相关者的利益相关层级。随后，分别在不同的区域范围内调查不同的利益相关者对此项目的公众参与意见与看法，建立具有不同影响区域和受不同影响程度的各利益相关者的二维的公众参与意见的矩阵模型，清晰显示出每个区域内的每个利益相关者的意见，为决策者提供更量化、更清晰的公众参与意见的表达，从而整合不同受影响区域内各利益相关者的具体意见，为决策者提供科学、明晰的公众调查意见，得出公众参与结论。总之，将利益相关者的知识、价值观和利益整合到公众参与决策过程中，根据复杂性、不确定性和模糊性的组合，不同层次的利益相关者参与可保证参与过程的质量[72]。

(2) *公众参与机制为利益相关者参与决策提供制度保障*：改革开放以来，多元化社会逐步形成，公众的利益主体意识觉醒，利益表达需求强烈，如何畅通群众利益表达诉求，实现和平、有序参与社会治理，是构建社会和谐的关键。公众参与是群众表达利益诉求的重要渠道，强调决策者与受决策影响的利益相关者之间的双向交流和交涉对话，并指出参与者参加行政决策过程是因为其利益可能会受到行政决策的影响，以防止滥用决策权。现有的重大行政决策规定对如何界定利益相关者、怎样代表利益相关者，以及利益相关者参与的最恰当形式是怎样的等问题并没有一个明确的说明。公众参与不仅是增强决策的民意性质，更重要的是分析决策对相关利益者的影响，并听取其意见，表达其相关利益诉求。在多元社会现实中，公众参与重大行政决策本质是通过建立畅通有序的诉求表达、心理干预、矛盾调处、权益保障等机制，在公民沟通、交流、表达、妥协的基础上，就决策达成共识[73]。

第3章

我国城市生活垃圾管理现状

一、我国城市生活垃圾的组成与分类

(一) 城市生活垃圾的组成

1. 城市生活垃圾的基本组分

城市生活垃圾的主要组成物包括居民城市生活垃圾、社会团体垃圾以及清扫垃圾(表3.1)[74][75]。其中,最主要的成分是居民城市生活垃圾,约占城市生活垃圾总量的60%,此类垃圾成分构成最复杂,易受季节与时间的影响,具有一定的波动性;其次是社会团体垃圾,约占城市生活垃圾总量的30%,随着产源单位的不同,其成分差异也较大,但总体组成相对稳定,平均含水率低,且含较多的高热值易燃物;最后则是清扫垃圾,约占城市生活垃圾总量的10%,其平均含水量低,热值比居民城市生活垃圾略高。

表3.1 城市生活垃圾的组成

来 源	主要组成物
居民城市生活垃圾	食物垃圾、纸屑、布料、木料、金属、玻璃、塑料、橡胶、陶瓷、燃料灰渣、碎砖瓦、废器具、杂品等
社会团体垃圾	商业、工业、事业单位和交通运输部门产生的垃圾,不同部门差异较大
清扫垃圾	公共场所产生的废弃物,包括泥沙、灰土、枯枝败叶、商品包装等

城市生活垃圾组成物的差异性是受客观因素影响的,并且直接影响到城市生

活垃圾处理设施及处理方式的选择。随着社会的不断发展和居民生活水平的显著提高，城市生活垃圾的构成、热值也在不断发生变化。特别是随着科学技术的快速发展，在经济发展水平较高的城市和地区，城市生活垃圾的种类趋于多样化，旧自行车、废旧电动车、旧电子产品等也被当作垃圾丢弃。同时，由于城市中家用电器、塑料制品、食品包装袋等产品的大量消耗，城市生活垃圾中的可燃成分的含量也大大增加[76]。

2. 不同区域城市生活垃圾的组分

我国地域辽阔，自然环境复杂多样，各个区域的城市性质、城市规模、城市功能以及其经济发展水平都具有较大差异，而且居民的生产、生活习惯也显著不同，因而我国不同区域的城市生活垃圾的热值也存在较大的差异。城市生活垃圾的组成成分因地理位置、温差与经济发展水平以及居民生活习惯等的不同而有所不同。为了解不同区域的城市生活垃圾组成成分之间的差异，我们把全国除港澳台之外的省份划分为东北、华北、华东、华中、华南、西南和西北 7 大地理区域进行分析。

我们将城市生活垃圾细分为餐厨垃圾、灰渣垃圾、橡塑垃圾、纸垃圾、纺织垃圾、木竹垃圾、玻璃垃圾、金属垃圾和其他垃圾。依据这 9 种城市生活垃圾在全国城市生活垃圾所占的比例，分以下几种情况来说明不同地域的城市生活垃圾的组分情况。

(1) 餐厨垃圾、灰渣垃圾和橡塑垃圾占城市生活垃圾产生总量的比例分布：从图 3.1 来看，按区域来分，餐厨垃圾占城市生活垃圾产生总量的比例从大到小依次为华东、东北、西南、西北、华南、华北、华中；灰渣垃圾占城市生活垃圾产生总量的比例从大到小依次为华中、西北、西南、华南、华北、东北、华东；橡塑占城市生活垃圾产

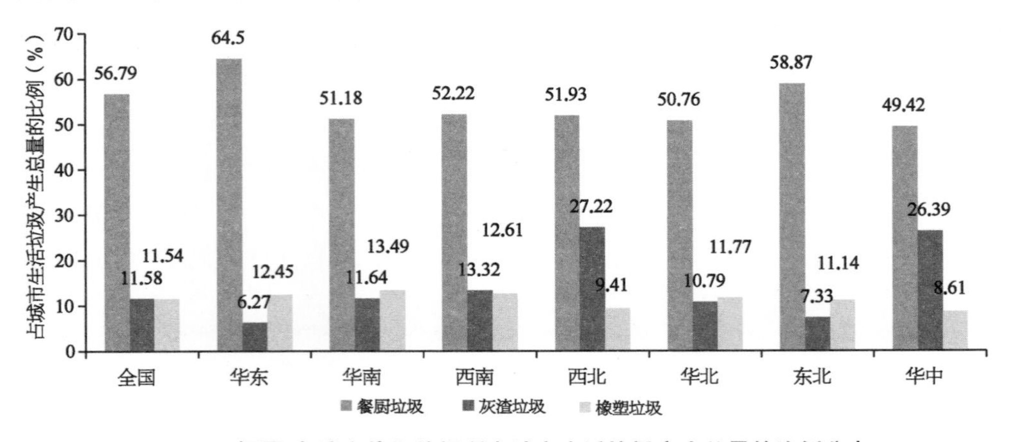

图 3.1 餐厨、灰渣和橡塑垃圾所占城市生活垃圾产生总量的比例分布

生总量的比例从大到小依次为华南、西南、华东、华北、东北、西北、华中。

(2) 纸类垃圾、其他垃圾和纺织垃圾占城市生活垃圾产生总量的比例分布：从图3.2可以清楚地看到，纸类垃圾占城市生活垃圾产生总量的比例从大到小依次为华南、华北、西南、华东、东北、西北、华中；其他垃圾占城市生活垃圾产生总量的比例从大到小依次为华中、西南、东北、华南、西北、华东、华北；纺织垃圾占城市生活垃圾产生总量的比例从大到小依次为华北、华中、华南、全国、西南、西北、东北、华东。

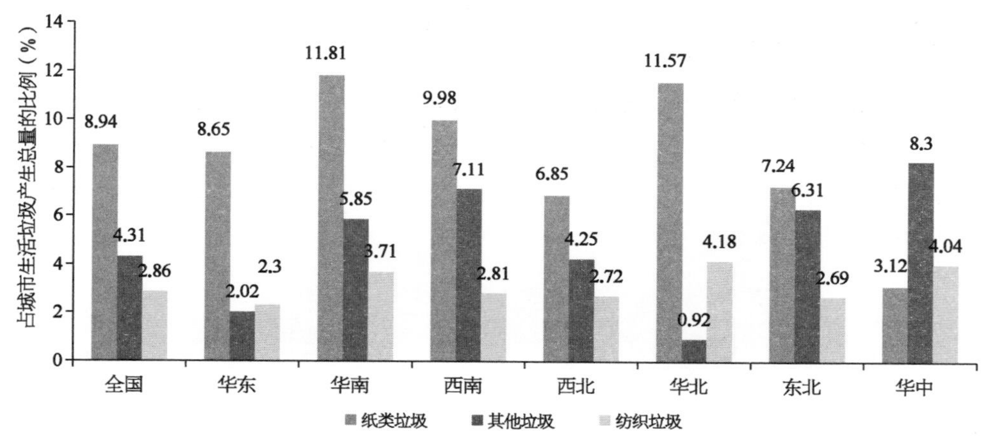

图3.2 纸类、其他和纺织垃圾所占城市生活垃圾产生总量的比例分布

(3) 木竹垃圾、玻璃垃圾和金属垃圾占城市生活垃圾产生总量的比例分布：从图3.3来看，木竹垃圾占城市生活垃圾产生总量的比例从大到小依次为东北、华

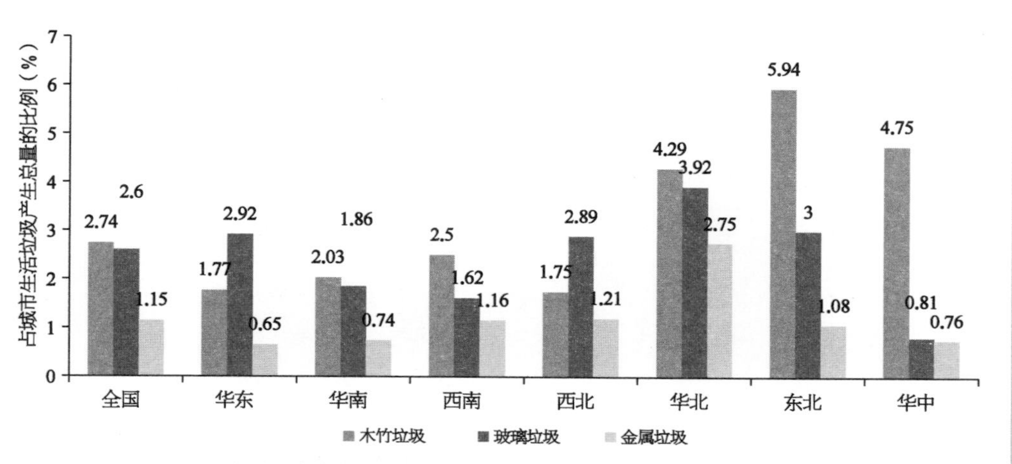

图3.3 木竹、玻璃和金属垃圾所占城市生活垃圾产生总量的比例分布

中、华北、西南、华南、西北、华东;玻璃垃圾占城市生活垃圾产生总量的比例从大到小依次为华北、东北、华东、西北、华南、西南、华中;金属垃圾占城市生活垃圾产生总量的比例从大到小依次为华北、西北、西南、东北、华中、华南、华东。

从图 3.1、图 3.2、图 3.3 这三个图对比来看,餐厨垃圾在各个区域占城市生活垃圾产生总量的比例最大;其次是灰渣垃圾,其他几种垃圾占城市生活垃圾产生总量的比例从大到小依次为橡塑、纸类、其他、纺织、木竹、玻璃以及金属垃圾。

(二) 城市生活垃圾的分类方式与分类情况

1. 城市生活垃圾的分类方式

按照不同的规定和标准,城市生活垃圾可分为不同的类别。根据城市生活垃圾的性质(毒性或者可燃性)划分,城市生活垃圾可分为有机物、无机物、有毒有害物和其他垃圾,具体如表 3.2 所示。

表 3.2　根据垃圾性质划分的城市生活垃圾分类

分类	主要成分	危害	处理
可回收垃圾	纸类、金属、玻璃、塑料等	浪费资源、污染环境	焚烧回收利用
厨余垃圾	剩菜剩饭、菜叶菜根、骨头等	污染空气,失去有机肥料	生物堆肥处理
有害垃圾	废电池、废日光灯管、废水银温度计、过期药品等	对环境和人类危害巨大	特殊安全处理
其他垃圾	砖瓦、陶瓷等	对水资源、空气和环境产生污染	卫生填埋

按照资源化处理方式划分,城市生活垃圾可分为再生型、填埋型、焚烧型、堆肥型、特殊处理型,具体如表 3.3 所示。

表 3.3　根据资源化处理方式划分的城市生活垃圾分类

分类	主要成分
再生型	有回收价值的金属、木材、玻璃、塑料、纸类等
填埋型	不可回收再利用的堆肥或焚烧残渣等
焚烧型	无回收价值的塑料、织物、化纤等
堆肥型	不可直接回收利用的厨余垃圾、灰土等
特殊处理型	废电池、废家电等对环境有危害的废物

我国多数城市生活垃圾中果皮类和厨余垃圾所占比例较高，且其含水率也较高。针对此类情况和特点，一种实用的城市生活垃圾划分方式被提出，具体如表 3.4 所示。

表 3.4 根据生活垃圾特点划分的城市生活垃圾分类

分 类	主要成分	处理流程	处理方式
湿垃圾	瓜果皮、蔬菜、变质食品等	统一运送至垃圾转运站，集中压缩后转运至填埋场集中处理	厌氧发酵、焚烧发电
干垃圾	废纸、金属、玻璃、橡胶等可回收利用垃圾	保洁员以政府指导价上门收购。对于可回收利用垃圾，全部统一运往垃圾资源化市场	回收利用
有害垃圾	废旧电池、过期药品、医疗垃圾等有毒有害垃圾	环卫处专门组织保洁员封闭式收集、运输与处置，集中后统一运往危险废物处理站处理	无害化处理

2. 我国城市生活垃圾分类情况

目前我国大部分城市把城市生活垃圾分为厨余垃圾、可回收垃圾、其他垃圾和有害垃圾(图 3.4)，并将其作为城市生活垃圾的分类标准。2016 年 6～8 月，中国再生资源回收利用协会会同中国环境卫生协会及相关领域的专家，赴华北、华东、华南、西南的 10 个主要城市实地调研城市生活垃圾分类收集现状和“两网融合”试点情况，并访谈了当地城管和商务部门，考察了环卫企业、回收企业、试点社区。在专家组调查的居民社区中，由于不同的城市生活垃圾分类方法和实

图 3.4 城市生活垃圾分类垃圾桶

施力度，试点社区中可回收垃圾、不可回收垃圾以及厨余垃圾的比例分布也有所不同，详情见表 3.5。

表 3.5　我国主要城市试点小区生活垃圾分类比例

社区名称	试点人口（人）	厨余垃圾（%）	可回收垃圾（%）	不可回收垃圾（%）
贵阳振华小区	294	72.27	15.57	12.16
贵阳城市山水小区	1 008	58.21	31.87	9.92
珠海红旗村、新家园、银鑫花园	20 000	55	30	15
深圳宝安新村	3 255	51.5	32	16.5
苏州 300 个垃圾分类小区	—	65	27.4	7.6
上海松江区	140 000	62	15	23
杭州 1 800 个小区	332.5 万	61	25	14
广州市	1 600 万	46	29	25
山东济南	—	49	35	16
山东平度	—	45	27	28
平均比例		56	26	17

从表 3.5 可见，10 个城市试点小区中，厨余垃圾所占比例为 45%～ 72.27%，平均为 56%；可回收垃圾所占比例为 15%～ 35%，平均为 26%；不可回收垃圾所占比例为 7.6%～28%，平均为 17%。

从全国城市生活垃圾分类情况来看，厨余垃圾占 56%，可回收垃圾占 26%，不可回收垃圾仅占 17%，有害垃圾仅占 1%(图 3.5)。目前我国大多数地方城市生活垃圾分类尚处于起步阶段，4 种城市生活垃圾大部分进入环卫清运轨道。研究发现，若把可回收垃圾和厨余垃圾从中分离出来，将其作为资源加以循环利用，那么只有 17%的城市生活垃圾会被清运到填埋场和焚化炉中，这将大大减轻城市生活垃圾处理的终端压力。因此，我国必须对城市生活垃圾进行分类回收，其工作重点是分离并收集可回收垃圾和厨余垃圾。

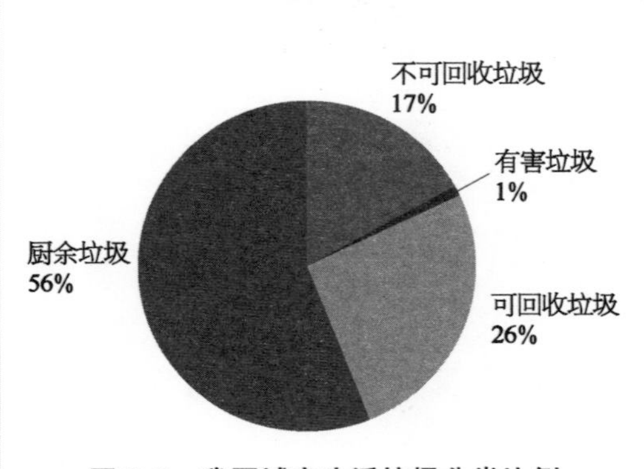

图 3.5　我国城市生活垃圾分类比例

二、我国城市生活垃圾的收集

(一) 收集量

1. 城市生活垃圾的收集量

随着我国经济快速发展和城市化步伐加快,近年来我国城市生活垃圾的产生量也飞速增加,其年产量已超过 1.5 亿吨,并且每年以 8%～10%的速度不断增加。与此同时,随着城市生活垃圾产生量的不断上涨,城市生活垃圾的收集量也大幅增加(图 3.6)。

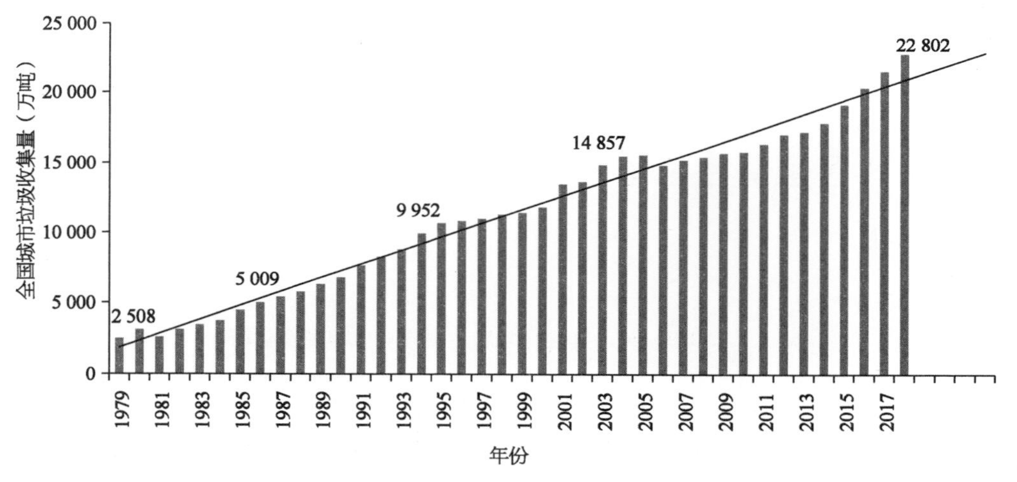

图 3.6　1979～2017 年全国城市生活垃圾收集量增长情况

从图 3.6 可以看出,从改革开放以来,随着我国城市化水平和经济的快速发展,全国城市生活垃圾收集量增长总体呈现线性上升的趋势,全国城市生活垃圾收集量由 1979 年的 2 508 万吨迅速增长到 2018 年的 22 802 万吨,增长了 9.09 倍。从城市生活垃圾收集量的变化来看,可以分为四个阶段:① 城市生活垃圾收集量从 1979 年的 2 508 万吨增长到 1986 年的 5 009 万吨,总共经历了 7 年时间;② 从 1986 年的 5 009 万吨到 1994 年的 9 952 万吨,城市生活垃圾收集量在 8 年内增加了近 5 000 万吨,城市生活垃圾收集量增长速度加快;③ 从 1994 年到 2003 年,城市生活垃圾收集量由 9 952 万吨增加到 14 857 万吨,城市生活垃圾收集量增长速度稍微放缓,但是城市生活垃圾收集量基数大,城市生活垃圾处理的压力仍在增大;④ 在 2004～2018 年期间,城市生活垃圾收集量从 14 857 万吨到 22 802 万吨,城市生活垃圾收集量进一步加大。

2. 城市生活垃圾收集量的变化情况

全国城市生活垃圾收集量存在不同程度的变化。其变化情况用增长率表示，增长率的公式为：(目标年的城市生活垃圾清运量－前一年的城市生活垃圾清运量)/前一年的城市生活垃圾清运量。研究城市生活垃圾收集量的变化情况可以更加详细地了解每一年城市生活垃圾收集量的实际上涨或下降情况，因此，可以用城市生活垃圾收集量增长率来反映我国城市生活垃圾收集量变化状况(图 3.7)。

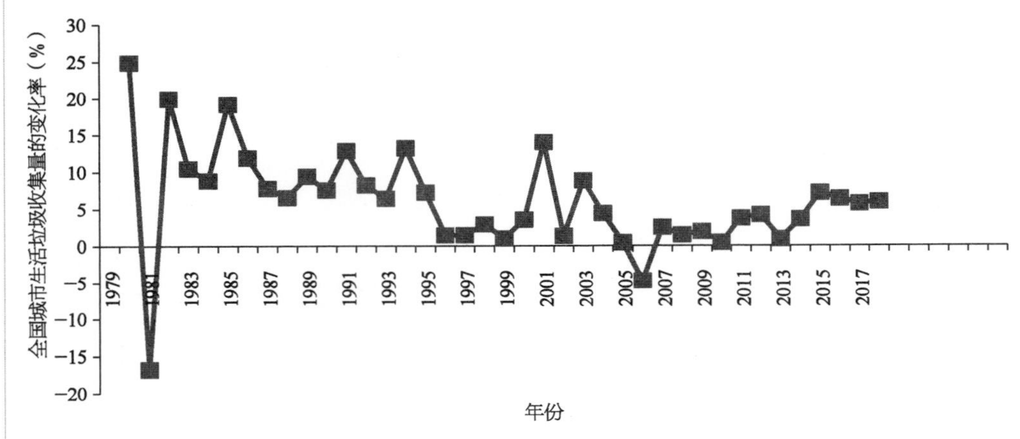

图 3.7　1979～2017 年全国城市生活垃圾收集量变化情况

从图 3.7 中可以看出，全国城市生活垃圾收集量的增长率从－20%到 30%不等，其变动幅度相对较大(由于没有统计 1979 年以前的全国城市生活垃圾收集量，所以 1979 年全国城市生活垃圾的收集量未计入其中)。此外，1981 年和 2007 年全国城市生活垃圾收集量呈现负增长的趋势，2005 年和 2010 年全国城市生活垃圾收集量基本与前一年保持不变，大部分年份全国城市生活垃圾收集量的增长率保持在 0～20%，波动十分明显的年份是 1980 年和 1981 年。但是，由于大部分年份城市生活垃圾收集量增长率在 0 以上，表明大部分年份全国城市生活垃圾收集量在逐年增加，且增长率为负值的年份仅两年，所以城市生活垃圾收集量的增长率从一定侧面反映了我国城市生活垃圾收集的情况。

3. 城市生活垃圾收集量的分布情况

全国城市生活垃圾收集量因地域、气候等的不同而有所差异，因此，分析全国各省城市生活垃圾收集量有利于我们了解全国各省城市生活垃圾收集量的差异。图 3.8 列举了 2018 年全国各省城市生活垃圾收集的分布情况。

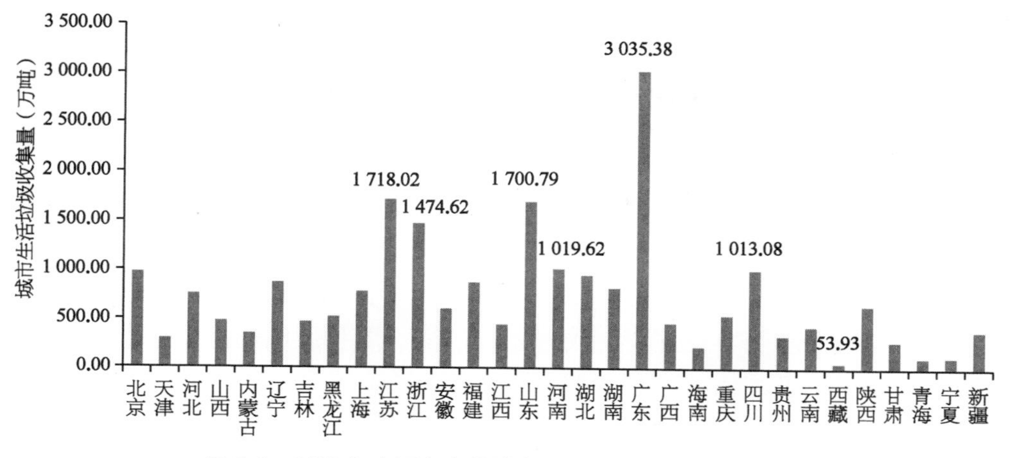

图 3.8　2018 年全国各省份城市生活垃圾收集量分布情况

从图 3.8 来看,2018 年我国各省城市生活垃圾收集量因地域而有所差异,其中广东省城市生活垃圾收集量最高,达到了 3 035.38 万吨,占全国城市垃圾收集量的 13.31%。城市生活垃圾收集量在 1 500 万吨到 2 000 万吨的省份有江苏省和山东省,分别占全国城市生活垃圾收集总量的 7.53%和 7.46%。浙江省的城市生活垃圾收集量为 1 474.62 万吨,约占全国城市生活垃圾收集总量的 6.47%。河南省的城市生活垃圾收集量为 1 019.62 万吨,约占全国城市生活垃圾收集总量的 4.47%。四川省的城市生活垃圾收集量为 1 013.08 万吨,约占全国城市生活垃圾收集总量的 4.44%。其他各省城市生活垃圾收集量均在 1 000 万吨以下。其中,西藏自治区的城市生活垃圾收集量最少,仅为 53.93 万吨。

(二) 收集过程与模式

1. 我国城市生活垃圾的收集过程

本书中城市生活垃圾的收集是指城市生活垃圾从被投放开始,经由专用的垃圾接收容器或设备被接收并收集的全过程。它包括三个步骤:城市生活垃圾的投放、接收以及收集。

(1) 城市生活垃圾的投放

① 混合投放:混合投放是一种不进行任何分类而直接将各种城市生活垃圾掺混投放的方式,是我国城市生活垃圾投放所采用的最广泛的方式。混合投放主要采用三种作业方式:一、环卫工人每天定时定点收集公共场所的垃圾收集容器中的城市生活垃圾,并运送到垃圾中转站;二、居民亲自将自家产生的城市生活垃圾

投放至垃圾站；三、居民利用垃圾道来投放垃圾，再由环卫工人将垃圾道中的垃圾运送到垃圾站。作业设备分别是固定式垃圾箱、活动式垃圾箱、垃圾道、塑料袋及地面垃圾站等。这种投放方法执行成本低、可操作性强，是居民投放城市生活垃圾的一种便捷方式。然而，其相应的缺点也显而易见：一、基于废电池和其他废物的存在，无害化处理的难度增大；二、难以有效地回收和再利用如餐盒、生活废纸等可循环利用的城市生活垃圾，造成资源浪费；三、在后续垃圾分类和处理上的难度加大，成本也随之增加。

② 分类投放：分类投放是一种根据城市生活垃圾的组成、属性、可利用的价值或可处理的性质及其对环境的潜在影响，对各种城市生活垃圾进行分类并投放的方法。其目的是促进资源的回收利用或便于后续的处理和处置。例如，在焚烧服务区中，可燃垃圾、不可燃垃圾以及有害垃圾被分类投放；在非焚烧服务区中，有机垃圾、无机垃圾、大件垃圾和有害垃圾被分类投放；在商业服务业、企事业单位集中的地区，有时还会将厨余垃圾、一次性外卖餐盒等垃圾进行专项分类与投放。在分类投放方法下，通过对城市生活垃圾进行分类回收处理，可降低资源回收和无害化处理的难度，并提高城市生活垃圾回收利用的价值，同时也降低了其后续垃圾处理的难度，减少垃圾运输和处理的工作量，具有较高的经济合理性。其不足之处在于，建设成本高，且收运系统复杂。

(2) 城市生活垃圾的接收

① 垃圾桶(厢)接收：垃圾桶(厢)是指放置于居民区街道旁用来接收和暂存垃圾的专用收集容器，主要以塑制桶为主，其形状、尺寸大多符合国际通用的标准；垃圾桶(厢)主要是与拉臂式垃圾车相配合的钢制厢体，一般置于厂区、大型超市等垃圾集中投放的地区。近年来，我国城市越来越多地开始逐渐尝试分类收集的方法，其中大部分地区通过使用不同颜色的垃圾桶(厢)对城市生活垃圾进行分类与收集，有些地区则使用带有多个隔间的垃圾厢进行收集，都起到了不错的收集效果。

② 垃圾房接收：垃圾房接收是指垃圾房内没有摆放任何垃圾接收容器，而是直接将垃圾投放于房间内的一种接收方式。由于这种方式会污染地面，而且增加了装载作业过程中的劳动作业强度，因此近年来垃圾房接收城市生活垃圾的方式已逐步被垃圾桶(厢)接收所代替。在部分城市，环卫部门通过重新改造垃圾房来进一步减少其对环境可能造成的影响，例如，增加地面清洗设备、投放口自动感应开闭设备等。

③ 垃圾袋接收：垃圾袋接收是指垃圾装入垃圾袋后置于道路边或集中点，等待垃圾车接收的一种方式。这种方式主要用于商业区，如宾馆、写字楼等地，

接收过程方便、卫生，减少了泄漏、洒水、除尘等严重的环境污染问题，对城市环境卫生有一定的改善作用，但对后续处理不利，收集成本也相对较高，不是一种值得推广的接收方式。

④ 管道接收：垃圾管道分为无动力管道和气力输送管道。无动力管道接收是利用垃圾重力进行输送，由高处向低处投放的一种方式，一般不具备除尘、除臭、降噪等环保设备，对环境影响较大，因此其使用越来越少。气力输送管道是一种利用管道内抽气来形成低压并依靠空气压力完成管内垃圾输送的接收设备，一般由投放口、吸气阀、排放阀、垃圾收集站、电力和控制系统、管道及管道附属设施等部分组成，具有密封性好、环境污染小、不对周围交通造成影响、系统操作灵活高效等优点，但其投资及运行费用很高，只适合在一些对环境要求高的高新开发区、商业区、高档小区等地使用。

(3) 城市生活垃圾的收集

① 固定点(站)收集：固定点(站)收集是指将一个区域内分散的垃圾集中到一个地方，进行装厢的收集方式，通常需建造收集站房，并在该站房内设置垃圾收集厢体和压缩装箱设备等。在使用固定点(站)收集时，通常需要采用如人力车、电动收集车等小型运输工具将垃圾转移到收集点(站)内。其优点：一、所有固定点(站)均设有建筑物，并在建筑物内进行垃圾装载作业，可降低噪声和粉尘等对周围环境的影响；二、固定点(站)内设置污水收集系统，在操作过程中可适当控制二次污染；三、固定点(站)使用电力能源对垃圾进行收集处理，不会像流动收集那样产生排放尾气而污染环境；四、部分固定点(站)还配备了垃圾分拣设备，以回收利用城市生活垃圾中的可回收物。

② 流动收集：流动收集是指收集车辆行驶到各个接收点，对接收点的垃圾进行装车收集的方式。流动收集通常根据城市生活垃圾的接收方式来配备对应的收集车辆，例如，在使用垃圾袋接收时，收集车辆是后装垃圾车；而在使用垃圾桶接收时，收集车辆是后装或侧装垃圾车。流动收集的优点是无需设置建筑，也无需将接收点的垃圾运出来，但由于其在室外进行垃圾装载作业，会产生二次污染和噪声。此外，流动收集车必须进入接收点进行收集，因此接收点通常位于路边或收集车易于到达的位置。

③ 气力管道收集：气力管道收集指通过预埋管道系统，利用负压技术(气力输送、真空回收、负压输送、气力管道收集、管道输送技术)将城市生活垃圾抽送至垃圾中转站，再由压缩车将其运输到垃圾处理厂的过程，是近年来发展的一种高效、卫生的垃圾收集方法。由于管道位于地下深处，垃圾收集过程中的气味和污水都被封闭在管道中，垃圾流密封、隐蔽并与人流完全隔离，有效地消除了收集过程中

的二次污染；同时无需使用垃圾桶、垃圾车等传统的城市生活垃圾收集工具，大大降低了垃圾收集的劳动作业强度；垃圾的收集和压缩可24小时连续不间断地运行，有利于垃圾填埋场和焚烧厂的平稳运行；可利用公共管道收集系统自动识别可回收物和不可回收物，并对可收回物进行收集。然而，气力管道收集设备的建设投资成本很高，对系统的维护和管理要求也较高，因此目前我国很少使用。

2. 我国城市生活垃圾的典型收集模式

(1) *混合投放+垃圾桶(厢)接收+固定点(站)收集模式*：指各种城市生活垃圾混合投放于垃圾桶(厢)内，之后再将其集中到垃圾点或中转站进行装厢的收集模式。这种模式被我国许多地区所采用，但由于城市生活垃圾的混合投放，不利于其后续的综合利用。固定点(站)收集较大地方便了其周边居民垃圾或单位垃圾的放置。目前，国际通用标准类型的垃圾桶在我国的使用越来越广泛，但这种垃圾桶只能与流动收集垃圾车(如后装垃圾车、侧装垃圾车)配合使用，不易于运输到固定收集点(站)内进行卸料。因此，垃圾源与收集站之间的运输问题主要通过人力或电动小车来解决。这种小车与垃圾桶不匹配，垃圾桶中的垃圾需要由环卫工人倾倒入小车内，然后运输到固定收集站内。

(2) *混合投放+垃圾桶(厢)接收+流动收集车收集模式*：指各种城市生活垃圾混合放入垃圾桶(厢)内，并由收集车辆对其进行装车收集的收集模式。该收集模式具有操作过程简便快捷、各类设备匹配性良好的特点，是我国目前主要的收集模式。存在的问题：一、对收集点的交通要求较高。通常收集车辆要求收集点处于道路附近，这样易于收集，但是城市中部分老旧街道较为狭窄，不便于大型收集车出入和进行作业。二、操作过程中容易造成二次污染。收集车辆对城市生活垃圾装车的过程中会产生粉尘，造成垃圾飞扬，发出压缩噪声和车辆运行噪声等，对居民环境造成一定的影响。

(3) *气力管道收集模式*：该模式省略掉了城市生活垃圾的投放和接收过程，通过管道直接将生活垃圾送至垃圾中转站，从而大大简化了城市生活垃圾的收集过程。与前两种模式相比，气力管道收集系统的各类设施配套性良好，全过程气密性高，对周围环境无污染，而且设备全部都设置在地下，因此消除了噪声污染的问题，规避了前两种模式的缺点。然而，气力管道收集系统的投资建造和维持运行的费用昂贵，不适宜广泛使用。据了解，目前我国垃圾气动管道收集输送系统的使用占全球总数的5%～6%，有50～60套。在举办奥运会、世博会等大型赛事和展会时，都曾建设使用过。但从人口密度上看，我国气力管道收集输送系统的规模还很小，仍处于试点阶段[77][78]。

三、我国城市生活垃圾的运输

（一）运输车辆

城市生活垃圾运输是指按照城市生活垃圾处理工作要求，用运输设施，将收集站收集到的城市生活垃圾运送至不同场所以备处置的过程。城市生活垃圾收运车辆与城市发展步伐息息相关。20 世纪 90 年代以来，随着城市化程度的不断提高，城市生活垃圾清运量的急剧增加促进了垃圾运输工具需求量的增长。垃圾运输车在运输小区垃圾以及公共场所垃圾方面应用率较高。此外，垃圾运输车还可将装入的垃圾压缩、压碎，使其密度增大、体积缩小，提高垃圾收集和运输的效率。垃圾运输车的种类有压缩式垃圾车、车厢可分离式垃圾转运车、挂桶垃圾车等。其中，压缩式垃圾车和车厢可分离式垃圾转运车是我国城市生活垃圾最主要的运输车辆。

1. 压缩式垃圾车

压缩式垃圾车由密封式垃圾厢、液压系统、操作系统组成（图 3.9）。车辆属车厢一体式，为全密封型。压缩式垃圾车的优点：一、进料口低，操作方便，易于垃圾的收集。二、压缩比高、装载量大，其最大破碎压力可达 12 吨，装载量相当于同吨级非压缩垃圾车的 2.5 倍。三、垃圾桶提升结构可提高车辆的机械化程度，能自行压缩、倾倒其中的城市生活垃圾，大大降低环卫工人的作业强度。四、具有灵活的驾驶和转向功能，机动性好。但其也存在一些问题：一、结构复杂。压缩式垃圾车的垃圾厢固定于汽车底盘上，两者不可分割，在相同的转移规模下，压缩式垃圾车较车厢可分离式垃圾转运车需配置更多的汽车底盘。二、转运时间长。驾驶者在转运站需较长时间，以等待压缩机将城市生活垃圾压装到垃圾厢中，这不仅影响车辆的利用率、站点的交通，也导致转运站的人工成本和运营成本较高。三、作业噪声大。国内压缩式垃圾车普遍存在作业噪声大、扰民等问题。

图 3.9　压缩式垃圾车

2. 车厢可分离式垃圾转运车

车厢可分离式垃圾转运车，又称勾臂式垃圾车或拉臂式垃圾车（图 3.10）。车厢可分离式垃圾转运车带自卸功能，液压操作，方便倾倒，广泛适用于学校、城市街道的垃圾运输。其优点如下：一、高效灵活。垃圾容器轻巧灵活，有效容积大，且净负荷率高，同时底盘与垃圾集装箱可自由组合和彻底分离，两者可以单独工作，从而使车辆维护更加方便，提高了运输效率，设备投资和运行成本也较低。二、一车可配备多个垃圾斗。各个垃圾点放置多个垃圾斗，可实现循环运输。三、可根据客户的实际需求，定制城市生活垃圾箱，运输方式较为灵活。但其也存在下列问题：一、该种车型的压缩机机头行程短，压缩能力有限，且压缩比相对较低。二、容器上部不宜填充垃圾，车辆的垃圾装载能力较低。三、在压缩机和转运车集装箱之间进行压装，污水、恶臭以及垃圾容易外泄，对环境造成污染。

图 3.10　车厢可分离式垃圾转运车

图 3.11　挂桶垃圾车

3. 挂桶垃圾车

挂桶垃圾车，又叫自装卸式垃圾车(图 3.11)，由密封式垃圾厢、液压系统、操作系统组成，主要用于各环卫市政及大型厂矿部门运载各种垃圾。一方面，上盖和后盖均采用液压开启、关闭形式，液压系统均采用优质的举升油缸、操作阀、卡套式接头、高压软管和高压钢管，同时布置了可靠的固定装置，保证长时间无任何泄漏。另一方面，垃圾厢在制造上采用优质钢板，厢底板可加装不锈钢钢板，保证介质自卸时的平滑性，同时厢底可根据地区的季节温度情况加装防冰冻设置，保障车辆的正常运行。密封垃圾厢内加装推板，保证其卸料干净。该车的特点是，一个车能配几十个垃圾厢，能实现一台车与多个垃圾厢联合作业，循环运输，充分提高了车辆的运输能力，特别适用于短途运输，如环卫部门对城镇垃圾的清理、运输等。

随着城市生活垃圾清运范围的扩大，各种类型的运输车辆也逐渐增加(图 3.12)，2016 年我国压缩式垃圾车和车厢可分离式垃圾车的总数为 40 744 辆，年增长率高达 110.1%。与此同时，我国的车厢可分离式垃圾车的产量逐渐高于压缩式垃圾车的产量。究其原因，再生资源行业的市场萧条，城市生活垃圾回收行业的急剧萎缩导致部分回收企业关闭，大量回收工作人员因工作丢失而改行，部分可再生资源进入生活垃圾清运轨道，因此对垃圾车收运城市生活垃圾的数量和质量的要求都有所提高。

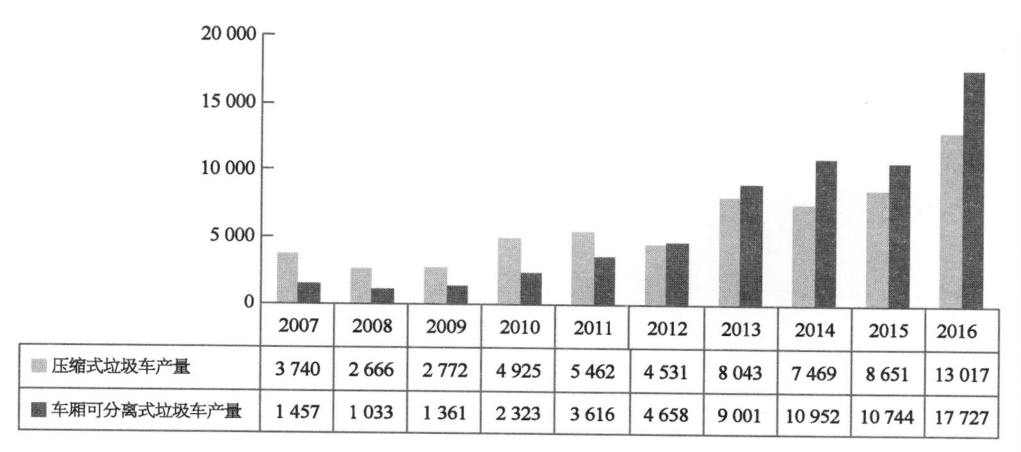

	2007	2008	2009	2010	2011	2012	2013	2014	2015	2016
压缩式垃圾车产量	3 740	2 666	2 772	4 925	5 462	4 531	8 043	7 469	8 651	13 017
车厢可分离式垃圾车产量	1 457	1 033	1 361	2 323	3 616	4 658	9 001	10 952	10 744	17 727

图 3.12　2007～2016 年我国主要垃圾车产量统计图

(二) 运输方式

我国城市生活垃圾的运输方式一般分为直接运输和间接运输两类(图 3.13)。

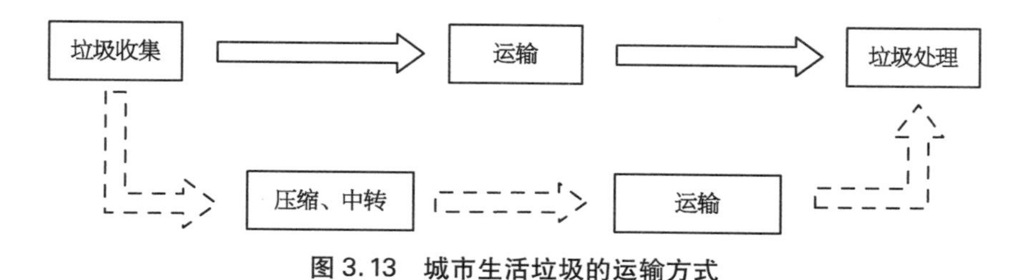

图 3.13　城市生活垃圾的运输方式

1. 直接运输

指从街道、居民社区、企事业单位收集到的城市生活垃圾仅经过一次运输就可将其运送至最终垃圾处理厂的运输方式。直接运输过程中不需要倒装垃圾。其常用设备是压缩式垃圾车(后装或侧装)，适用于距离垃圾处理厂较近、人口密度低的中、小城市或大城市的周边地区以及已建成城区转运站能力不足或故障的情形。作为中转模式的一种补充情形，具有以下特点：一、流动收集，灵活快捷；二、车辆密闭，干净卫生；三、自装卸功能，减轻工人劳动强度；四、会对收集点周围环境造成一定影响，如噪声、粉尘等；五、运输距离较远时经济性差。

2. 间接运输

指从街道、居民社区、企事业单位收集到的城市生活垃圾先被运输工具输送到转运站，进行压缩处置后再运送至垃圾处理厂的运输方式。常用设备有地坑式收集站和摆臂式垃圾车组合、吊装站和自卸式垃圾车组合、垂直转运站和密封自卸式垃圾车组合、水平转运站和密封自卸式垃圾车组合、移动站和大型车厢可卸式垃圾车组合，以及大型转运站和大型车厢可卸式垃圾车组合等。适用于距离垃圾处理厂较远、人口密度高、区内道路窄小的城区和一些对噪声等污染控制要求较高的城区。其具有以下特点：一、以高密度、大吨位的方式运输，经济性较好；二、能减少对居民收集点周围环境的影响(例如，噪声、粉尘、滴液等)。

此外，按照有关标准分类的垃圾收集方式还可分为以下三种运输方式。

(1) 在不同时段运输不同的垃圾。垃圾在垃圾容器内有一定的堆放时间，但部分垃圾容器不是封闭型的，存在二次污染的问题。

(2) 采用不同运输车运输不同的垃圾。这种运输方式需要大量的运输车辆，容易造成机械、人员和运行成本的浪费。

(3) 运输车进行改造优化，将垃圾运输车车厢分区运输，不同的区域装置不同类别的垃圾，节约了成本和时间。

四、我国城市生活垃圾的处理

(一) 处理量

近年来，全国城市生活垃圾产量逐年增加，已远远超出了环境的自净能力，并成为制约城市可持续发展的突出问题。据统计，全国垃圾堆存占地累计达 5 万公顷，且有 1/4 的城市已发展到无适合场所堆放。而全国城市生活垃圾处理厂的数量及其处理能力从一定层面反映了我国城市生活垃圾处理能力不足，以及城市生活垃圾场处理厂规划不合理的现象。

从图 3.14 可以看出，我国城市生活垃圾的清运量与无害化处理量都在逐渐增加，并且随着垃圾处理技术的发展、垃圾分类措施的推进等原因，近年来我国城市生活垃圾无害化处理能力逐年增长，2018 年生活垃圾无害化处理率达到 99%。据《中国统计年鉴》(2019)统计，截至 2018 年，我国共有无害化处理厂 1 091 座，无害化处理能力达到 766 195 吨/日，其中填埋厂(场)663 座，处理能力为 373 498 吨/日，约占总

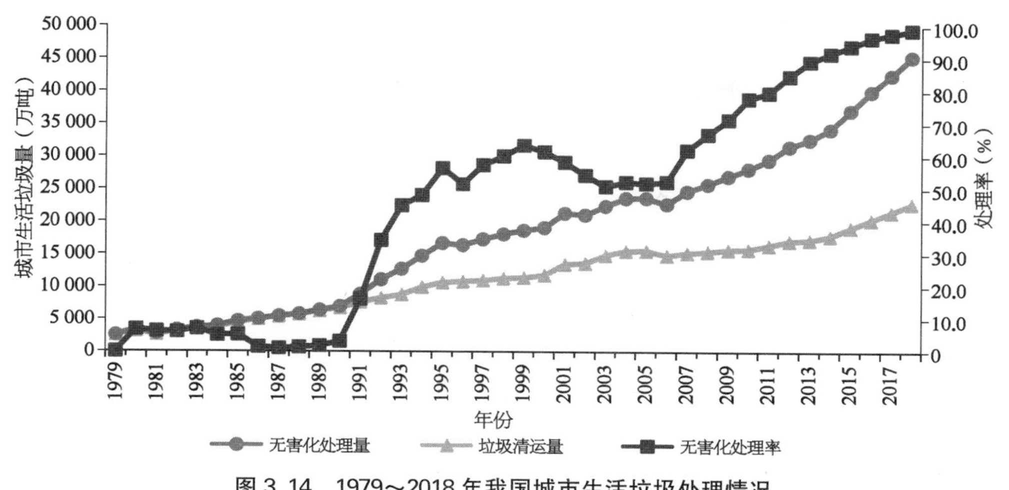

图 3.14　1979～2018 年我国城市生活垃圾处理情况

量的 48.7%；焚烧发电厂 331 座，处理能力为 364 595 吨/日，约占总量的 47.6%；其他无害化处理厂 97 座，处理能力为 28 102 吨/日，约占总量的 3.7%。根据城市生活垃圾的清运量统计，至 2018 年底，我国城市生活垃圾的无害化处理率约为 99.0%。

同时，从全国城市生活垃圾处理厂数量及其处理能力变化也可看出城市生活垃圾处理压力逐年递增。从图 3.15 中可直观清晰地发现全国城市生活垃圾处理能力是逐年增加的，而全国城市生活垃圾处理厂的数量也是呈现增长趋势，但是有些年份其数量在下降。从全国城市生活垃圾处理厂的数量变化来看，1979 年的数量为 12 个，2018 年的数值为 1 091 个，平均每年增加 28.39 个；此外，1979 年的全

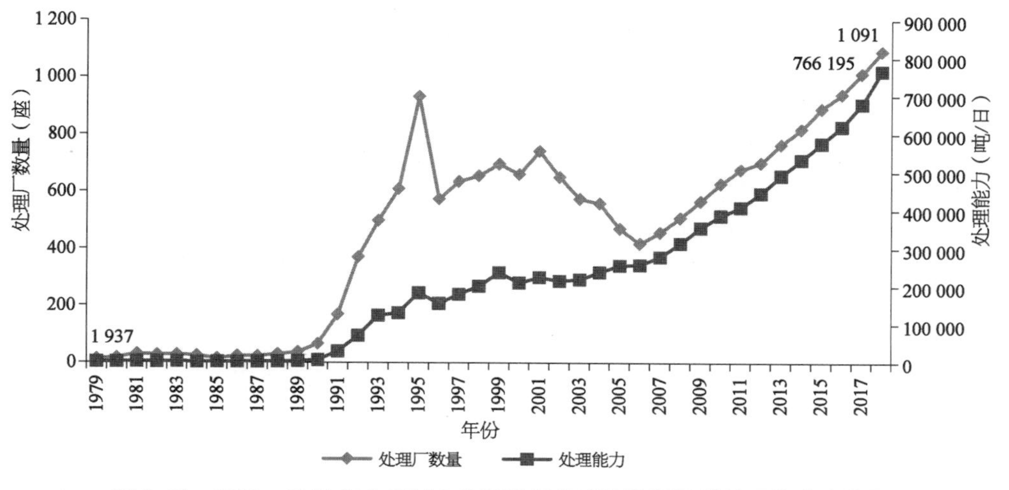

图 3.15　1979～2017 年全国城市生活垃圾处理厂数量及其处理能力变化图

国城市生活垃圾厂的处理能力为 1 937 吨/日，2018 年的全国城市生活垃圾厂的处理能力达到 766 195 吨/日，增长了 396 倍。

（二）处理方式

1. 城市生活垃圾的处理方式

目前，城市生活垃圾的处理方法有饲用、水载法、填埋法、蠕虫法、堆肥法、细菌消化、热处理法、综合利用、分类回收等。其中，我国城市生活垃圾的主要处理方式为卫生填埋、焚烧和堆肥。此外，水泥窑协同处理是近几年使用较多的生活垃圾处理方式。

（1）填埋法：指对垃圾进行填埋处理，包括倾倒垃圾、压实其表面并覆盖上泥土之类的物质，任其有机物自然分解，是以前我国城市生活垃圾处理的主要方式。填埋法适用于各种类型垃圾的处理，具有处理量大、适应性广、成本低廉、操作管理简单、技术成熟等优点，广泛应用于世界各国的城市生活垃圾处理中。目前，根据填埋技术处理过程，可将填埋分为三个等级：一等级为简易填埋场，二等级为受控填埋场，三等级为卫生填埋场。虽然这种技术比较传统，但也是垃圾处理的最终方法，被世界上大部分国家优先采用。填埋处理流程见图 3.16。

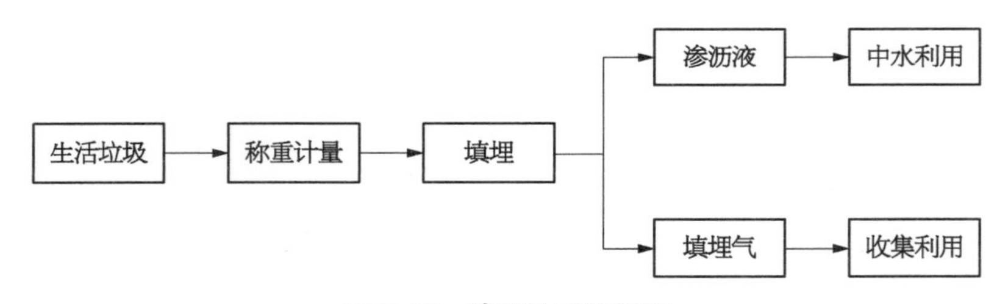

图 3.16　填埋处理流程图

① 简易填埋场（Ⅳ级填埋场）：在 1972 年之前，简易填埋是我国城市生活垃圾的主要处理方式。其特点是基本未采取污染防控措施，也没有垃圾处理的环境保护标准，可称之为露天填埋，对环境的污染较大。

② 受控填埋场（Ⅲ级填埋场）：其基本特点是，垃圾工程的处理措施不是很齐全，对于相应的技术要求与环保标准不能完全满足。这种处理技术与简易填埋相比，虽然并没有完全控制对环境的污染，但情况要好很多。

③ 卫生填埋场（Ⅰ、Ⅱ级填埋场）：卫生填埋是指可以控制渗滤液和垃圾填埋气体的填埋方法。卫生填埋场的特点是环境保护措施相对完善，并符合相应的环境保护标准。Ⅰ级和Ⅱ级填埋场为封闭型或生态型填埋场。其中，目前我国的Ⅱ级填埋场（基本无害化）约占 15%，Ⅰ级填埋场（无害化）约占 5%，并以广州丰兴、

深圳下坪、上海老港四期生活垃圾卫生填埋场为代表。

在垃圾处理中，卫生填埋属于最终方式，也是垃圾处理中不可或缺的一个重要过程。这种垃圾处理方式的优缺点如下：一、处理方式简单易行，处理量大，投资少；二、对象范围广，技术成熟；三、土地占用量大，造成土地资源的浪费，同时大量征地用于填埋的方式无法操作实施；四、在垃圾填埋过程中，无法对垃圾进行完全隔离，垃圾暴露在空气中会造成蚊虫孳生，为了防止将疾病传播给人类，需在垃圾上喷洒大量灭虫药物，从而导致成本的升高和环境的再次污染；五、填埋场内部的垃圾经微生物、化学反应可产生废气和渗滤液，而其中渗滤液是土壤和地下水污染的主要原因；六、造成资源浪费，且资源化的程度降低。

（2）焚烧法：指垃圾作为燃料被投放到燃烧炉内，空气中的氧气与其所含的可燃成分充分混合进行燃烧，经过高温燃烧后，病毒、细菌等被清除，各种带有恶臭的气体也在高温下发生分解，烟气中的有害气体经过处理达标后再进行排放，达到减容、减重及资源化的目的，是我国和世界上大多数国家普遍采用的一种垃圾处理技术。国外在采用焚烧方式处理垃圾方面起步相对较早，已发展了大约 100 年。焚烧法要求炉内温度控制在 800～1 000℃，焚烧后生成的残渣类固体物质采用填埋等方式进行直接处理。焚烧工艺步骤如图 3.17 所示。

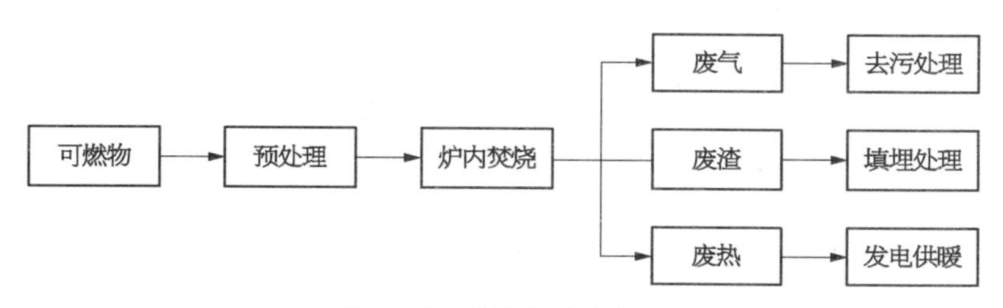

图 3.17　焚烧技术流程图

针对焚烧设施来讲，国内共有三类：简易类、国产类和综合类。① 简易类焚烧炉：简易类焚烧炉是在煤窗及砖窑的基础上加以改进的设施，其特点是耗资少、流程简单，但由于未配备通风系统及烟气处理系统，所以垃圾无法完全燃烧，排污不达标。偏远地区的中小城镇地区偶有使用此种焚烧炉。② 国产类焚烧装置：国产类焚烧装置的项目工程较小，因此其配套设备也相对比较简单，耗资不大，在实践方面，其主要用于开发、运行等环节。③ 综合类焚烧设备：综合类焚烧设备所应用的项目都比较大型，其核心技术与设施基本来自国外，在配套的生产装置方面也较为齐全，但相比而言，其构建及运转耗资较大，因此大中型城市使用较多，这些城市的综合类焚烧设施都已正常运行。此类焚烧设备具有很多明显优势，例如可实现能量的转化，将垃圾的化学能转化成热能，使垃圾无害化处理成为可能；就其处理效果而言，也较为迅速、彻底。但也存有不足，如综合类焚烧设备焚烧垃圾不充分而释放出的二噁英气体易污染空气，损害生态环境与居民的身体健康。

焚烧技术适用于城市生活垃圾中所有可燃物体，但其也具有一定的局限性，并不是所有垃圾都能焚烧。对可燃物含量是有要求的，即可燃物含量≥22%。焚烧法具有显著减容、节省填埋空间、无害化彻底、可进行余热回收利用或发电等优点，而且焚烧炉可全天运转以调节垃圾来源的各种变化，由此可见，焚烧处理垃圾是实现垃圾“三化”的最有效途径之一。但焚烧法也存在一些不足：第一，容易形成二次污染，尤其是二噁英的存在；第二，耗资较大，运转费用过多；第三，核心技术难度较高，不易操作。

(3) 堆肥法：指以各种植物残渣(如泥炭、树叶、杂草、农作物秸秆以及其他废弃物等)为主要原料，与人畜粪便和尿液混合后经堆肥腐解为有机肥料的垃圾处理方式。堆肥法适用于处理有机含量高的垃圾，曾是我国处理垃圾的主要方式。其原理是通过利用微生物来降解城市生活垃圾中的有机物，在高温下进行无害化处理，并产生有机肥料，既可实现城市生活垃圾减量化，也达到了资源回收利用的目的。优点是处理周期短、无害化程度高、无额外污染[79]。针对城市生活垃圾来讲，采用此种处理方式通常可分为以下几个步骤：前期处理、首次发酵、中间处理、再次发酵、后期处理、脱臭、储存，具体见图 3.18。

城市生活垃圾处理的堆肥工艺所依据的原理为细菌分解理论，包括高温、低温两种。从堆肥角度来讲，主要包括简易堆肥、工厂堆肥。前者在中小城市应用较为普遍，它基于静态发酵技术而形成，在环境保护等方面的措施相对不完善，费用耗费较少；后者则基于半动态或动态发酵技术而形成，在环保措施方面相对较为完善。

从目前情况来讲，我国的堆肥工艺依然存在很多不足，比如机械化程度不高、使用周期短、设施落后等，致使堆肥品质偏低，肥效难以上升，其有机质大都低于20%，远未达到有机肥指标，因此竞争力不强，而这些都对堆肥技术在处理城市生活垃圾方面的深入发展产生了极大的负面影响，制约其进一步发展。

(4) 水泥窑协同处理城市生活垃圾技术：一种将城市生活垃圾等固体废弃物与水泥工艺流程相结合的技术。由于具体工艺的不同，水泥窑协同处理城市生活垃圾技术可细分很多不同的技术，我们仅介绍一种采用预处理分类处理工艺和垃圾衍生燃料入窑协同处置相结合的水泥窑协同处理生活垃圾技术(图 3.19)。其采用的主要技术路线为分类处理+水泥窑无害化高温处置技术。处理场地分为 2 处，分别为预处理厂和水泥窑接纳车间。首先，对城市生活垃圾进行预处理，主要

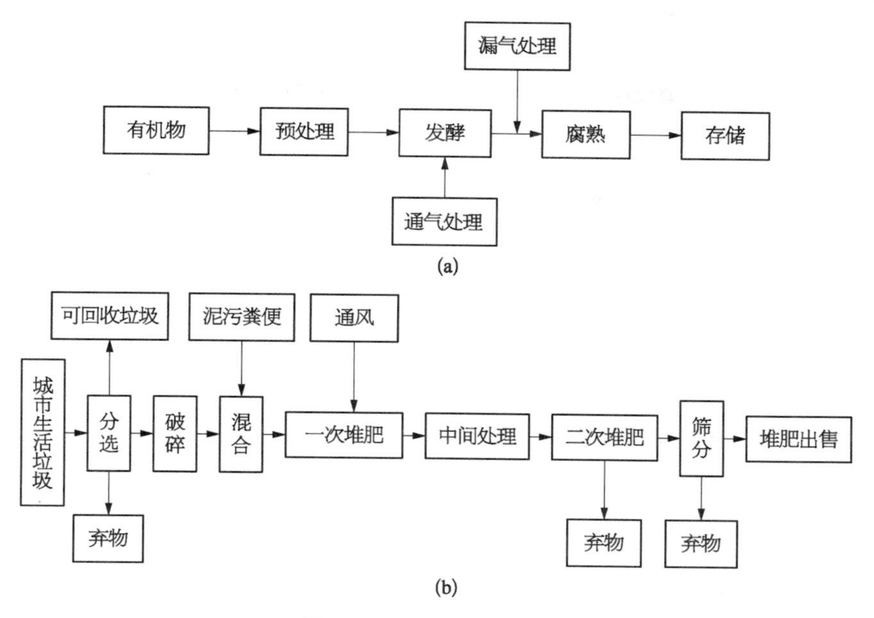

图 3.18　堆肥技术流程图

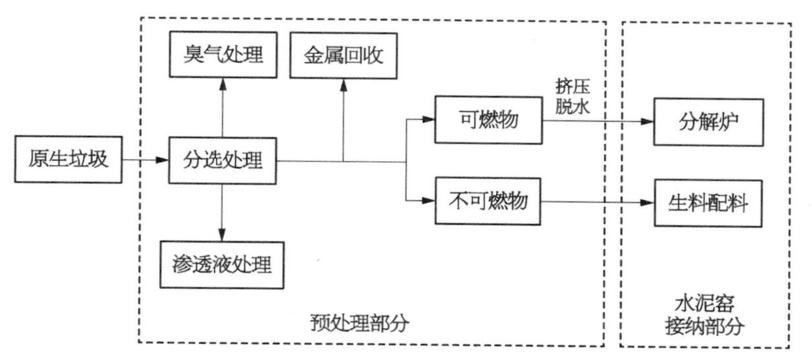

图 3.19　城市生活垃圾水泥窑协同处置流程示意图

包括预碎、筛分、破碎、分选、除铁等，将城市生活垃圾分为可燃物与不可燃物。其中，可燃物作为替代燃料进入水泥窑中进行高温煅烧；不可燃物则用作替代原料进入生料磨，并与原料一起研磨。经预处理中心处理后，城市生活垃圾可分为可燃部分、不可燃部分、金属部分、浓缩液与再生水四部分[80]。

近年来，水泥窑协同处理方式被应用的越来越多。与其他传统的城市生活垃圾处理方式相比，水泥窑协同处理方式在注重城市生活垃圾无害化、减量化的同时更注重资源化利用，具有显著优越性，主要体现在以下几个方面。

① 水泥工艺系统的焚烧空间大、热容量大，且燃烧系统非常稳定，窑中充满高

温熔体，不易因物料投入的体量和性质的改变而影响作业运行。它不仅可以处理大量的城市生活垃圾，而且还可保持均匀、稳定的燃烧气氛。

② 水泥工艺系统的处理温度高，且城市生活垃圾在炉内焚烧的停留时间长。其炉温范围在 1 600～1 800℃，物料由窑头到窑尾总停留时间约为 35 分钟，在高温环境下二噁英等有毒成分几乎可得到彻底分解。

③ 水泥工业烧成系统和废气处理系统具有高吸附、沉降和集尘的功能，城市生活垃圾中的无机物和有机物分解后会与其他物质结合，不会释放出危害大气的各种污染气体。

④ 垃圾焚烧产生的飞灰和灰渣将作为水泥的原料被再次利用，达到了将垃圾中的重金属离子固定在水泥熟料中的目的，避免了重金属离子的渗透和扩散，可减少城市生活垃圾焚烧产生的二次污染问题。

⑤ 水泥窑系统中的破碎、均化、计量等设备均进行了设置，在对城市生活垃圾进行处理时，主要对垃圾车辆进行紧密封锁，将垃圾送入到无须分选就可进行焚烧的场所，具有很强的适应能力。

⑥ 相对垃圾填埋和垃圾焚烧处理方式，水泥窑协同处理方式主要使用水泥窑烧成系统来代替烟气处理系统，简化了处理流程，同时也大幅降低了投资与运行成本[81]～[84]。

2. 三种主要垃圾处理方式比较

(1) 三种主要垃圾处理方式的技术比较分析：从表 3.6 可以看出，填埋方式与堆肥方式初始投资低、运行费用低且技术工艺简单，但其“减量化、资源化、无害化”的程度较低，二次污染难以控制。焚烧方式能够实现垃圾减容，也能回收一部分热量，但其建设投资高，技术工艺复杂，且无法彻底解决烟气排放污染问题和飞灰、灰渣的安全性问题[85]。

表 3.6　城市生活垃圾处理方式比较

内　容	填　埋	焚　烧	堆　肥
技术安全性	较好，注意防火	好	好
技术可靠性	可靠	可靠	可靠，国内经验丰富
占地	大	小	中等
选址	较困难，要考虑地形、地质条件，防止地表水、地下水污染，一般远离市区，运输距离较远	易，可靠近市区建设，运输距离较近	较易，仅需避开居民密集区，区域影响半径小于 200 米，运输距离适中

续　表

内　容	填　　埋	焚　　烧	堆　　肥
适用条件	无机物>60%，含水率<30%，密度>500 kg/天	垃圾低位热值>3 300 kJ/kg 时，不要添加辅助燃料	从无害化角度，垃圾中可生物降解有机物≥10%；从肥效角度，垃圾中可生物降解有机物>40%
最终处置	无	仅残渣需做填埋处理，为初始量的 10%～20%	非堆肥物质做填埋处理，为初始量 20%～25%
产品市场	气回收，沼发电	产生热能或电能	建立稳定的堆肥市场较困难
建设投资	较低	较高	适中
资源回收	无现场分选实例，但有潜在可能	前处理工艺可回收部分原料，但取决于垃圾中可利用物的比例	前处理工序可回收部分原料，但取决于垃圾中可利用物比例
地表水污染	可能，但可采取措施减少可能性	在处理厂区无，在炉灰填埋时，其对地表水的污染可能性比填埋小	在非堆肥物填埋时与填埋相仿
地下水污染	可能，虽可采取防渗措施，但仍然有可能发生渗漏	灰渣中没有有机污染物，仅需填埋时采取固化等措施可防止污染	重金属等可能随堆肥制品污染地下水
大气污染	有，采取覆盖压实等措施控制	可控，但二噁英等微量剧毒物质需采取措施控制	有轻微气味，污染指数不大
土壤污染	限于填埋场区	无	需控制堆肥制品中重金属含量

（2）*三种主要垃圾处理方式的应用比较*：图 3.20 为 2018 年我国城市生活垃圾填埋、焚烧和其他处理方式的应用比例，可以看出，我国垃圾主要处理方式是以卫生填埋为主，2018 年我国生活垃圾卫生填埋无害化处理厂为 663 座，占比为 61%；生活垃圾焚烧无害化处理厂有 331 座，占比为 30%；其他无害化处理厂有 97 座，占比为 9%。根据 2006～2018 年《中国统计年鉴》的相关数据，我们统计了这 12 年来我国城市生活垃圾各处理方式下的处理厂数（图 3.21）和处理量（图 3.22）。

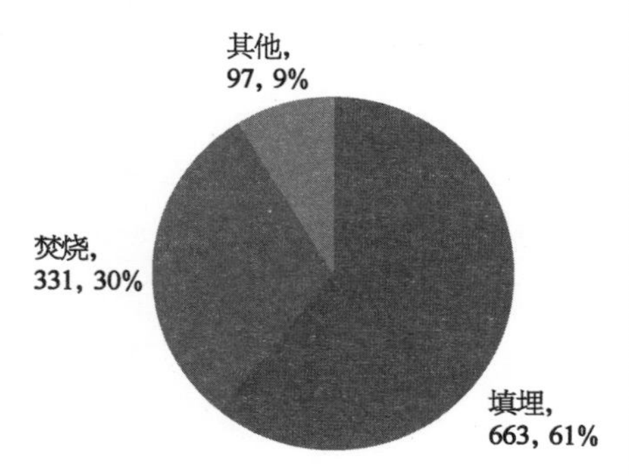

图 3.20　2018 年我国城市生活垃圾处理方式的应用比例

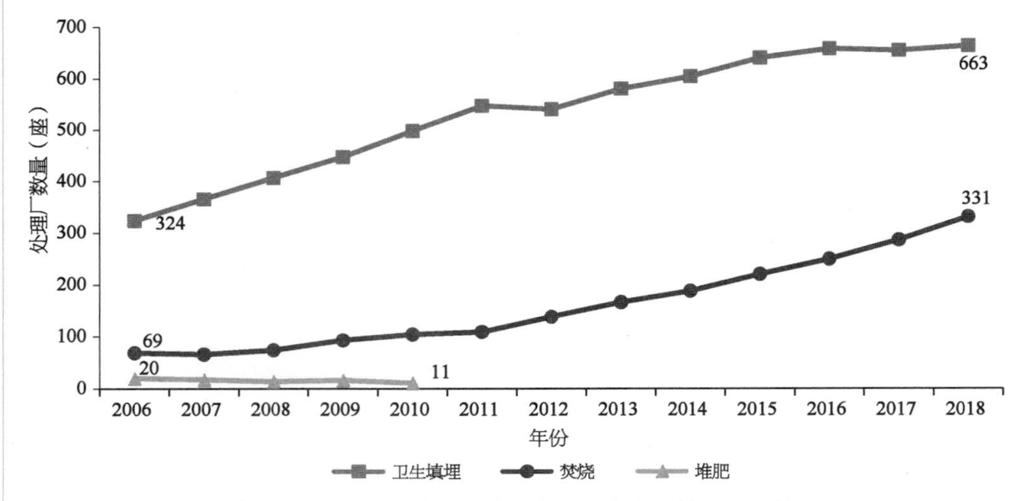

图 3.21　我国城市生活垃圾各处理方式下的处理厂数

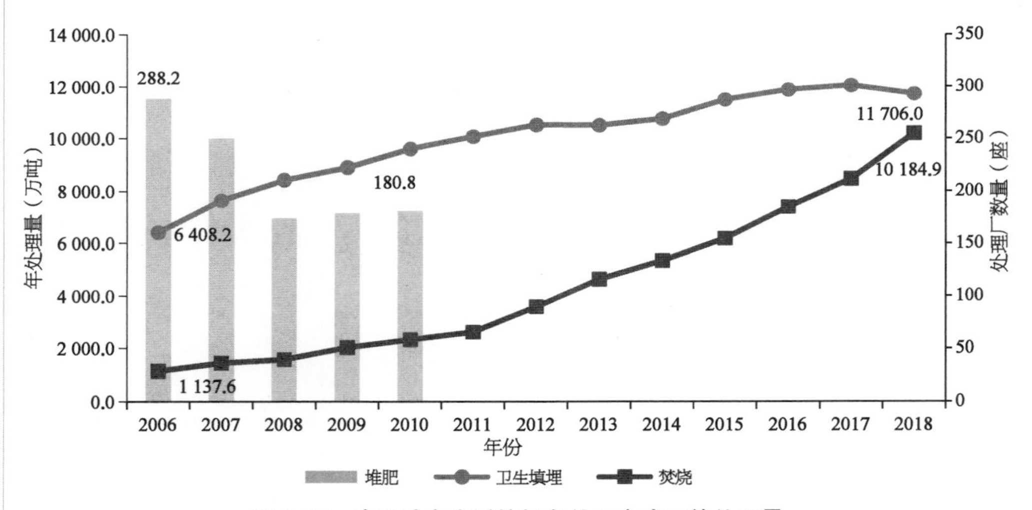

图 3.22　我国城市生活垃圾各处理方式下的处理量

由图 3.21 和图 3.22 中可看出，我国无害化处理厂的数量逐年增加，垃圾无害化处理能力也在逐年上升。近年来，填埋处理方式占比有所下降，焚烧方式处于较快发展时期。特别是从 2010 年开始，焚烧处理方式发展迅猛。在 2006 年我国焚烧无害化处理厂有 69 座，垃圾焚烧无害化处理量为 1 137.6 万吨；到 2018 年，无害化处理厂数上升至 331 座，焚烧无害化处理量也相应提高到 10 184.9 万吨。堆肥处理方式则处于逐渐萎缩状态，从 2006 年的 20 座处理厂急剧减少到 2010 年的 11 座，而在 2010 年后《中国统计年鉴》不将其列为统计数据进行统计。

目前，我国31个省、自治区和直辖市的城市生活垃圾均有卫生填埋的方式；除青海和陕西外，其他29个省、自治区和直辖市都有垃圾焚烧厂；此外，24个省、自治区和直辖市都已建设了其他垃圾处理厂。图3.23～图3.25分别列举2018年我国各省、自治区和直辖市在填埋、焚烧以及其他三种处理方式下城市生活垃圾处理厂的数量及其年处理量。

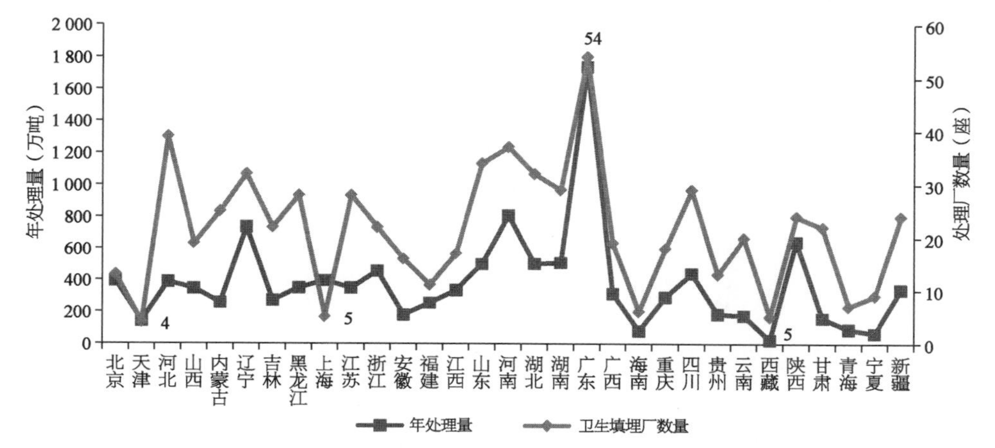

图3.23　2018年全国各省份卫生填埋厂数量及其年处理量情况

从图3.23来看，广东省填埋厂的数量最多，且年处理量也比全国其他省、自治区和直辖市要多；拥有填埋厂数量最少的有天津市、上海市和西藏自治区，其中上海市填埋年处理量最多，天津市居其次，西藏自治区最少。总的来看，全国各省份卫生填埋厂的数量及其年处理量的变化曲线接近重合，两者的关系为正相关。

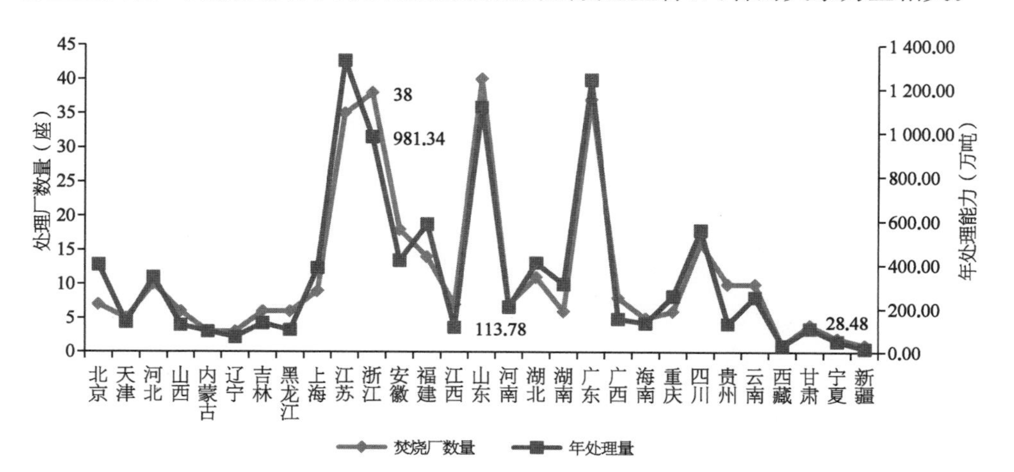

图3.24　2018年全国各省份焚烧厂数量及其年处理量情况

从图 3.24 来看,浙江省城市生活垃圾焚烧厂数量最多,达到 38 座,其年处理量也比其他省份多。拥有垃圾焚烧处理厂最少的西藏自治区和新疆维吾尔自治区,年处理量分别为 28.48 万吨和 15.50 万吨。

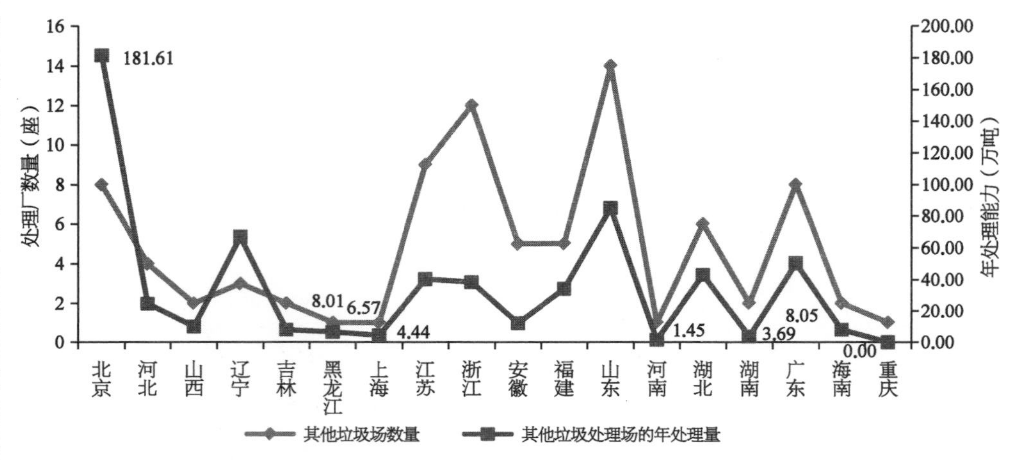

图 3.25　2018 年全国各省份其他处理厂数量及其年处理量情况

从图 3.25 可以看出,北京市城市生活垃圾其他处理方式的年处理量最大,达到了 181.61 万吨,但是其垃圾处理厂的数量并不是最多的。山东省城市生活垃圾其他处理方式的数量最多,但是其垃圾处理能力并不高。吉林省、黑龙江省、上海市、河南省、湖南省和重庆市较少使用其他处理方式处理城市生活垃圾,其年处量分别为 8.01 万吨、6.57 万吨、4.44 万吨、1.45 万吨、3.69 万吨、8.05 万吨以及 0 万吨。

五、我国城市生活垃圾的收费

根据污染者付费原则,由城市居民所产生的生活垃圾,其清扫、运输和最终处理所产生的费用应该由城市居民自身承担。这一原则在西方发达国家有广泛的运用。我国城市生活垃圾处理费的收取相对来说起步较晚,自《关于实行城市生活垃圾处理收费制度促进垃圾处理产业化的通知》颁布以来,各大城市开始征收处理费,到现在只有 20 来年的历史。具体地说,城市生活垃圾处理费是指由城市公用事业管理者向一切产生城市生活垃圾的个人或单位收取的专项用于补偿城市生活垃圾在清扫、运输和最终处理等各个环节中所需支出的费用。在实践运用中,垃圾清扫、收集和运输所产生的费用被称为卫生清洁费,而生活垃圾的最终处理费用称为狭义的垃圾处理费。本书中的城市生活垃圾处理费是指卫生清洁费和最终处理费用的总和。

（一）定价的内涵与定价方法

1. 城市生活垃圾收费定价的内涵

城市生活垃圾收费定价在我国是指当地人民政府价格主管部门会同建设(环境卫生)行政主管部门依据国家的法律法规、相应的意见和通知，考虑当地的实际情况，根据补偿收集、转运和处理成本的原则，对城市居民、企事业单位产生的城市生活垃圾制定的城市生活垃圾处理费，在制定相应城市生活垃圾收费定价的价格后，开展价格听证会收集各方意见后，上传到国家相关部门，最后由国家决定具体城市生活垃圾收费定价的过程。

我国各城市生活垃圾处理收费是采取政府定价的形式，定价的原则是弥补生活垃圾处理成本，并保证合理盈利，同时还要充分考虑城市居民的可接受程度。城市生活垃圾收费定价本质上是一种税收政策。在城市生活垃圾产生量日益增多而又无法及时清理时，城市生活垃圾对外部产生负的经济效益，此时，政府希望通过税收的政策来解决城市生活垃圾的负外部性。从城市生活垃圾的产生对象来看，城市生活垃圾收费定价通过影响城市居民、企事业单位的城市生活垃圾产生行为，进而从源头上实现减少城市生活垃圾产生量的目标[86]。

2. 我国的城市生活垃圾定价方法

我国城市生活垃圾定价方法主要有平均成本法、两部定价法和水消费系数定价法三种。

(1) *平均成本法*：平均成本法实际是边际成本法的改进，在应用时一般用平均成本法代替边际成本法，通常不加以区分。城市生活垃圾平均成本定价法主要是依据城市生活垃圾整个处理过程产生的全部成本进行定价，主要包括垃圾收集成本、垃圾运输成本、垃圾处理成本及上述过程中产生的外部成本。城市生活垃圾处理的全部成本与城市生活垃圾产生量的比值即为平均收费标准。在上述定价中未考虑企业的利润、社会的劳动生产率及物价指数的上涨等因素。这使得平均成本法一方面，制定的垃圾收费价格标准仅可以弥补企业成本，不利于垃圾处理企业的长期发展；另一方面，制定的城市生活垃圾收费标准未考虑本区域经济发展水平，不利于当地的垃圾减排。同时，平均成本法确定的垃圾收费价格偏高，需要政府给予企业一定金额的补贴，政府财政压力较大。平均成本法的优点是计算简单，可操作性强。

(2) 两部定价法：两部定价法的垃圾收费价格由基本费用和按量费用两部分组成。基本费用主要是前期投入的固定资金，与实际垃圾产生量无关；而按量费用是每增加处理一单位的城市生活垃圾所需的费用。基本费用主要包括前期投入的土地费用、建设费用和购买大型处理设施的费用等，可以根据收费主体的不同，确定出各主体应承担的固定费用。按量费用主要包括人工费用、小型设备的折旧费用和环境成本等。按量费用按经济学理论应根据边际成本计算按量费用的收费标准，但在实际计算时存在困难，一般用平均成本代替边际成本。两部定价法以边际成本定价法作为城市生活垃圾收费定价的基础，以城市生活垃圾收费金额能弥补城市生活垃圾处理成本作为基本条件，是考虑居民福利的一种收费定价方法。由于生活垃圾产生较少的用户仍然需要承担同等固定费用，这也就形成了垃圾产生量少的人群对垃圾产生量多的人群进行补贴，不利于社会公平。

(3) 水消费系数定价法：水消费系数定价法是对不同的城市生活垃圾产生源进行分类，分别计算水消费量与垃圾产生量之间的折算系数，从而按水消费量核算城市生活垃圾收费价格的一种定价法。在水消费系数定价法中，不同城市要针对自身城市垃圾的特点，对垃圾产生源分别分类，并依照调查数据确定折算系数。水消费系数定价法实际是按量收费的一种定价方法。目前由于按量收费实施困难，大部分城市采用的是定额收费。通过这种按量收费可培养人们产生“谁污染，谁付费”的意识，有利于后期推广使用更为复杂、有效和可靠的城市生活垃圾收费定价方法。水消费系数定价法在折算系数核定垃圾产生量时存在误差，并且由于与水系统挂钩，水收费系统中的问题不可避免会影响垃圾收费，在实际应用中不确定性因素较多。

(二) 收费方式与实施现状

1. 城市生活垃圾的收费方式

城市生活垃圾的收费方式包括定额收费、按量收费(pay as your throw，简写为 PAYT)和按水量收费等几种方式。

(1) 定额收费：定额收费是指以住户、个人或住房面积作为收费单位，按照相同的费率收取月或年垃圾费用(包括垃圾收集费用、运输费用和处理费用，部分也包括政府政策费用)。定额收费基本不考虑城市生活垃圾的个人实际产生量，只要确定出具体的费率即可。各个城市依据自身城市生活垃圾处理成本和政府补贴程度，确定出具体的费率。定额收费核算方式计算简单、操作方便、易于实施，适合城市生活垃圾收费管理的初期。但是，依据国外相关理论和随着我国城市生活垃圾管理收费制度的成熟，定额收费很难体现公平性的原则，城市居民个人的垃圾实际产生量与收费金额并不匹配，这可能会影响居民主动参与垃圾减排活动。具体来说，对于实际产生量高于平均产生量水平的用户来说，定额收费会使这部分用户长期存在搭便车的现象；而对于实际产生量低于平均产生量水平的用户，定额收费会使这部分用户承担较高的费用，这种不公平感会促使其产生更多的生活垃圾。

（2）*按量收费*：按量收费是指根据作为单位的家庭（个人）产生的城市生活垃圾量收取相应的费用[87][88]。按量收费要求先统计出生活垃圾总量，核算出这些垃圾的处理总成本，然后将总成本与总产生量的比值作为统一的收费标准，再按户、个人的实际产生量按固定收费方式或者浮动收费方式确定出具体的收费金额。由于按量收费方式按实际产生量进行核算垃圾费用，基本克服了定额收费方式的不足。按量收费还具有优化消费结构和促进清洁生产的作用。但是，由于按量收费需要考虑因素较多和城市生活垃圾具有的复杂特点，使得整个城市生活垃圾收费价格在确定上存在较大难度。同时，该方法在核定垃圾的实际产生量时，不管是按体积、按重量还是按袋，都存在较大的管理难度。特别是，存在非法倾倒现象，这会大大增加城市生活垃圾的处理成本。按量收费适合居民具有较高环保意识的城市。

（3）*按水量收费*：按水量收费是指使用“水消费系数法”收取城市生活垃圾费用的方法。首先，确定出当生活过程或社会经济活动消费1吨水时产生的垃圾量，并计算出相应的比值，之后依据水表确定出消费水量，进一步确定出城市生活垃圾的产生量，据此来收取垃圾费用。按水量收费可以说是定额收费与按量收费的一种折中，一方面，和定额收费一样，只需确定出一个比值或者说费率，便可直接计算出垃圾收费价格；另一方面，与按量收费方式一致的是，也考虑了垃圾产生的实际量，体现了“谁污染，谁付费”的原则，有利于从源头减排。按水量收费通常随水费征收，这会大大提高收缴率和降低收缴成本，具有另外两种方式无法比拟的优势。但是，按水量收费是依据水的消费量回归分析垃圾的产生量，存在较大的误差，很难反映城市生活垃圾的实际产生量。

2. 我国城市生活垃圾收费方式总体情况

从我国实践情况看，绝大多数城市实行的垃圾收费方式是定额收费。主要原因：一、可以有效地增加垃圾处理费用收入；二、对城市规模的大小没有特殊要求；三、管理难度相对较小，实施起来也较为容易；四、制度的历史惯性。使用定额收费方式收取垃圾费的首要目标是筹集垃圾处理运营资金，从而实现生活垃圾的资源化、无害化处理。例如，1999 年 9 月，北京市开征垃圾处理费，收费方式采用定额收费。南京、广州、沈阳等城市也在以定额收费制为主要收费方式的基础上分别实行了垃圾收费制度。同时，也有部分城市将生活垃圾按量收费方式在试点小区运行。例如，2004 年 8 月，上海市开始采用按量收费制征收单位生活垃圾处理费，并以垃圾桶为计量单位，不同规格的垃圾桶收取不同的费用。2012 年，广州市开始试行城市生活垃圾按袋收费方式，为使用较少垃圾袋的居民提供了减免垃圾费的激励措施。表 3.7 为我国 23 个城市生活垃圾收费情况。

目前我国采用按水量收费的城市还较少，近年来深圳、中山、惠州、乌鲁木齐等几个城市才开始采用。我国台湾地区按水量收费的历史较长，且按水量收费是台湾地区主要的垃圾处理收费方式，其次是垃圾按量收费。台北市从 2000 年开始也实行了垃圾按袋收费方式，征收的费率为 0.5 元/升，2001 年其费率降为 0.45 元/升，2013 年 3 月起其费率降为 0.38 元/升。

表 3.7　23 个大中城市居民生活垃圾处理费收费标准

城　市	收费标准(元/升)	开始征收年份
深　圳	13.5	2006
厦　门	10	2006
重　庆	8	2003
成　都	8	2004
昆　明	8	2005
南　宁	7	2003
大　连	6	2006
福　州	6	2003
西　宁	6	2007
青　岛	6	2006
太　原	5	2002
南　京	5	2001
郑　州	5	2007
天　津	5	2001
广　州	5	2002
银　川	4	2004
北　京	3	1999

续 表

城　市	收费标准(元/升)	开始征收年份
石家庄	3	2008
长　春	3	2006
西　安	2	2005
哈尔滨	1.5	2003
合　肥	1	2000
兰　州	1	2008

3. 我国城市生活垃圾按量付费实施现状

按量收费方式是最能体现“谁污染,谁付费”原则的一种垃圾收费方式,也是我国一直积极倡导的方式。为此,各地开展了大量工作,并取得了阶段性成果。其中最具代表性的是北京、上海、广州和台北。了解它们按量付费实践工作对我国其他城市具有重要意义。

(1) 北京市实施现状:2009年北京市首次在海淀区鑫泰大厦及朝阳区麦子店社区试实行城市生活垃圾按量付费模式。实现了从相对单一的均量收费方式到按量付费方式的过渡。北京市拟实施根据按时流水及双向称重来收取垃圾费,规定超出规定垃圾产生量时要提高垃圾处理单价,超量排放垃圾还将增加垃圾处理收费费率。2011年11月,《北京市生活垃圾管理条例》正式公布执行,为我国各地制定垃圾收费制度相关法律法规奠定了良好的基础。

(2) 上海市实施现状:2004年,上海市开始采用按量收费方式向本市的国家机关、企事业单位、团体及个人收取垃圾费。按量付费方式的计量单位为垃圾桶,垃圾桶的容量为240升;垃圾处理基数每年核定一次,一般生活垃圾的收费基数为每桶40元,在基数以外的价格为每桶80元;餐厨垃圾的收费基数为每桶60元,超出基数部分的价格为每桶120元;高档会所的基数价格为每桶80元,基数外价格为每桶160元。对于普通居民的生活垃圾处理费用,上海市暂未进行征收。

(3) 广州市实施现状:2012年,广州市委、市政府启动对部分试点小区进行垃圾分类收费,这些小区内的用户实施垃圾袋实名制,垃圾处理费以袋作为按量收费的依据。广州市规定:“市民在排放垃圾时,需要购买政府指定的专用垃圾袋盛装,然后再用垃圾车收运。多排多付、少排少付。”试点小区的居民每天能够免费领取政府给每户下发的2个垃圾回收袋(一个装厨房生活垃圾,另一个装其他生活垃圾;政府所下发的每个垃圾回收袋均设有防伪标志,每个大约0.5元),每个垃圾回收袋的最大容量为11～15升，并用不同颜色进行区分。厨余垃圾回收袋为生物降解袋，可以直接进行堆肥处理。垃圾产生量较多的用户，在政府下发的垃圾袋不够用的情况下，可以自行增购专用垃圾袋，但价格是原来的2倍，即单价为1元。对于没有采取垃圾分类、分类不合格及非法倾倒的居民则采取先警告后处罚的方式进行惩戒。自2012年7月，广州实行城市生活垃圾按袋收费以来，垃圾的日排放量明显下降。例如，广州市保利香槟花园小区试点两个月来，垃圾排放量均比以前减少了1/4。广州市城管委也明确表示，从2014年开始对试点用户推行垃圾按重收费。

(4) 台北市实施现状：垃圾按袋收费在我国台湾地区推行比较成功。2000年台北市开始推行"专用垃圾袋"计重收费。政府专门的垃圾回收车是在垃圾按袋收费制度下用于收运试点用户的生活垃圾的。台北市政府下发的垃圾袋售价标准为0.5元新台币/升，试点用户均可以在专门的地点购买到专用垃圾袋。对于未使用政府下发或在规定地点购买垃圾回收专用袋的居民则采取罚款1 200～4 500元新台币的惩戒措施；而对于出售假冒垃圾回收专用袋的商家罚款则高达3万～10万元新台币不等的罚款，严重者将进行刑事起诉(两年以上七年以下有期徒刑)。台北市政府大力鼓励民众举报非法垃圾倾倒者，检举情况属实的居民可以获得非法倾倒罚款金额的20%作为鼓励。在该规定的奖金制度诱惑下，甚至有人专门组成了"捕捉"非法倾倒垃圾者的小分队。各级政府在试点运行垃圾按袋付费前，都是每个月按居民户的具体用水量来征收垃圾费的。这种方式极大地提高了用户的环保意识，为垃圾的产量减少做出了贡献。

六、我国城市生活垃圾管理存在的问题

(一) 法律法规有待健全

虽然近年来城市生活垃圾管理的相关法律法规数量明显增加，但是我国在制定城市生活垃圾相关法律法规方面起步较晚，立法效力及规范性层级也较低。我国城市生活垃圾管理方面的法律仍缺乏完善性，其细化程度也不高，距离完整法律体系还存在一定的距离。例如，针对城市生活垃圾分类的法律法规主要侧重于原则性规定，实施细则并不明确，强制性有待提升。特别是，对于城市生活垃圾分类过程中的各个环节来讲，其主体责任都缺乏明确性，制约了现有法律法规操作性的提升[89]。

1. 有关法律法规的实践性不强

纵观我国已经出台的城市生活垃圾管理法律法规则发现有些法律法规仅仅是指导性和纲领性的，缺乏完整性的工作机制指导；有些则是总括性内容，严重缺少专项性内容[90]；有些只是部门性规章，无强制约束力。更有甚者，有些法律法规时间跨度较大、滞后性强，导致指导性偏弱，实践性不强，无法顺应热点问题的需求。例如，《中华人民共和国固体废物污染环境防治法》虽然详细规定了城市生活垃圾管理工作，但是针对灾害情况下城市生活垃圾分类管理存在着空白。

2. 责任主体的法律责任模糊

城市生活垃圾管理涉及面非常广，就涉及的责任主体而言，包括了中央政府、地方政府、企事业单位、街道和社区居民等。这些责任主体在城市生活垃圾管理不同时间、过程和工作内容等方面的具体责任是不同的，是需要清晰确定的。但是，目前我国城市生活垃圾管理的有关法律法规对此要么没有确定，要么确定的不清晰，导致城市生活垃圾管理效果不理想。例如，有些城市引进第三方企业进行城市生活垃圾治理，但是我国没有上位法对政府与第三方企业的法律关系进行界定。在实际操作过程中，“公权私用”现象时有发生，无法保障第三方企业的利益[91]。

3. 法律体系中的监管内容不完善

目前，我国还没有出台单独的城市生活垃圾监管方法，仅仅在有关法律法规中提及了城市生活垃圾监管的内容，使得我国城市生活垃圾监管体系不健全，监管机制不完善，监管主体不明确，监管手段不确定。特别是各监管主体之间如何配合没有明确规定。这极大地影响了我国城市生活垃圾管理效果。例如，针对各地如火如荼开展的垃圾分类工作，我国没有在国家层面上明确监管主体之间如何协同监管。

（二）管理机制有待优化

随着社会经济的发展和人们对环境质量要求的提高，我国的城市生活垃圾管理机制也逐渐发展与完善，行政管理机构朝着政事分离、政企分离、职能强化、精简高效的方向发展。然而，我国目前的城市生活垃圾管理机制还存在着政府部门之间综合协调机制不完善、城市生活垃圾收费制度不健全、城市生活垃圾管理水平滞后等诸多问题阻碍了我国城市走出“垃圾围城”的步伐。

1. 政府部门之间综合协调机制不完善

作为一项系统工程，城市生活垃圾管理具有高度的社会性、广泛性和专业性。它涉及多个部门和人员，处于经济和社会发展的末端环节。然而，我国部分城市在城市生活垃圾管理方面存在政府部门之间综合协调机制不完善的问题，阻碍了城市生活垃圾有效管理的进程。例如，北京市采用多部门协同的模式对城市生活垃圾进行综合管理，其中街道、居委会、物业等部门负责城市生活垃圾的收集工作，市政管理委员会负责城市生活垃圾的清运及处理工作，市商务局负责废旧物品回收、再生资源利用工作，发改委负责电子垃圾，环保部门负责有毒有害垃圾，环保和卫生部门负责医疗垃圾。在多部门协同管理过程中，各部门责任互相推诿现象时有发生[92]，大大降低了城市生活垃圾管理效果。

2. 垃圾收费制度尚不健全

虽然我国的垃圾收费制度在一定程度上缓解了"垃圾围城"的问题，但是还存在不少问题。具体包括：首先，我国现行的城市生活垃圾收费制度无法有效提高城市居民的环境卫生意识。在我国大多数城市，现行的定额收费制度并未根据垃圾产生量的多少、城市生活垃圾分类工作的好坏而收取不同的费用或给予相应的奖惩，抑制了居民分类热情。其次，以实行低价政策作为收取城市生活垃圾费定价时的主导思想，收费标准未因总成本的变化而变化。最后，垃圾收费制度对垃圾减量化、资源化的引导作用较弱。例如，定额收费制度是以收入优先，而不是以资源化优先，使得垃圾循环利用不理想。特别是当城市生活垃圾产生量呈大幅增加时，定额收费制度就会促使大量的城市生活垃圾被填埋或焚烧，从而浪费了大量可再利用的资源。

3. 城市生活垃圾专业管理人才匮乏

城市生活垃圾管理是一个系统工程，需要各种各样专业人才的支撑。但是目前我国高校很少设立垃圾管理专业。垃圾管理相关知识内容仅在环境科学、管理学和社会学等学科中有所涉及。这使得城市生活垃圾管理专业人才数量少，高精尖人才更显缺乏。另外城市生活垃圾管理人员的专业背景差异也使其不能完全按照管理学的学科逻辑进行管理工作，导致管理效果不理想[93]。例如：有些理工科专业毕业的城市生活垃圾管理者仅重视设备、设施的建设，忽视了人在城市生活垃圾管理中的能动性，导致实际管理效果不理想。

第 4 章

我国城市生活垃圾管理公众参与的现状

一、我国城市生活垃圾管理公众参与的发展历程

我国城市生活垃圾管理公众参与的演变和发展呈现出一系列不同特征，据此我们将我国城市生活垃圾管理公众参与分为萌芽起步阶段、缓慢过渡阶段和高速发展阶段。

（一）萌芽起步阶段（1990～2001 年）

我国城市生活垃圾管理公众参与的萌芽起步阶段可以大体界定为 20 世纪 90 年代初至 21 世纪初。20 世纪 90 年代，公众参与作为一种新的公共管理方式从西方传入我国。而此时，我国的城市生活垃圾管理开始逐渐由末端处理向全过程管理转变、由单一处理方式向综合处理系统转变。在这种大背景下，公众开始萌生出要参与到城市生活垃圾管理中的想法。1992 年建设部出台了《关于解决我国城市生活垃圾问题几点意见的通知》（国发〔1992〕39 号），首次提出让公众参与到城市生活垃圾管理。1998 年，部分省市政府开始通过电视、广播和宣传车等方式，让公众了解本地区城市生活垃圾的总体规划和实施方案，保障了公众在城市生活垃圾管理中的知情权。特别是，四川省广安市还初步形成了政府、企业和公众公共参与的城市生活垃圾管理体制[94]。2000 年，建设部确定了北京、上海、广州、深圳、杭州、南京、厦门和桂林为我国的八大垃圾分类试点城市，标志着我国城市生活垃圾管理公众参与全面启动。

这一阶段总体表现出弱参与的特征，即公众参与意识薄弱、参与方式简单、参

与范围狭窄、参与效果不佳。首先,大部分公众对城市生活垃圾从收集、运输和处理等整个过程知之甚少,对为什么参与、参与什么、如何参与到城市生活垃圾管理中更是模糊不清,使得总体上公众参与意识淡薄。其次,公众参与城市生活垃圾管理主要通过传统媒体这一方式,往往是一种信息的单向传达,没有公众建议和意见的反馈途径,无法将这些信息传递给相关政府部门。再次,公众参与城市生活垃圾管理更多地表现在实践层面,对城市生活垃圾管理公众参与政策的制定影响较小。最后,政府试图引导公众深入参与到城市生活垃圾管理中来,以改善城市生活垃圾管理效率,但在这种弱参与条件下,公众起到的作用微乎其微,参与效果欠佳。

(二) 缓慢过渡阶段(2002～2006 年)

自 2002 年开始,我国城市生活垃圾管理公众参与开始进入缓慢过渡阶段,直至 2007 年。2002 年党的十六大正式提出将公众参与引入到行政决策领域,并建立起了社情民意反映制度、群众利益密切相关的重大事项社会公示制度和社会听证制度等。这给公众参与城市生活垃圾管理公共决策提供了可能,从法律上提供了参与保障。同年,国家计委、财政部、建设部、国家环保总局联合发布了《关于实行城市生活垃圾处理收费制度促进垃圾处理产业化的通知》(计价格〔2002〕872 号),要求对公民征收城市生活垃圾处理费,从法律法规上强制公众参与到了城市生活垃圾的管理中。这标志着城市生活垃圾管理公众参与从整体上进入一个新阶段。2003～2006 年,建设部分别制定了《城市环境卫生设施规划规范》《城市生活垃圾卫生填埋运行维护技术规程》《城市生活垃圾卫生填埋技术规范》和《全国小城镇城市生活垃圾处理工程技术指南》,为公众监督城市生活垃圾管理提供了规章依据。

这一阶段总体进展缓慢,具体特征:首先,公众参与的意识虽有所加强,但参与行动仍然较少。例如,公众对城市生活垃圾收费价格制定和收费方式的选择都表现出一定的热情,但仅是向物业部门询问相关情况,并未向政府部门提出意见和建议。其次,公众参与方式仍然为单向的。传统的媒体如电视、广播、报纸仍然是公众参与城市生活垃圾管理的主要方式,且这种参与仍然是单向的,即政府通过以上途径向公众传达信息,公众的意见和建议尚未有合适的渠道传递给政府,更不用说政府对公众意见和建议的再次反馈。再次,公众参与范围在慢慢扩大。随着城市生活垃圾收费地区的逐步增多,越来越多的公众关注城市生活垃圾管理活动。除此之外,部分地区不仅对城市生活垃圾的末端处理收费,还对城市生活垃圾的前端收集收费,这使得公众在参与城市生活垃圾管理时有向前端转移的意识。但是公众参与仍然表现在实践层面上。最后，参与效果虽有所好转，但仍处于较低水平。由于公众参与在行动上发挥的作用局限性仍然较大，参与效果不理想。

（三）高速发展阶段(2007～2019 年)

自 2007 年开始，我国城市生活垃圾管理公众参与驶入了高速发展的轨道[95]。2007 年，全国人民代表大会常务委员会通过了《中华人民共和国城乡规划法》(以下简称《规划法》)，公众参与城市规划制度首次得到了确认。而城市生活垃圾管理中的处理设施建设作为城市规划的重要组成部分，同时适用于《规划法》所鼓励的公众建议的提出和监督权的行使，这不仅突出了公众在城市生活垃圾管理中的作用，还提高了公众参与城市生活垃圾管理中的能力。同年，建设部印发了《城市生活垃圾管理办法》，明确了城市生活垃圾的管理目标为“减量化、无害化和资源化”，这对公众参与城市生活垃圾管理提出了新要求。2008 年国务院颁布并实施了《政府信息公开条例》，各级各地政府开始注重在城市生活垃圾管理活动中听取公众意见，并尝试利用政府门户网站、微博、视频直播、新闻媒体拓宽公众参与渠道。2011 年国务院批准了住房城乡建设部等部门《关于进一步加强城市生活垃圾处理工作意见的通知》(国发〔2011〕9 号)，明确提出了要采用政府主导、科学引导和社会参与、全员动员的原则，对城市生活垃圾进行全过程参与，把公众参与城市生活垃圾管理的重要性提升到了一个新的层次。2019 年，住房和城乡建设部等 9 部门在 46 个重点城市先行先试的基础上，印发了《关于在全国地级及以上城市全面开展生活垃圾分类工作的通知》，决定在全国地级及以上城市全面启动城市生活垃圾分类工作，这为公众更多地参与城市生活垃圾实践提供了可能。

在这一阶段，我国城市生活垃圾管理公众参与水平取得快速发展。首先，公众参与城市生活垃圾管理的意识明显增强，公众参与行动凸显。例如，自 2007 年开始，我国出现了大量的公众参与城市生活垃圾管理事件。其次，城市生活垃圾管理的参与方式明显增多。随着互联网技术的发展，新媒体的出现，政府建立了专门的门户网站，开通了微博，引导公众参与到城市生活垃圾管理中，部分地区开始尝试使用视频直播的方式与公众互动，吸引公众为城市生活管理工作提出意见和建议。例如，广州市政府通过官方网站和新媒体网站对花都区城市生活垃圾综合处理中心建设项目环境影响评价实行了公众参与第一次公示。再次，公众参与的范围明显扩大。随着专门的公众参与政策和城市生活垃圾政策颁布、落实和落细，各地政府的积极响应，越来越多的公众参与到城市生活垃圾管理中。公众不仅参与了城市生活垃圾管理实践，部分公众也开始参与城市生活垃圾管理政策的制定。例如，吉林省松原市通过松原市政府网站和市法制办公室网站发布了《松原市征收城市生活垃圾处理费实施细则(草案)》,向公众征询意见,以完善城市生活垃圾收费政策。最后,公众参与效果有所改善。公众在城市生活垃圾管理工作中发挥了一定的影响力,主要体现在“邻避问题”上。例如,2012 年北京市政府因公众对西二旗项目存在严重的质疑和反对,最终放弃了西二旗城市生活垃圾处理场的建设。

二、我国城市生活垃圾管理公众参与的范围、方式和效果

(一) 公众参与的范围

1. 城市生活垃圾管理公众参与的广度

城市生活垃圾管理公众参与的广度可以从空间和过程两个角度来分析。从空间来看,随着国家层面的城市生活垃圾管理政策不断完善,地方政府的积极响应,各地区城市基本实现了城市生活垃圾无害化处理,使公众潜移默化地参与到城市生活垃圾管理中来,从而各地区都实现了在城市生活垃圾管理上的公众参与。但由于各地区城市生活垃圾管理政策的差异,常居公众数量的不同,公众环境意识的区别,使得地区间城市生活垃圾管理的公众参与数量相差悬殊。从过程来看,目前我国制定了大量的城市生活垃圾管理的法律法规,如《关于进一步加强城市生活垃圾处理工作意见的通知》和《关于在全国地级及以上城市全面开展生活垃圾分类工作的通知》,这些政策虽然覆盖城市生活垃圾管理的分类、收集、运输、转运和处理全过程,但是公众实际参与的只是与自身关系密切的过程,即前端的城市生活垃圾分类和收集及后端可能“邻避”问题且影响自身的末端处理,仅仅在少部分地区因中转站的建设而产生的“邻避”问题导致了公众参与其中,如 2015 年广东清远城区垃圾中转站建设陷入“邻避” 困境。对于易产生“邻避”问题的地区,如北京、上海和广州等人口密度高的城市,公众在城市生活垃圾管理的末端过程参与较多;而对其他地区公众来说,一般只是参与了城市生活垃圾的分类和收集等前端过程。

2. 城市生活垃圾管理公众参与的深度

当前我国城市生活垃圾管理公众参与总体上是以实践层面的参与为主,政策层面的参与为辅,但各地区在参与深度上存在明显的差异。具体来说,公众主要参与了城市生活垃圾分类、收集、运输、转运和处理等整个城市生活垃圾管理实践过程,而在城市生活垃圾有关的中央行政法规、中央部门规章、地方性法规、地方政府

规章、地方规范性文件、地方工作文件、行政许可批复、法律动态和立法草案等制定上参与的意见和建议较少。对大部分公众而言，不管是国家层面还是地方层面的城市生活垃圾管理政策，公众主要是通过信息公开的方式参与其中，实际上是对公众的单向通知，而这种参与可以说是一种象征性参与，不会对相关的城市生活垃圾管理政策产生任何影响；对少部分公众，如相关领域的专家、相关非营利组织代表和人民代表等，通过参加制定小组会议，对城市生活垃圾管理政策的制定产生了较深层次的影响。另外，我国各地区城市生活垃圾管理公众参与存在较大差异，这主要表现在公众参与城市生活垃圾管理政策的制定上。在部分城市生活垃圾管理先进的地区，普通公众已经开始参与并影响城市生活垃圾政策制定，而对部分城市生活垃圾管理欠先进的地区，一般是通过专家、非营利组织人员和人民代表参与其中。

（二）公众参与的方式

1. 从空间维度上看我国城市生活垃圾管理公众参与的方式

从空间维度上看，目前我国城市生活垃圾管理公众参与方式主要来自公众告知和公众咨询两个方面，民意支持、协作互商、公众授权和公众自主等方面的参与方式较少。在公众告知方面，我国城市生活垃圾管理公众参与方式为政府信息公开、重大事项公示、政府公告、政府展示、说明会或新闻发布会、媒体宣传[电视新闻、专题访谈和纪录片等、政府营销（印刷品、报纸插页、户外/电视/网络广告）]、访问公众、现场办公或接受公众咨询、常规性信息中心（实体的或电子的）。在公众咨询方面，我国城市生活垃圾管理公众参与方式包括公众接触、公众座谈会、专家论证会、听证会、特别小组/专门委员会（公众咨询委员会、专业委员会、焦点小组、公民评审团/委员会）、公民调查（个人访谈、专家意见调查、意见征询组、问卷调查等）、公共论坛、公开意见或建议等征集、公众发起的咨询（诉求表达、意见反映、质询、投诉）。在民意支持方面，我国城市生活垃圾管理公众参与方式为公众会议（邻里会议）、居民大会、居民代表大会、研讨会、民意调查、公众评估（满意度）、调解仲裁、公众培训与奖励。在协作互商方面，我国城市生活垃圾管理公众参与方式为对话、名义小组、公众协商会议（共识会议、公民法官）、公众任务团队、联合工作小组、社区规划伙伴、公众监督（举报、抵制负面行为）。在公众授权方面，我国城市生活垃圾管理公众参与方式为公众投票（现场、信件、网络等投票）、公众决策委员会、政府授权或委托非营利组织和社区等承担规定范围的相关公共事务。在公众自主方面，我国城市生活垃圾管理公众参与主要方式为公众的志愿行动和社区自治。

2. 从时间维度上看我国城市生活垃圾管理公众参与方式

从时间维度上来，目前我国城市生活垃圾管理工作参与方式分为新型参与方式和传统参与方式两种，其中新型参与方式为主要方式，传统参与方式为辅助方式。新型的参与方式，主要是借助互联网发展起来的参与方式，比如政府网站、政府 App、微信、微信公众号、网络直播和微博等，其中政府网站是目前应用最为广泛的城市生活垃圾管理公众参与方式，为公众参与城市生活垃圾管理提供了便捷、直接的方式，在扩大公众参与范围上发挥了重要的作用。例如，浙江省余姚市在政府官方网站专门成立了“统一政务咨询投诉举报平台”，公众可以就城市生活垃圾分类、收集、运输、转运和处理等各个环节中遇到的问题，通过“市长信箱”进行在线咨询，并通过“受理反馈”得到响应的答复，同时公众也可通过“我要查询”和“信件公开”来查询有无要参与的类似事件，依次参与到城市生活垃圾管理活动中；该平台还设有“部门问政”、“在线调查”、“意见征集”、“公众平台”和“行政复议”等五个专栏，方便公众监督城市生活垃圾管理过程。我国传统的城市生活垃圾管理公众参与方式主要包括传统的媒体（电视、广播和报纸）、专家咨询会、利益相关者座谈会、公众意见调查、公众听证会、来信、来电、来访、诉讼等。例如，2019 年，河北省秦皇岛市政府人员、企业人员和公众代表在抚宁区城市管理综合行政执法局会议室，就西部生活垃圾焚烧发电项目环境影响评价举办了公众参与座谈会，对公众所关心的环境问题予以详细解答，公众也对项目的开展可能出现的环境问题提出了自己的意见。

（三）公众参与的效果

1. 城市生活垃圾管理公众参与实践层面的效果

总体来说，当前我国城市生活垃圾管理公众参与实践层面的效果不理想。首先，虽然公众在参与城市生活垃圾分类管理实践上取得了明显的进步，但仍然有很大的改善空间。目前各地级市已经全面启动了城市生活垃圾分类工作，我国已经迈入城市生活垃圾分类的“强制时代”，强制更多的公众参与到城市生活垃圾分类管理实践中来，与我国城市生活垃圾分类的萌芽阶段的“非强制时代”相比，参与到城市生活垃圾分类管理实践中的公众明显增多，公众的参与意识也明显增强。但是，由于我国的城市生活垃圾分类工作起步较晚，尽管政府强制公众进行生活垃圾分类，但因监督缺位、分类意识薄弱、分类知识匮乏等原因，公众参与城市生活垃圾分类管理实践之路任重道远。其次，公众在城市生活垃圾收运管理实践上参与不足。在城市生活垃圾分类的前提下，我国各地区开始了分类收集新模式，但是在很多地区混装混运的事情屡见不鲜，公众往往对此表现得习以为常、视而不见，没有将相关情况通过公众参与途径反馈给有关部门，未尽到公众参与城市生活垃圾收集管理实践的监督义务。最后，公众在城市生活垃圾处理实践上参与效果尚可，但仍存在一定的局限性。在城市生活垃圾处理上，产生了大量的"邻避"事件，由于对部分公众的切身利益产生了极大的影响，公众极大地干预了相关项目的实施和开展。例如，北京市政府因公众对西二旗项目的强烈反对，最终放弃了西二旗城市生活垃圾处理厂的建设。但是，深究发生这些事件的原因可以发现，这些项目在事前相关利益公众参与存在严重缺失。尽管也有通过环境影响评价和相关座谈会进行事前通知，但是由于真正通知到和参加会议的人员有限，公众对项目的环境影响仍不明晰。可见，公众在城市生活垃圾处理实践的事前参与上存在局限性。

2. 城市生活垃圾管理公众参与政策层面的效果

总体来看，目前我国城市生活垃圾管理公众参与政策层面的效果不好。首先，在国家层面的政策上，公众参与城市生活垃圾管理政策制定所起的作用不大。例如，国家发展改革委研究拟定了《关于加强生活垃圾处理和污染综合治理工作的意见(征求意见稿)》，向社会公开征求意见，这是国家政府部门在城市生活垃圾处理问题上第一次公开向全社会征求意见。但是，由于部分公众参与能力的不足，更多的是个人情绪的表达，可行性、典型性和建设性的意见较少，难以对"征求意见稿"的改进产生实质性影响。另外，政府对公众提出意见的反馈稍显不足，主要表现在政府对采纳的意见和建议未对参与公众进行有关奖励，而对未采纳的意见也未向公众做详细的说明，这不利于强化公众参与城市生活垃圾管理政策制定的积极性，还可能会影响城市生活垃圾管理公众参与效果。其次，在地方层面的政策上，总体上各地公众对城市生活垃圾管理政策制定的影响不大，但地区间表现出了不平衡。部分地区城市生活垃圾管理公众参与的意见得到了采纳，并取得了良好的效果。例如，2018 年昆明市城市管理综合行政执法局就《昆明市城市生活垃圾分类管理办法(征求意见稿)》举办了听证会，公众代表提出了以下建议：城市生活垃圾分类工作要从基础做起，逐步从三类过渡到四类，实现城市生活垃圾分类平稳推进；城市生活垃圾分类必要时应采取一些强制措施，成立专门机构督促城市生活垃圾分类工作；为确保规范分类的城市生活垃圾得到真正有效利用，需建立专门的再生资源利用系统，实现城市生活垃圾处理和资源化利用的双轨合一。昆明市政府采纳了这些可行的建议，并取得了良好的效果。当前昆明市已成为全国城市生活垃圾强制分类示范点，城市生活垃圾分类质量得到了明显提高。

三、我国城市生活垃圾管理公众参与存在的问题

（一）政策体系待优化

1. 我国目前的法律法规中涉及城市生活垃圾管理公众参与的还很少

我国目前的法律法规中涉及城市生活垃圾管理公众参与的还比较少，还没有关于城市生活垃圾管理公众参与的专门法律法规，这可能会导致公众参与城市生活垃圾管理缺乏具体的制度保障[96]。目前，我国具有影响力的主要城市生活垃圾管理公众参与法律法规仅有 1992 年出台的《关于解决我国城市生活垃圾问题几点意见的通知》，首次提出要让政府以外的个人分担城市生活垃圾管理任务。2002 年颁布的《关于实行城市生活垃圾处理收费制度促进垃圾处理产业化的通知》，首创了公众收费制度，提供了城市生活垃圾管理公众参与的可能性。2004 年修订通过的《固体废物污染环境防治法》在“生活垃圾污染环境的防治”一章中，并没有关于公众参与的规定，只是在其“总则”中的第九条规定任何单位和个人都有保护环境的义务，并有权对造成固体废弃物污染环境的单位和个人进行检举和控告。2011 年实施的《关于进一步加强城市生活垃圾处理工作的通知》，将全员动员、科学引导和政府主导、社会参与作为政府加强城市生活垃圾管理工作应遵循的两项基本原则，明确了公众参与城市生活垃圾管理的地位。虽然这些法律法规不同程度上都涉及了城市生活垃圾管理公众参与，但是与现实中对公众参与的要求还有差距。

2. 我国现有的涉及城市生活垃圾管理公众参与的法律法规有待完善

我国现有的涉及城市生活垃圾管理公众参与的法律法规有待进一步完善[95]。首先，缺乏先进理念的支持，特别是基于“服务政府”的理念。现有的城市生活垃圾管理公众参与法律法规的理念部分还停留在“全能政府”和“管理政府”时代，而不是从全社会公众参与的角度进行系统规定，缺乏建立基于“服务政府”理念的城市生活垃圾管理公众参与法律法规意识，这可能会使得从顶层设计上影响城市生活垃圾管理公众参与的推进。其次，法律法规条文不具体。现行的《环境保护法》《环境影响评价法》《环境信息公开办法》以及《环境影响评价公众参与暂行办法》等环保法律法规对城市生活垃圾管理公众参与只做了纲领性的规定，没有做具体详细的条文性规定，公众参与具有较大的随意性，哪些公众可以参与、公众以什么方式参与，这些都取决于领导的开明程度、民主意识和重视程度，致使公众参与不具有

普遍性，实际操作性较弱，公众参与城市生活垃圾管理尚未成为一种常态化、规范化的制度安排，难以保障公众有效地参与城市生活垃圾管理。

（二）人员能力待提高

1. 城市生活垃圾管理公众参与系统中公众人员的能力有待提高

首先，公众参与城市生活垃圾管理实践能力较低。在城市生活垃圾的分类环节，由于很多公众对城市生活垃圾分类的原则、标准、依据等没有清晰的认识，使得城市生活垃圾分类的效果不理想；在城市生活垃圾的收运环节，很多公众不了解城市生活分类收集和分类运输的重要性和必要性，甚至是强制性，缺乏相关知识储备，从而不能切实有效地参与到城市生活垃圾收运监督中来；在城市生活垃圾的处理环节，仅涉及自身利益时部分公众才会积极参与到城市生活垃圾处理的选址、建厂、使用评估，缺乏共情能力和社会责任意识。

其次，公众参与城市生活垃圾管理政策制定能力较低。由于公众对城市生活垃圾管理政策参与程序、参与渠道和参与方式缺乏了解，且自身对城市生活垃圾管理相关知识的匮乏，使得公众难以参与到城市生活垃圾管理政策的制定中来，而对于参与到城市生活垃圾管理政策制定中的部分公众来说，由于本身专业知识的缺乏，也难以为城市生活垃圾管理政策的制定提供建设性的意见和建议，对城市生活垃圾管理政策的制定起到的作用微乎其微。

2. 城市生活垃圾管理公众参与系统中政府人员的能力有待提高

首先，部分地区政府人员学习利用新技术来提高城市生活垃圾管理公众参与的能力有所不足，这可能导致城市生活垃圾管理公众参与难以满足社会发展的需求，影响城市生活垃圾管理公众参与系统的总体运行效率。具体是，尽管目前大数据技术已成为建设服务型政府的重要突破点，但是部分地区政府，特别是欠发达地区部分政府，由于部分政府人员的教育水平不高、思想意识落后及习惯于现有行政状态等因素，没有形成大数据意识、缺乏大数据思维、使得城市生活垃圾管理公众参与水平较低。

其次，部分地区政府人员缺乏城市生活垃圾管理公众参与创新能力，没有形成新形势下的城市生活垃圾管理公众参与创新系统，使得城市生活垃圾管理公众参与水平停滞不前。具体是，由于部分地区政府人员缺乏系统性思维能力，没有建立起城市生活垃圾管理公众参与系统性的管理体制，使得城市生活垃圾管理公众参与整体表现为不全面、无重点和较零散；部分地区政府人员在创造性思维能力上存在不足，没有建立基于新的科技发展方向的管理系统，如基于大数据的城市生活垃圾管理公众参与平台；部分地区政府人员在实践能力上也有需改进的地方，主要体现在对公众参与城市生活垃圾管理的监督实践中。这些创新能力的不足，限制了我国城市生活垃圾管理公众参与。

（三）基础设施待完善

1. 实践方面的基础设施需完善

在我国城市生活垃圾管理公众参与实践方面，城市生活垃圾分类垃圾桶、运输车辆和处理设施都存在不足，影响了公众参与城市生活垃圾管理的效果。

首先，部分地区在城市生活垃圾分类桶的设置上存在问题。在我国很多地区，城市生活垃圾桶未进行“四分类”，即厨余垃圾、有害垃圾、可回收垃圾和其他垃圾，而是只有两种垃圾桶，即可回收垃圾桶和其他垃圾桶，在公众参与投放时往往带有很大的随意性，混放混存现象严重，城市生活垃圾管理公众参与分类实践的效果差，从长期看，将影响公众参与城市生活垃圾分类管理的热情[97]。

其次，部分地区在城市生活垃圾运输车辆的提供上存在问题。在我国大部分地区，过去由于未确定城市生活垃圾分类标准，从而配备的收运设施和设备也未与分类收运相匹配，混运现象严重，公众对此也习以为常，不能够发挥出公众参与城市生活垃圾运输管理实践的监督作用。

最后，部分地区的城市生活垃圾处理设施供给不足。在我国很多地区，城市生活垃圾处理设施长期超负荷甚至在不符合污染物排放标准的情况下运行，引起了严重的环境污染问题，引发了公众的反感，公众被迫参与到这种城市生活垃圾管理消极事件中。另外，由于过去城市生活垃圾处理场引发的各种问题，让公众往往对类似项目心存质疑，给新的城市生活垃圾处理设施建设带来一定困难。因此，亟须完善现有城市生活垃圾处理设施，并在此基础上引导公众参与，推进新的城市生活垃圾处理项目的进行；否则，城市生活垃圾处理设施问题将成为公众参与城市生活管理实践的最大阻碍。

2. 政策方面的基础设施需完善

当前，我国城市生活垃圾管理公众参与政策制定方面亟需完善的基础设施是国家层面的城市生活垃圾管理公众参与大数据平台设施和地方层面的城市生活垃圾管理公众参与大数据平台设施。

首先，国家层面的城市生活垃圾管理公众参与大数据平台设施的缺失，使得公众参与城市生活垃圾管理政策的制定缺乏有效的渠道，难以形成对地方城市生活垃圾管理公众参与的监管，不利于我国城市生活垃圾管理公众参与的长期、有序进行。具体是，当今大数据时代已经成为以大数据为基础、互联网为载体的社会创新形式，若在这种情况下建立国家层面的大数据平台，可为公众参与城市生活垃圾管理行为活动挖掘和评价数据挖掘提供技术支撑，能够真实反映城市生活垃圾管理公众参与场景，为国家政策制定与全国公众、国家政府与地方政府间的互动、反馈形成一种更为高效、更为全面的公众参与模式提供支撑；否则，公众依然难以参与到国家层面的城市生活垃圾管理政策的制定中，对我国城市生活垃圾管理方向仍不甚了解，城市生活垃圾管理工作难以从质上得到改变。

其次，地方层面的城市生活垃圾管理公众参与大数据平台设施的缺失，使得公众难以真正参与到本地城市生活垃圾管理政策制定中，影响城市生活垃圾管理政策的发挥。目前，我国有些先进地区已经建设了大数据平台用于城市生活垃圾管理公众参与。例如，北京已经依托智慧城市建设项目，开发"互联网＋公众参与"大数据信息系统。但是，在我国大部分地区，还没有把建立城市生活垃圾管理公众参与平台设施的计划纳入城市发展计划中。这些地区的城市生活垃圾管理公众参与还有很长的路要走。

（四）主观意识待加强

1. 实践方面的主观意识待加强

在我国，公众参与城市生活垃圾分类实践和缴费实践的主观意识有待进一步加强。

首先，公众参与城市生活垃圾分类管理实践的意识较弱，源头分类效果差，影响了城市生活垃圾的"零废弃"目标的实现。具体是，由于我国城市生活垃圾分类起步较晚，公众没有养成分类的习惯；政府的宣传教育不足，大多数公众也没有受过城市生活垃圾分类的指导，没有自愿自觉地将城市生活垃圾分类投放；混装混运现象严重，削弱了公众源头分类积极性，分类意识也随之降低。例如，据调查显示，我国公众对城市生活垃圾分类的知晓度高达90%，但能够参与并比较准确完成城市生活垃圾分类的公众只占总数的20%左右，可见知晓城市生活垃圾分类和真正参与到城市生活垃圾分类实践是完全两个层面的问题，公众参与城市生活垃圾分类管理实践的意识亟须加强。

其次，公众参与城市生活垃圾管理中缴费的意识不足，缴费率低、收缴成本高已成为当前城市生活垃圾管理的主要问题。这主要制约了城市生活垃圾的"减量化"，也在一定程度上影响了"无害化"和"资源化"。具体是，由于公众不了解何为"垃圾处理费"和为什么要缴纳"垃圾处理费"，这在一定程度降低了公众参与城市生活垃圾收费管理的积极性；同时，我国目前大多数地区采用了定额收费，随物业费征收，部分地区还采用了间接收费方式如随水费征收，公众对实际缴纳的这部分费用感知较弱，即便对于已经缴纳垃圾费的公众，其参与意识也较弱，也没有真正发挥好“收费减量”的作用。

2. 政策制定方面的主观意识待加强

首先，公众参与城市生活垃圾管理政策制定上的总体社会责任意识较弱，这影响城市生活垃圾管理政策的有效推进。受到传统思想的影响，许多公众的心态已经养成事不关己高高挂起的习惯，对于和自身没有较强利益关系的城市生活垃圾管理政策，公众不愿意表达自己的意见和建议，特别是有可能引起主体间利益冲突时更是如此，从而造成了对与自身利益有关的城市生活垃圾管理政策参与较多，而对与自身利益无关的城市生活垃圾管理政策参与较少的局面。另外，公众对城市生活垃圾管理的认识非常模糊，参与热情不够高，对城市生活垃圾管理政策所引领的城市生活垃圾管理未来发展方向不够关心，呈现出一种被动参与的状态，不愿意表达自己的意愿和想法，只有在被问及时才会进行表达，“怕麻烦、嫌费事”心理比较普遍。

其次，公众参与城市生活垃圾管理政策制定上自身权利意识不强，制约了参与的主观能动性。由于受传统的理性主义发展观和计划经济发展模式的强大惯性作用，公众已经形成了“政府崇拜”、“政府万能”的心理，认为城市生活垃圾管理政策制定纯粹是政府的责任，与自身没有什么关系，即便参与了，自身的意见和建议也对城市生活垃圾管理政策的制定起不到什么作用[98]。公众对政府的较强依赖心理使得公众忽视了国家赋予其参与城市生活垃圾管理的相关权利和义务，特别是政策制定的权利和义务。

第 5 章

国内外城市生活垃圾管理公众参与情况比较分析

一、我国典型地区的城市生活垃圾管理公众参与情况

（一）北京市

北京作为我国的政治中心及国际交往中心，有着较大的人口密度，这也意味着城市生活垃圾管理是一个必须重视的问题。城市生活垃圾分类作为公众参与城市生活垃圾管理的重要组成部分，北京市在全国范围内实施较早。1996 年 12 月 15 日，在北京西城区大乘巷居民民间组织“地球村”的帮助下，周边居民开始加入城市生活垃圾管理中，进行城市生活垃圾分类。最初北京的城市生活垃圾分类桶是居委会成员用省下的年终奖置购的，居民分类后的城市生活垃圾则由居委会统一联系小贩和企业清运。自 2010 年起，北京开始在全市范围内逐步落实城市生活垃圾管理公众参与，推行并完善城市生活垃圾管理公众参与分类行为。北京城市生活垃圾管理公众参与逐渐深入，学校、饭店以及社区共设立了 700 多个试点，用于放置居民每日分类后的城市生活垃圾以及城市生活垃圾处理机。

在城市生活垃圾管理公众参与中，北京市积极征求民意，《北京市生活垃圾管理条例（草案）》曾于 2010 年 11 月 18 日至 12 月 17 日公开征求民意，例如：“不遵守生活垃圾分类管理要求的，由城市管理综合执法部门责令限期改正，并对个人处 20 元以上 200 元以下罚款”等内容是在充分征求公众意见基础上调整后形成的。再如 2012 年 3 月 1 日实施的《北京市生活垃圾管理条例》中提出的城市生活垃圾

收费制度也是公众参与的结果。

经过政府、企业、公众和非营利组织的不断努力，北京市城市生活垃圾管理公众参与的意识和水平不断提高。最直观的体现就是垃圾分类设施的增加。2016年，北京市设置城市生活垃圾分类箱300余万套，垃圾分类投放站5万余个。出台的城市生活垃圾管理公众参与的法律法规更齐全了（表5.1）。从城市垃圾的产生到最终处理；从工程控制到社会管理都涵盖其中。

为提高城市生活垃圾管理公众参与率，北京市高度重视公众参与城市生活垃圾管理的宣传，不同的部门及组织开展了各种宣传活动，例如北京市文明委和市政市容局共同承办了“周四减量日”活动。相关部门也要不定期开展城市生活垃圾管理公众参与主题活动。小区物业也会组织专门针对保洁员的社区晚会、培训会等宣传活动。另外，在一些节日里，如世界环保日，社区会以更加贴合节日的形式加大对城市生活垃圾管理公众参与的宣传。此外，北京市城市生活垃圾管理公众参与的宣传工作，也在逐渐渗入到人们的日常生活中，如公交车广告牌、地铁海报、街头海报、生活超市和写字楼电子显示屏上等均有与城市生活垃圾管理相关的宣传内容。为了进一步增强公众的参与意识，有些校园开设了城市生活垃圾管理公众参与教育课程，学生除了在课上学习相关知识之外，还将以演讲比赛的形式参与到城市生活垃圾管理中来。

表5.1　北京市出台的主要法律法规

时间	政策名称	颁布机构
1993	《北京市市容环境卫生条例》	市人大
2000	《北京市城市垃圾分类收集回收综合利用工作方案》	市政管委
2002	《关于实行城市生活垃圾分类收集和处理的通知》	市政府
2005	《北京市餐厨垃圾收集运输处理管理办法》	市政管委
2009	《关于做好北京市农村地区城市生活垃圾减量化资源化无害化工作的指导意见》	市政管委
2009	《关于全面推进城市生活垃圾处理工作的意见》	市委、市政府
2010	《关于切实提高城市生活垃圾收集运输和处理管理水平的通知》	市政管委、市环保局
2012	《北京市2012年推进城市生活垃圾处理工作折子工程》	市政府
2013	《北京市市政市容管理委员会关于印发北京市生活垃圾新建、改建(扩建)项目工艺审核管理办法的通知》	市政管委

续　表

时间	政　策　名　称	颁布机构
2017	《北京市城市管理委员会关于印发北京市生活垃圾处理设施运营监督管理办法(试行)的通知》	市政管委
2018	《北京市城市管理委员会关于修订调整生活垃圾行政许可办理工作的函》	市政管委
2018	《北京市城市管理委员会关于印发实施新修订的生活垃圾粪便处理设施运行管理检查考评办法的通知》	市政管委
2019	《北京市生活垃圾管理条例》	市人大

（二）上海市

上海市城市生活垃圾管理公众参与在全国范围内起步较早。1995 年，公众就参与到城市生活垃圾分类管理中，曹杨五村第七居委会开始在一个居住区启动城市生活垃圾分类试点活动，该试点的建成标志着上海市城市生活垃圾管理公众参与的开始。1999 年，上海市容环境卫生管理局编制了《上海市区生活垃圾分类收集、处置实施方案》，首次确定了上海市城市生活垃圾管理公众参与垃圾分类环节时，应按照“无机垃圾”、“有机垃圾”、“有毒有害垃圾”的分类标准对城市生活垃圾进行分类。至此，上海市城市生活垃圾管理公众参与工作正式拉开序幕。

上海市作为国际大都市，伴随着城市经济水平的持续提高和城市规模的不断扩大，城市生活垃圾的产生量日益增加，上海市政府虽然一直重视城市生活垃圾的管理，但城市生活垃圾管理公众参与在实践层面和政策层面一直处于探索阶段，公众主要参与城市生活垃圾分类工作。1995～2019 年，上海市城市生活垃圾分类公众参与共经历了四个阶段，分别是试点阶段（1995～1998 年）、推广阶段（1999～2006 年）、调整阶段（2007～2013 年）和实施阶段（2014～2019 年），具体如表 5.2 所示。

表 5.2　上海城市生活垃圾管理公众参与阶段及其具体内容

阶　段	年份	实　施　工　作	居民参与分类
试点阶段（1995～1998 年）	1995	曹阳五村第七居委会的启动垃圾分类试点	无机垃圾、有机垃圾、有害垃圾；玻璃、废电池专项分类
	1998	开展废玻璃、废电池专项分类回收	

续　表

阶　段	年份	实　施　工　作	居民参与分类
推广阶段（1999～2006年）	1999	垃圾分类工作纳入上海市环保三年行动计划，出台《上海市区生活垃圾分类收藏、处置实施方案》等文件	无机垃圾、有机垃圾、有害垃圾；玻璃、废电池专项分类
	2000	上海首批100个小区启动垃圾分类试点，成为我国第8个垃圾分类试点城市之一	2000～2003年 “无机垃圾、有机垃圾”调整为“湿垃圾、干垃圾”分类
	2002	重点推进上海焚烧区垃圾分类工作	
	2006	全市居住区有条件的垃圾分类覆盖率超过60%	2003～2006年 焚烧区域：有害垃圾、不可燃垃圾、可燃垃圾分类 其他区域：有害垃圾、可堆肥垃圾、其他垃圾分类
调整阶段（2007～2013年）	2007	上海市逐步推进垃圾四分类、五分类新方式	2007～2010年 居住区：可回收物、有害垃圾、玻璃、其他垃圾分类 办公场所：可回收物、其他垃圾分类 公共场所：大件垃圾、装修垃圾、餐厨垃圾、一次性塑料饭盒等实施专项收运、专项处置分类
	2009	世博园区周边区域公众参与垃圾分类覆盖率达100%	
	2010	全市有条件的居住区垃圾分类覆盖率超过70%	
	2011	“百万家庭低碳行，垃圾分类我先行”，设立1 080个试点小区	2010～2013年 大分流：单位餐厨垃圾、装修垃圾、大件绿化枯枝落叶等分类 小垃圾：有害垃圾、废旧衣物、玻璃、湿垃圾、其他干垃圾等分类
实施阶段（2014～2019年）	2014	《上海市促进生活垃圾分类减量办法》	有害垃圾、可回收垃圾、干垃圾、湿垃圾分类
	2014	《上海市单位生活强制分类实施方案》	
	2017	《关于建立完善本市生活垃圾全程分类体系的实施方案》	
	2019	《上海市生活垃圾管理条例》	

2019年1月31日，上海市第十五届人民代表大会通过的《上海市生活垃圾管理条例》（以下简称《条例》）标志着上海市全面进入城市生活垃圾管理公众参与实

践阶段。上海市是全国首个全面开展城市生活垃圾管理公众参与分类实践的城市，与过去相比，增加了前端督导环节，提倡把干、湿垃圾从源头上进行分离等。截至2019年5月底，上海市湿垃圾产能已基本与产量匹配，且有多项指标较《行动计划》中所定的目标已超额完成，干湿垃圾分类效果明显。目前，通过对上海城市生活垃圾末端垃圾分出量进行统计，湿垃圾分出量正在逐步上升，总量可达8 200吨/天。可回收物回收量达4 400吨/天，干垃圾处理量控制在约17 000吨/天(表5.3)，干垃圾处理量相对于2018年底降低约21%[99]。

表5.3 2019年上海市每天城市生活垃圾的末端产量

垃圾类别	湿垃圾	可回收垃圾	干垃圾	总　量
垃圾总量(吨/天)	8 200	4 400	17 000	29 600

上海也是国内较早摸索NGO参与垃圾分类的城市之一。2013年上海市绿化和市容管理局开始探索城市生活垃圾分类减量方法，采取“上海模式”即“绿色账户”工作模式(图5.1)。其采用以“分类可积分、积分可兑换、兑换可获益”的模式来促进公众参与城市生活垃圾分类和回收再生资源，从而推动低碳生活方式的绿色化。2015年，在上海市城市生活垃圾分类减量推进工作联席会议与上海市绿化和市容管理局支持下，上海市初步建立了“绿色账户”的管理运营单位和激励机制。2015年7月，“绿色账户互联网+”平台正式上线。2016年12月，上海市相关主管单位协同上海惠众绿色公益发展促进中心开始探索城市生活垃圾分类的“互联网+”模式，与蚂蚁金服合作，将“绿色账户”与支付宝进行了对接。2017年，“绿色账户”在上海市已达410.5万户，发卡数量超过350万张，积分数达97 791.4万分[100](具体如表5.4所示)。

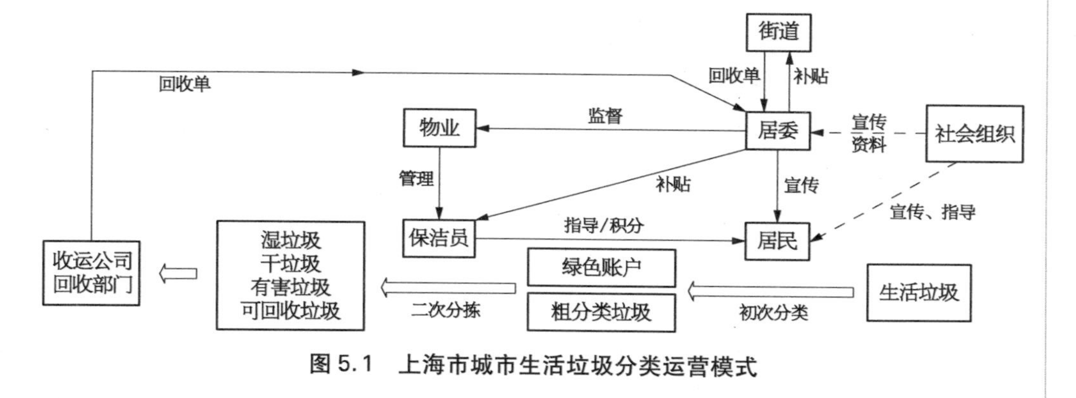

图5.1 上海市城市生活垃圾分类运营模式

表 5.4　2017 年上海市绿色账户推进数量

地　区	覆盖数量(万户)	发卡数量(万张)	积分数量(万分)
上海市	401.5	350.8	97 791.4
浦东新区	51.6	23.8	3 486.3
黄浦区	15.0	14.3	480.3
徐汇区	33.4	25.7	4 283.6
长宁区	27.6	22.2	1 712.0
静安区	25.0	26.8	18 011.3
普陀区	21.1	22.9	4 597.4
虹口区	18.6	16.5	6 086.6
杨浦区	30.4	26.8	10 268.7
闵行区	38.8	33.9	3 112.7
宝山区	30.9	32.0	6 331.0
嘉定区	16.5	17.3	4 303.3
金山区	15.8	13.4	1 909.6
松江区	39.5	31.0	12 375.7
青浦区	12.0	11.6	7 529.6
奉贤区	17.2	16.2	9 604.5
崇明区	17.1	16.4	3 698.8

上海市出台了很多城市生活垃圾管理公众参与的政策(表 5.5),但仍存在着一些问题。例如,上海市城市生活垃圾分类政策执行目标群体参与率低,公众无法对城市生活垃圾种类做到完全的区分;政策执行过程监管不足,导致城市生活垃圾分类源头减量不佳;中转运输存在压力(如运作设备、运输成本等),城市生活垃圾末端处理方式不合理,整体效果有待提升。上海市城市生活垃圾管理公众参与推行 20 多年来,由于缺少对居民参与义务的具体规定和强制性措施,在实际生活中公众参与城市生活垃圾管理动力不足,缺乏强烈的参与意识,公众参与率有待提升[101]。

表 5.5　上海市出台的主要政策法规

时间	文　件　名　称	颁布机构
2003	《上海市生活垃圾计量管理办法》	上海市市容管理局
2003	《上海市容环境卫生管理条例》(2009 年再次修订)	上海市人大

续　表

时间	文 件 名 称	颁布机构
2004	《上海市生活垃圾末端平均处置管理暂行办法》	上海市市容管理局
2004	《固体废弃物污染环境防治法》	全国人大常委会
2004	《城市生活垃圾管理办法》	国务院建设部
2008	《上海市生活垃圾收运处置办法》	上海市政府
2010	《上海市绿化和市容管理局关于开展生活垃圾分类减量试点工作的指导意见》	上海市市容管理局
2011	《关于实施"百万家庭低碳行,垃圾分类要先行"市政府实事项目的通知》	上海市市容管理局
2011	《开展生活垃圾分类减量工作指导意见》	上海市政府
2012	《上海市再生资源回收管理办法》	上海市政府
2014	《上海市生活垃圾分类目录及相关要求》	上海市市容管理局
2014	《上海市促进生活垃圾分类减量办法》	上海市政府
2016	《上海市生活垃圾分类减量工作方案》	上海市市容管理局
2019	《上海市生活垃圾管理条例》	上海市人大

（三）杭州市

杭州市城市生活垃圾管理公众参与最早可追溯至 20 世纪 80 年代。1985 年，杭州市开始开展城市生活垃圾堆肥分类收集试点工作，要求试点小区居民将湿垃圾分离出来。2000 年 6 月，杭州市被确定为全国城市生活垃圾分类首批试点城市之一。同年 11 月，杭州市政府办公厅下发了《杭州市城市生活垃圾分类收集实施方案》，将城市生活垃圾分为非可回收垃圾、可回收垃圾、有毒有害垃圾和大件垃圾四类[102]。由于只是处于试点阶段，杭州市城市生活垃圾管理公众参与率较低，各个方面尚在尝试和摸索，没有强制推广公众参与城市生活垃圾管理的具体要求，加之居民初次接触城市生活垃圾管理，对城市生活垃圾管理认识不足，杭州市首次公众参与城市垃圾管理的尝试未达到预期的效果。

2010 年，面对城市生活垃圾不断增长的事实，杭州市决定针对前几年城市生活垃圾管理公众参与措施中存在的不足之处加以改进和完善，吸取北京、上海、广州等地经验，提出"最大限度地发掘城市生活垃圾的回收价值，尽可能减少城市生活垃圾的产量"，希望鼓励公众积极参与到城市生活垃圾管理中，从源头减少城市生活垃圾产生量，提高城市生活垃圾回收利用率。与此同时，政府提倡居民能够将有毒有害的城市生活垃圾提前分离出来，单独进行回收、运输，以避免或减少对环境产生的巨大影响。杭州市政府在城市生活垃圾管理公众参与的道路上不断探索，结合本市实际情况于2012年6月出台了《杭州市区生活垃圾分类投放工作实施方案》，提出开展城市生活垃圾分类管理立法工作，规范公众参与城市生活垃圾管理过程中的行为。

在提高公众参与度方面，杭州市采取了点面结合、喜闻乐见的方式，广泛而深入地开展城市生活垃圾管理公众参与的宣传发动工作。积极与媒体协作，加大宣传力度，追踪报道各城区、街道、社区公众参与好的举措和方法，制作城市生活垃圾管理公众参与的公益广告片、动画片，并在电视台、公交车、户外大屏、楼宇电视等载体播放，使公众能够在潜移默化中了解并参与到城市生活垃圾管理之中。宣传部门制作发放印有城市生活垃圾管理公众参与宣传内容的扇子、雨伞、围裙等宣传品，深入浅出地宣传公众参与，而且"小礼物"的发放能从一定程度上调动居民积极性。同时，推动城市生活垃圾管理公众参与知识进校园，杭州市政府同市教育局编印适用幼儿园至小学3年级《杭州市生活垃圾分类漫画册》20万册，适用小学4至6年级《垃圾分类知识读本》7.3万册，适用初中生的读本7万册，适用高中生的读本6万册，手工书《把垃圾宝宝送回家》6 000册，从小培养孩子的公众参与意识，为未来城市生活垃圾管理公众参与打下坚实的基础[102]。

杭州市自推行城市生活垃圾管理公众参与以来，杭州市政府出台了很多政策(表5.6)，不断加大城市生活垃圾管理公众参与力度，重点探索城市生活垃圾管理公众参与的方法，通过多样化的垃圾管理宣传活动，改变杭州市民的生活习惯。但不可否认的是，目前杭州市城市生活垃圾管理公众参与仍处在起步阶段。公众环保意识欠缺、认同参与率不高、态度与行为不统一，同时活动缺乏长效性，社区的管理制度也存在一些不足，城市生活垃圾管理公众参与还任重道远。

表5.6　杭州市出台的重要法律法规

时间	文件名称	颁布机构
2000	《杭州市城市生活垃圾分类收集实施方案》	杭州市政府
2010	《杭州市区生活垃圾分类收集处置工作实施方案》	杭州市委
2012	《杭州市城市生活垃圾管理办法》	杭州市政府
2012	《杭州市人民政府关于进一步加强生活垃圾处理工作的实施意见》	杭州市政府

续　表

时间	文件名称	颁布机构
2015	《杭州市生活垃圾管理条例》(2019年再修订)	杭州市人大
2018	《杭州市区非居民生活垃圾处理计量和收费管理办法》	杭州市城管委(市综合执法局)

二、国外典型地区的城市生活垃圾管理公众参与情况

(一) 伦敦市

英国伦敦作为世界金融中心,早在1965年就成立了大伦敦委员会。该委员会下设一个公共卫生局,由其负责伦敦市城市废弃物的统一管理。伦敦市还曾明确规定,城市生活垃圾的收集由各区负责。从20世纪90年代开始,伦敦市首先开始逐步推行城市生活垃圾分类及减量化措施。经过多年的努力,伦敦市已建成了一个综合、完整的城市生活垃圾管理体系,公众参与机制也得到了长足的发展。

在城市生活垃圾收集环节,公众主要参与城市垃圾的分类工作。具体来说,伦敦市政府会为每家配备三个垃圾箱以便居民对生活垃圾进行分类:黑色垃圾箱装普通生活垃圾,绿色垃圾箱装花园及厨房垃圾,黑色的小箱子装玻璃瓶、铁罐等可回收物。有花园的住户,市政府还会统一配发花园垃圾收集袋,用于盛放树枝落叶等。不同的社区,垃圾桶的颜色也稍有差别。分好类的生活垃圾,区政府会每周安排三辆不同的垃圾车将其一次运走。但是某些区域由于政府财政紧张,除可回收垃圾和食品垃圾仍然是每周回收一次外,其他生活垃圾改成了两周一次。同时,为了解决公众参与城市生活垃圾分类难的问题,对于垃圾分类和垃圾回收时间,政府给每个家庭都印制了专门的小册子以供参考,如图5.2所示。

在城市生活垃圾处理环节,公众参与的主要是将居民的城市生活垃圾进行填埋处理,还有将各户的花园及厨房的生活垃圾进行堆肥处理(图5.3)。在北伦敦的许多地区,居民会在社区对适合堆肥的有机废物进行初步处理,有些地区会有专业公司对收集后的有机废物进行处理。例如,北伦敦废弃物处理有限责任公司(London Waste Ltd)。该公司作为北伦敦废弃物管理局(North London Waste

Your Bin Days 2018-2019

Nottingham City Council

November 2018 to November 2019 Your bin day is: **Tuesday**

WKB_GW_TUE

GENERAL HOUSEHOLD WASTE

ANY HOUSEHOLD WASTE THAT CANNOT BE PUT OUT AS PART OF YOUR RECYCLING COLLECTIONS

RECYCLING

- PAPER & CARD
- TINS & CANS
- PLASTICS
- GLASS

GARDEN WASTE

- GRASS CUTTINGS
- HEDGE CLIPPINGS
- TWIGS
- LEAVES & WEEDS
- DEAD FLOWERS

Please put your bins out before 7am and bring back in by 7pm on your collection day. Please do not overfill your bin.

For information about your bin collections visit **www.nottinghamcity.gov.uk/bins** or call **0115 915 2000**

Sign up to receive e-alerts from Waste and Recycling at **www.nottinghamcity.gov.uk/stayconnected**

/cleangreennottingham

@cleangreennottm

November 2018

M	T	W	T	F	S	S
			1	2	3	4
5	6	7	8	9	10	11
12	13	14	15	16	17	18
19	20	21	22	23	24	25
26	27	28	29	30		

December 2018

M	T	W	T	F	S	S
					1	2
3	4	5	6	7	8	9
10	11	12	13	14	15	16
17	18	19	20	21	22	23
24	25	26	27	28	29	30
31						

January 2019

M	T	W	T	F	S	S
	1	2	3	4	5	6
7	8	9	10	11	12	13
14	15	16	17	18	19	20
21	22	23	24	25	26	27
28	29	30	31			

February 2019

M	T	W	T	F	S	S
				1	2	3
4	5	6	7	8	9	10
11	12	13	14	15	16	17
18	19	20	21	22	23	24
25	26	27	28			

March 2019

M	T	W	T	F	S	S
				1	2	3
4	5	6	7	8	9	10
11	12	13	14	15	16	17
18	19	20	21	22	23	24
25	26	27	28	29	30	31

April 2019

M	T	W	T	F	S	S
1	2	3	4	5	6	7
8	9	10	11	12	13	14
15	16	17	18	19	20	21
22	23	24	25	26	27	28
29	30					

May 2019

M	T	W	T	F	S	S
		1	2	3	4	5
6	7	8	9	10	11	12
13	14	15	16	17	18	19
20	21	22	23	24	25	26
27	28	29	30	31		

June 2019

M	T	W	T	F	S	S
					1	2
3	4	5	6	7	8	9
10	11	12	13	14	15	16
17	18	19	20	21	22	23
24	25	26	27	28	29	30

July 2019

M	T	W	T	F	S	S
1	2	3	4	5	6	7
8	9	10	11	12	13	14
15	16	17	18	19	20	21
22	23	24	25	26	27	28
29	30	31				

August 2019

M	T	W	T	F	S	S
			1	2	3	4
5	6	7	8	9	10	11
12	13	14	15	16	17	18
19	20	21	22	23	24	25
26	27	28	29	30	31	

September 2019

M	T	W	T	F	S	S
						1
2	3	4	5	6	7	8
9	10	11	12	13	14	15
16	17	18	19	20	21	22
23	24	25	26	27	28	29
30						

October 2019

M	T	W	T	F	S	S
	1	2	3	4	5	6
7	8	9	10	11	12	13
14	15	16	17	18	19	20
21	22	23	24	25	26	27
28	29	30	31			

November 2019

M	T	W	T	F	S	S
				1	2	3
4	5	6	7	8	9	10
11	12	13	14	15	16	17
18	19	20	21	22	23	24
25	26	27	28	29	30	

NEVER MISS A BIN DAY

Sign up to receive a bin day reminder each week by email at **www.nottinghamcity/binreminders**

You can also set a reminder on your phone of your bin day and bin colour.

图 5.2　伦敦市垃圾分类指南

图 5.3　居民在社区对适合堆肥的有机废物进行初步处理

Authority, NLWA)全资所有公司，为北伦敦地区的 7 个行政区提供城市生活垃圾管理服务。垃圾处理公司会将回收的有机废料送到环保园(Eco Park)进行堆肥处理。

经过多年的发展，很多企业已经真正参与到了城市生活垃圾管理。例如，伦敦废弃物处理有限责任公司在伦敦布置了专门的回收站点，对城市生活垃圾中的可回收材料、有机废物堆肥和能源等进行回收。该公司不仅向市民及企业回收常用的再生材料，如纺织品、地毯、服装、包装盒、木托盘和混合玻璃等，还接受居民换下的固定装置设备、展品及大件家具，甚至可以在上面提取建筑项目的惰性废物，包括挖掘废物和混合硬质废物，即混凝土、砖、陶瓷和金属等。该公司的项目不仅减少了资源的浪费，还使居民在将城市生活垃圾投放入回收站前进行进一步分类，极大地提高了公众对于自身产生的城市生活垃圾的管理程度。

随着时代的发展，伦敦公众参与城市生活垃圾管理的理念已逐渐深入。一些环保人士开设了专门的旧物回收慈善店(charity shops)，对一些旧衣物、不需要的日用品、礼物等进行回收。慈善店由于免费获得资源，销售价格低廉，吸引了特定的顾客群。伦敦市民除了以志愿的方式直接参与垃圾管理的许多环节，还通过交付地方政府收取的社区税(council tax)来支持地方的公共开支。当然，这与政府出台的一系列城市生活垃圾管理公众参与奖惩制度是分不开的，其直接促使公众参与城市生活垃圾管理意识的养成。

(二) 东京市

日本作为世界上城市生活垃圾分类开始最早、成效最显著的国家，其城市生活垃圾管理政策经历了“末端处理→源头分类→回收利用→循环资源”的渐进式演进脉络，反映了日本对“垃圾”的认识由“废物”向“资源”的转变过程。东京作为日本的经济中心，极高的人口密度考验着东京的城市生活垃圾管理系统。从 1974 年开始，东京就开始实行城市生活垃圾分类管理，并将城市生活垃圾分为可燃垃圾、不可燃垃圾、资源型垃圾、大型垃圾以及有害垃圾五种。同时，东京政府要求居民将不同类型的垃圾放入指定的垃圾袋中(图 5.4)，按照所在社区及街道公布的详细垃圾分类图标和收垃圾时间

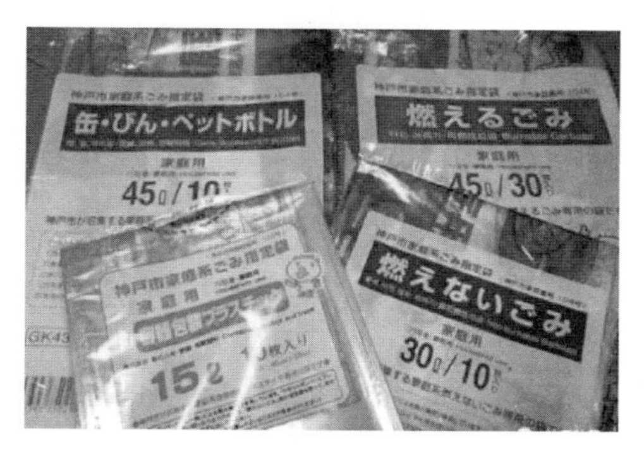

图 5.4　日本垃圾分类袋

表进行投放(图5.6和图5.7)。例如,钢琴、家具之类的大件垃圾,居民需要联系专门人员进行收集,并支付给收集人员一定费用(图5.8)。

东京政府非常重视城市生活垃圾管理公众参与,特别是在城市生活垃圾分类过程中的公众参与。政府通过宣传教育引导了一个良好的城市生活垃圾分类氛围,通过建立并完善城市生活垃圾分类宣传教育机制号召社会各界参与到城市生活垃圾分类工作中来,实现了将城市生活垃圾分类落实于公民指尖的目的。比如,政府巧妙地用好了学校和家庭两大宣传主体,家长以身作则从小教育子女践行垃圾分类,让城市生活垃圾分类从小成为孩子的生活习惯;学校作为另一大宣传主体则从社会课程教育中向学生灌输城市生活垃圾分类理念,结合演讲、小组座谈会和生活环境教育基地等形式强化城市生活垃圾分类氛围。久而久之,形成了良好的城市生活垃圾分类舆论氛围。

东京政府非常重视公众对城市生活垃圾管理的监督,为此政府邀请社会上各行各业的公众作为监督主体参与城市生活垃圾管理。以东京都23区为例,政府鼓励居民参与监督城市生活垃圾分类的整体建设、运营。东京都23区清扫一部事务组合(焚烧场)、居民代表、区政府三方组成“运营协议会”和“建设协议会”,负责监督焚烧场的运转安全、排放物是否超标等问题,并公布环境调查报告。同时东京政府也引导城市生活垃圾生产者和回收企业之间建立双赢关系,鼓励企业研发新品时倾向于生产能循环或再使用的商品,以减少城市生活垃圾的产生量。

在东京,城市生活垃圾管理公众协同参与体制是从公众被动式参与不断发展而来的,其实现了从末端处理、源头治理向资源循环的转变,最终与政府一同致力于生活垃圾管理的目的。其中,社区和非政府组织(NGO)发挥着至关重要的作用。社区积极参与公众管理政策及循环经济相关政策的制定,教育、推广及培养社区居民的城市生活垃圾分类及循环利用意识,加大社区居民在城市生活垃圾管理中的参与度。NGO还向社区提供环境保护的教育及学习的机会,监督政府和私营部门的行为,提交环保相关建议,为政府及公司管理者举办环保相关的研讨会。东京的社区和NGO参与垃圾分类实践很成功,形成了一套以公民参与为中心的多主体协同管理体系[100]。图5.5为以公民参与为中心的多主体协同管理体系结构图。

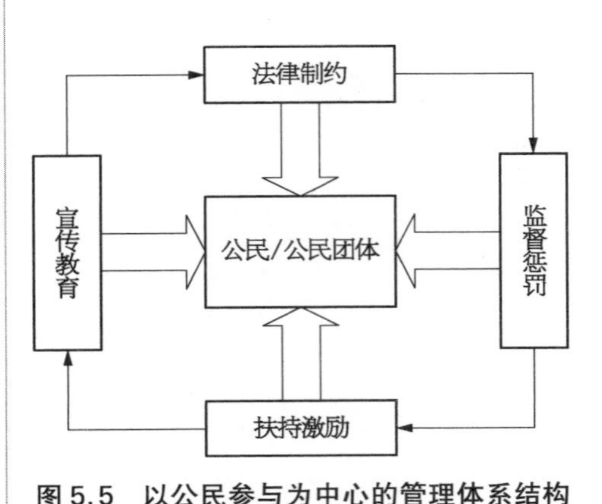

图5.5 以公民参与为中心的管理体系结构

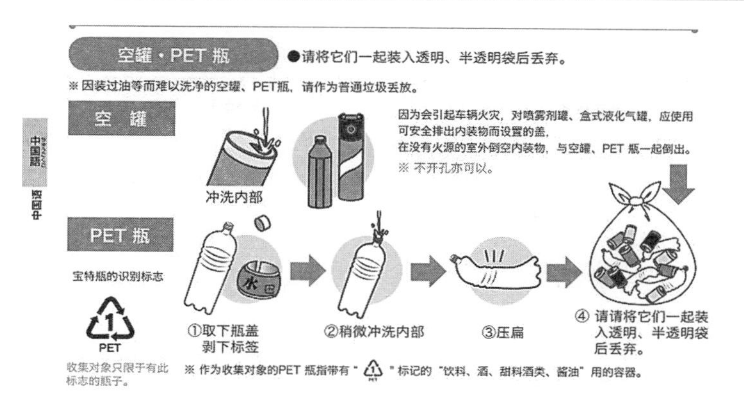

图 5.6　饮料瓶处理方法(中文版)

图 5.7　东京中野区的城市生活垃圾分类指南

料金のご案内

エアコン	3,150円～	デスクトップパソコン本体	3,150円～
テレビ(大きさにより)	2,100円～	ノートパソコン	1,050円～
冷蔵庫(大きさにより)	3,675円～	液晶ディスプレイ(一体型含む)	2,100円～
洗濯機(大きさにより)	2,625円～	CRTディスプレイ(一体型含む)	3,150円～
衣類乾燥機	2,625円～	その他	315円～

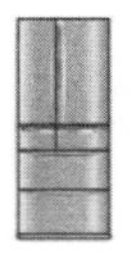

图 5.8　东京大件家具回收费用

(三) 新加坡

新加坡素有花园城市的美誉,尽管人口众多,但环境仍然保持得十分干净整洁。随着城市化进程的不断推进,城市生活垃圾产生量与日俱增,但在联合国人居署发布的《世界城市状况报告》中对新加坡在污染控制、交通管理和水处理领域等方面都给予了很高的评价。这无疑要归功于其随处可见的垃圾桶,以及新加坡的城市生活垃圾管理体系。

新加坡城市生活垃圾管理系统主要着力于减少城市生活垃圾的产生和生活垃圾废物回收两方面。新加坡国家环境局表示,在公众参与环节上,新加坡从源头上控制垃圾,向着"零垃圾国家"前进,努力实现垃圾的重复利用及回收,给予垃圾第二次生命[105]。据统计,截至 2019 年,新加坡共 560 多万人口,每人每天产生近 1 千克生活垃圾,而这些城市生活垃圾已有 56%被回收并进行循环利用。这主要归功于城市生活垃圾管理公众参与。新加坡对于城市生活垃圾管理公众参与主要坚持减量化控制原则,制定严格的法律法规,发挥企业主力作用及重视城市生活垃圾的分类宣传教育四个方面。

新加坡坚持减量化控制原则,采取了严格的城市生活垃圾管理办法,以"3R"(减量化、再利用、再循环)原则为核心,在初始阶段就让公众参与其中,提高城市生活垃圾管理公众参与率,从而在源头减少城市生活垃圾的产生。为了真正落实公众参与,新加坡国家环境局制定了一些重要策略[106]。例如,新加坡政府明确规定,城市生活垃圾收集企业或组织在运送居民分类好的垃圾时需附上一份运送单,上面应标明垃圾的类型及其源头,保证垃圾进行有效利用的同时也能回溯公众参与行为，使公众更为合理地参与到城市生活垃圾管理中。另外，在建设不同类型城市生活垃圾处理场时，新加坡政府还提前征求公众意见，将公众意见作为重要参考指标，指导城市生活垃圾处理场建设，避免了政府在城市生活垃圾管理体系中的独断行为。

新加坡政府制定了一系列城市生活垃圾管理公众参与的法律法规及质量标准，例如《环境公共健康(有毒工业废弃物)管理条例》、《环境公共健康(一般废弃物收集)管理条例》和《环境保护和管理法》等。这些法律法规对城市生活垃圾管理公众参与做了详尽的规定与说明，具有很高的可执行性。其中，严格的惩罚制度是新加坡的一个鲜明特点。例如，在公共场所，若被执法者发现有违反新加坡城市生活垃圾管理法令者，其将会面临高额的罚款。为了杜绝违反城市生活垃圾管理的行为，新加坡在 2019 年加大了科技投入，在一些地区增设了高空电子眼，采用摄像机、视频分析、大数据分析等高科技手段，加强执法能力与效率，促进公众参与的合法进行。

新加坡充分发挥城市生活垃圾回收企业主力作用，其城市生活垃圾管理公众参与中的垃圾分类制度与日本相比并不算复杂，大体上分为不可回收垃圾和可回收垃圾两大类。不可回收垃圾要求居民投放在绿色垃圾桶内，可回收垃圾则投放于蓝色垃圾桶内。放置可回收垃圾的蓝色垃圾桶内又分为塑料品、纸制品、玻璃制品、金属用品四类，并分别用蓝色、绿色、红色和黄色四种醒目颜色作为标识。采取此易懂的垃圾分类桶，能使公众更好、更便利地参与到城市生活垃圾管理中，如图 5.9 所示。大件可回收物品需另行处理。但是在新加坡，城市生活垃圾回收企业是城市生活垃圾分类的主力军。因为普通居民对城市生活垃圾与工商业垃圾的处理方式不同，相应的城市生活垃圾回收企业也分为两类。针对居民城市生活垃圾来说，政府部门将整个新加坡划分为七大区域，采用统一招标的方式，由符合资质及满足公众要求的垃圾收集企业参与投标。目前，新加坡共有 4 个拥有许可证的城市生活垃圾收集商，为不同区域提供城市生活垃圾的收集服务。

图 5.9　新加坡街头的分类垃圾箱

新加坡政府也要求居民缴纳相应的城市生活垃圾回收费用。自 2001 年起，新加坡的城市生活垃圾管理中的收集开始实行全面私有化，城市生活垃圾收集企业自负盈亏，其运营的收入主要来自居民缴纳的城市生活垃圾处置费及发电收入。城市生活垃圾处置费是由企业、商户、居民用户缴纳，政府对居民按照住宅的性质（公屋或私有住宅）及其面积征收不同标准的城市生活垃圾处理费，对商店按照每日城市生活垃圾产生量确定收费标准。城市生活垃圾填埋场、焚烧场等终端处理是由政府管理的，运营费用由国家拨款。另一方面，政府也对城市生活垃圾回收进行了严格的监管。例如，国家环境局明确规定收集城市生活垃圾的时间和频率，城市生活垃圾要求每天收集，并且在白天进行；工商业垃圾则需要在晚间进行。为了确保能最大限度对收集的城市生活垃圾进行回收，还明确规定回收企业送往焚化场的城市生活垃圾数量和种类等。

为了提高城市生活垃圾管理公众参与的普及率、效果及未来发展，新加坡教育部规定从小学就要设置城市生活垃圾分类相关课程，学习并遵从“3R 原则”，减少城市生活垃圾的产生，一些学校还将城市生活垃圾分类作为新生入学的第一堂课。城市生活垃圾回收企业也要按照政府要求，加强对公众城市生活垃圾分类的宣传教育。例如，企业通过印制发放环保宣传单和一些环保用品的方式向民众宣传城市生活垃圾分类，为所在社区、学校开展环保教育、学生上门回收旧报纸等活动提供经费。企业还会积极参加大型的社区活动，现场直接收购居民送来的报纸、易拉罐等可回收物品，并支付现金或礼品。为了提高社区和居民参与城市生活垃圾分类的积极性和主动性，城市生活垃圾回收企业还会在所在辖区开展评选活动，对可回收率排名前 15 名的社区进行奖励，减免其一个月的城市生活垃圾回收费。此外，留学生来新加坡的第一堂课也是“城市生活垃圾的分类”。

（四）洛杉矶市

洛杉矶是美国第二大城市，位于加利福尼亚州西南部。同时，洛杉矶也是美国重要的工商业、国际贸易、科教、体育和娱乐中心之一，还是美国石油化工、海洋、航天工业和电子业的主要基地之一。虽然美国是世界上城市生活垃圾生产大国，但是城市生活垃圾管理公众参与起步较早，且落实得很好，其中洛杉矶最有代表性。

18 世纪末，随着城市经济的快速发展、城市规划的不断扩大和城市人口的快速增加，洛杉矶也面临着“垃圾围城”的问题。从 19 世纪 90 年代开始，随着美国各地政府注意到城市生活垃圾管理问题的严重性，洛杉矶也开始对居民的城市生活垃圾进行重点管理。同一时期，美国也成立了固体废弃物管理的规范化和美国环境署（USEPA）。随后，美国政府为了加强城市生活垃圾管理，出台了一系列的法律法规[107]。1965 年颁布了《废弃物处置法案》（*Solid Waste Disposal Act*）；1976

年通过了《资源保护与回收法案》(*Resource Conservation and Recovery Act*)，为了更加适应现实情况，此法案之后又进行了若干次修订。

20 世纪 80 年代后，洛杉矶城市生活垃圾处理基础设施建设速度加快，城市生活垃圾处置的主要措施选定为填埋，其次是回收、焚烧与堆肥。之后，考虑到城市生活垃圾管理公众参与、城市生活垃圾再利用及城市生活垃圾无害化处理，洛杉矶先后开展了“谁扔垃圾谁付费”(pay as you throw)、包装预防减量(waste wise)、机械生物处理(mechanical biological treatment)、材料回收设施(material recycling facility)、塑料回收设施(plastic recycling facility)和未来材料回收(material recycling for future)等项目，为解决“垃圾围城”问题保驾护航。

通过一系列措施，洛杉矶城市生活垃圾得到了有效的处理和控制，城市生活垃圾的减量率也在逐年上升。同时，洛杉矶还积极探索路边废物收集系统(curbside collection)，用于对周边居民的城市生活垃圾进行分类回收，提高周边居民的参与率。同时，洛杉矶也采用“零废弃概念”，其做法与欧洲类似，均从源头减少城市生活垃圾进入填埋的总量，采用从源头到末端城市生活垃圾的全生命周期管理理念[107]。但是，洛杉矶更加侧重于堆肥技术的应用，其充分发挥了居民在城市生活垃圾管理初始阶段的参与作用。

洛杉矶的生活垃圾收集采用定点不定时和定时定点两种模式，在回收的各个环节对于公众、企业及部门均有清晰的责任分工，其特点是将政府、企业、NGO、学校、媒体、居民和商业等主体均纳入城市生活垃圾回收过程，以多样化方式提高公众城市生活垃圾管理参与。同时，也有一些行业协会，如美国垃圾回收协会(National Waste & Recycling Association)、床垫回收协会(Mattress Recycling Council)、美国堆肥协会(US Compost Council)等也参与回收。近 10 年来，洛杉矶城市生活垃圾回收利用率为 30%～35%[107]。为了更进一步提高回收利用率，洛杉矶也鼓励开展大范围的有机垃圾堆肥项目，其包括好氧堆肥(被动曝气系统、主动曝气系统等)、蚯蚓制肥技术和厌氧消化系统等，形成了覆盖面广、公众参与率高、范围大、总量大的堆肥产业。

目前，洛杉矶的城市生活垃圾一般分为可回收垃圾类、食品类垃圾、庭院垃圾及其他垃圾。不同区域的具体分类规定不同，但整体来看，公众参与的城市生活垃圾分类环节主要分为家庭分类和公共场所分类两种。在家庭分类中，城市生活垃圾细分为室内垃圾和室外垃圾，分别设置不同的垃圾桶，其中室内垃圾桶 3 个，包括厨房垃圾、纸品及其他可循环利用的室内垃圾；室外垃圾桶 2 个，一个用于装厨房垃圾，另一个用来装纸类垃圾及可循环垃圾[108]。在公共场所城市生活垃圾可分为可回收类、可堆肥物及其他废弃物。不同区域的城市生活垃圾收集时间不同，而且如若投放的东西对环境、社会造成的危害较大，则需自己将城市生活垃圾送到指定场所或预约回收公司上门收取。

在城市生活垃圾收费方面，居民的生活垃圾处理费用需要个人承担，主要分为直接收取垃圾费、多费并收（如与雨水费、自来水费、污水费和市政税等多项费用一同收取）及房产税征收[109]。同时，洛杉矶居民需要考虑自己的生活垃圾产生情况，向相关部门申请不同规格的城市生活垃圾回收箱，不同容量的垃圾箱收费也不一样。而对于超出垃圾桶容量部分的城市生活垃圾则需要收取额外的费用，但是可回收垃圾与居民的庭院垃圾超出部分则不收取超额费用，通过此种方法来鼓励居民参与城市生活垃圾的源头分类。

洛杉矶除了有“天使之城”的称呼外，还称为美国的“流浪汉之都”。在洛杉矶的游民巷（Skid Row）区域，路边满是帐篷和游民，只是一条街的距离，却仿佛两个世界。当然，对于生存都存在困难的游民来说，参与城市生活垃圾管理无疑是难以实现的。众多的流浪汉每天产生的大量垃圾随意丢弃在街道上，没有进行分类，也没有进行回收。整体来说，洛杉矶虽然在城市生活垃圾管理公众参与方面取得了很大的效果，但是其无法做到全市全范围的普及，不少盲区及流民区的垃圾管理需要引起政府的重视。洛杉矶在城市生活垃圾管理公众参与方面的探索与研究仍有很长的路要走。

三、国内外典型地区城市生活垃圾管理公众参与情况比较

（一）相同点

在法律法规方面，国内外各典型地区均出台了城市生活垃圾管理公众参与的相关法律法规，以规范公众参与城市生活垃圾管理行为，同时也为政府赏罚公众行为提供了依据。国内外各典型地区均在法律法规里不同程度地规定了城市生活垃圾管理公众参与的责任部门，负责引导和督促公众参与。同时也将企业正式纳入城市生活垃圾管理公众参与体系中。

在宣传方面，国内外各典型地区都意识到虽然宣传是一个较为漫长的过程，但在城市生活垃圾管理公众参与中的作用不可忽略，其能在社会中形成良好的舆论氛围，将公众参与城市生活垃圾管理变成一种生活习惯，从而在源头减少城市生活垃圾产生量，在末端减轻城市生活垃圾处理设备压力。为此国内外各典型地区均

开展了各种各样的宣传活动。例如，杭州已将城市生活垃圾分类教育加入至幼儿园到小学的教学内容中；而东京则巧妙地利用了学校和家庭两大宣传主体，通过家长的以身作则，潜移默化地让城市生活垃圾分类从小融入孩子的生活习惯中，学校则从社会课程教育中向学生灌输垃圾分类理念，结合演讲、小组座谈会和生活环境教育基地等形式强化垃圾分类氛围[110]。

在城市生活垃圾收集方面，国内外典型地区都要求公众必须进行城市生活垃圾分类，并各自形成了一套相对完整的城市生活垃圾公众参与分类的方法及回收体系。例如，上海将城市生活垃圾分为有害垃圾、可回收垃圾、干垃圾、湿垃圾四种，要求居民在志愿者的帮助下进行垃圾分类。2019 年，上海市通过地方法强制要求居民进行垃圾分类。新加坡对城市生活垃圾回收时间、频率、企业等有着严格的规定。

在城市生活垃圾处理方面，国内外各典型地区都非常重视城市生活垃圾处理设备建设问题，都积极通过公众参与防止“邻避现象”的发生[111]。例如，杭州市在建设城市生活垃圾焚烧厂时，在项目设计之初进行项目公开，公开征集公众意见，特别是项目建设点附近居民的意见。在建设过程中请有专业技能的公众进行全程监管；在建成后，公众对焚烧厂企业运营状态进行督促，防止焚烧厂企业出现不规范行为。杭州市公众参与城市生活垃圾处理设施建设取得了良好的社会效果，杜绝了“邻避现象”的发生。

（二）不同点

在管理体制方面，有些典型地区的城市生活垃圾管理公众参与主要是由一个部门负责，有些典型地区则涉及较多的部门。例如，杭州市城市生活垃圾的清运和处理由住建（环卫）部门负责；再生资源部分由商务部负责；有毒有害部分由环保部门负责；发改委则负责相关循环经济政策的制定，故各个部门根据自身职责需要组织相应的公众参与活动，规范公众行为。而新加坡城市生活垃圾管理主要是国家环境局负责，有利于其从顶层设计到具体实践全面组织公众参与城市生活垃圾管理，提高了公众参与效果。

在公众参与城市生活垃圾分类方面，由于城市生活垃圾成分不同、分类时间长短差异及政府执行力度差异，国内外典型地区公众参与城市生活垃圾分类所处阶段不同[112]。例如，东京的公众参与已由原来被动式参与发展到自主式参与，居民的垃圾分类已从分不清楚顺利过渡到分类明确阶段，城市生活垃圾分类公众参与效果很好。杭州的城市生活垃圾分类公众参与还处于启动期，磨合和适应的阶段，还在探索适合的城市生活垃圾公众参与模式。部分居民在参与城市生活垃圾分类时还不清楚如何投放，以致垃圾细分变成一种摆设。

在宣传教育方面，有些典型地区已经全方位持续开展城市生活垃圾管理公众参与宣传教育工作，形成了由上到下、由点到面、由表及里的宣传教育工作模式，公众参与的良好社会氛围已形成。有些典型地区的宣传教育还处于初期阶段，仅限于政府组织一些主题活动、媒体播放一些宣传片、志愿者引导有意愿的居民参与城市生活垃圾管理，距离城市生活垃圾管理公众参与的预期目标还有很长的路要走。例如，东京的自治会发现没有按照时间和地点投放的垃圾或分类不合格的垃圾，就会挨家挨户询问、教育，直到每个人都能按要求分类并定时定点投放垃圾。学校的学生每天轮流给校园或餐厅的垃圾进行分类，如牛奶盒要清洗后压扁，玻璃瓶的瓶盖和标签要分别投放等。公众参与城市生活垃圾分类已成为居民的一种习惯。

（三）对我国的借鉴作用

1. 重视城市生活垃圾分类公众参与工作

城市生活垃圾分类公众参与作为城市生活垃圾管理公众参与的第一步，在实际生活中很难简单地完成。就此，国内外典型地区的政府首先在一些具有实施条件的社区及街道，开展城市生活垃圾分类公众参与工作。工作过程中，既可以有效地积累公众参与的经验，又可以在城市局部区域树立典型示范，以此为基础逐渐在整个城市生活垃圾管理范围内推广。这类“社区模式”的发展能够有效推进公众参与城市生活垃圾分类的顺利推行。

2. 注重提高公众参与意识

从国内外各典型地区来看，都极其注重公众参与意识的提高，政府及相关教育机构从学校入手，向在读学生宣传城市生活垃圾管理的必要性及公众参与的方法，从小培养其参与城市生活垃圾管理的意识。具体是，学生学习相关内容后，将城市生活垃圾管理公众参与的知识传达给家长，家长再传递给朋友及同事，从而形成从点到面的公众参与模式。同时，家长也应该加强家庭教育，起到示范作用，引导孩子培养城市生活垃圾管理公众参与行为，使其能更早地参与到城市生活垃圾管理之中。

3. 加大政府资金投入

城市生活垃圾管理公众参与中相应设施的建设是其顺利推进的物质基础，为此，国内外各典型城市政府都加大了相关资金投入。首先，政府加大建设社区及街道的相应设施，如垃圾分类桶、社区垃圾回收站等。在建设城市生活垃圾管理公众参与体系的初始,宣传、管理人员的配置也是落实公众参与的重要基础。许多人对分类的常识不了解、不专业,或者嫌麻烦,进度缓慢、工作效率不高,致使效果大打折扣。因此,国内外各典型城市政府在加大硬件设施建设的同时,也注重人员的配置及相关人才培养的投入。

4. 采取合理奖惩措施

若对于公众参与到城市生活垃圾管理中的行为没有奖惩,公众必然难以积极地参与其中。以奖惩制度减少公众参与的不正确行为,鼓励积极参与垃圾管理的公众,以其作为模范,规范和推动城市生活垃圾管理公众参与的顺利进行,具体来说,采取城市生活垃圾管理公众参与奖惩制度,对于在管理过程中做得好的社区、学校、集体及个人给予一定的奖励,能够有效提高公众参与城市生活垃圾管理的积极性。对于消极应对及不作为的个人和团体,应考虑其行为,进行不同级别的惩罚,例如东京等城市的罚款制度等。

5. 推行合理的垃圾收费管理制度

国内外各典型地区政府及相关城市生活垃圾管理部门制定合理、科学的城市生活垃圾收费标准,充分征求公众建议,做出能够使公众、企业及政府都满意的方案,在降低城市生活垃圾管理公众参与过程成本的同时,也能实现多方利益的最大化。其次,对于城市生活垃圾收费标准的宣传,也要落实到大部分乃至全体居民身上,树立良好的垃圾分类及收费的意识。最后,城市生活垃圾管理的收费制度与公众参与的奖惩制度相结合,合理规范公众的参与行为。

6. 建立完善的公众参与机制

国内外各典型地区都建立了以政府为主、企业为辅公众参与的城市生活垃圾管理机制;在引导和实施公众参与过程中,政府、企业及公众三方实现共赢。这类机制的建立,能够充分发挥企业活力,鼓励其公众参与城市生活垃圾管理业务的改进。同时,由政府颁布相应政策,激励企业在城市生活垃圾管理公众参与中积极创新,开发出新的业务。另外,为了充分调动公众参与的热情,国内外各典型地区城市利用大众媒体平台普及分类知识,调动居民参与到城市生活垃圾管理中。

7. 研究适合的垃圾处置方法

纵观国内外各典型地区,我们发现城市生活垃圾无害化处理技术是公众最关心的问题之一,其对城市生活垃圾管理公众参与有着举足轻重的意义。首先,垃圾填埋场及焚烧场的建设应符合国家要求。建设初期,积极开展听证会,充分收集公众意见,及时对方案做出改进。其次,为了避免公众对于城市生活垃圾处理方式的误解，还应积极宣传或者邀请附近居民参观或参与到设计中，切实考虑到公众对于城市生活垃圾管理的要求。最后，参考国外先进、成熟的公众参与形式，推行社区居民垃圾堆肥处理，在可行范围内，鼓励居民积极利用生物处理技术自行对部分垃圾进行堆肥处理，将公众切实拉入到城市生活垃圾管理的垃圾处理环节中，彻底杜绝“邻避现象”的发生。

第 6 章

大数据时代我国城市生活垃圾管理及其公众参与的特征

一、大数据概况

(一) 大数据特点

大数据有数据量大、查询分析复杂等特点[113]。业界最初将大数据的特点归纳为 4 个“V”——Volume(海量化)、Variety(多样性)、Velocity(高速度)和 Value(高价值)。具体来说,第一,数据体量巨大。从 TB 级别跃升到 PB 级别。第二,数据类型繁多。即网络日志、视频、图片、地理位置信息等。第三,处理速度快。可从各种类型的数据中快速获得高价值的信息,这一点和传统的数据挖掘技术有着本质的不同。第四,只要合理利用数据并对其进行正确、准确的分析,将会带来很高的价值回报[114]。大数据与传统以静态统计和抽样调查获得的数据相比,两者在数据获取方式、数据容量、数据类型、产生和流转速度、扮演角色以及运算平台之间存在显著差异(表 6.1)。

表 6.1　传统数据与大数据特征比较

	传统数据	大数据
获取方式	调查数据(包括统计数据、实地调研和问卷)和遥感测绘(包括遥感影像、地图测绘)	互联网数据(包括政府公开数据、企业开源数据)和智慧设施数据(包括交通传感、智慧设施产生的数据)
容量	较小或一般,以 kB 或 MB 计量	较大甚至是巨大,通常以 GB,甚至是 PB、ZB 为基本单位

续 表

	传统数据	大数据
类型	类型单一或只有少数几种,以结构化数据为主	类型数以千计,包含结构化、半结构化甚至非结构化设局,且非结构化数据所占比重越来越大
流转速度	较慢或一般,基于传统专业或专项生产而产生或流转	较快甚至是飞快,基于移动终端、RFID、传感器网络、社交网络等兴起,数据生产与日倍增,流转速度也越来越快
扮演角色	对象的单一和领域的专业性,使其价值密度较高	基于"价值密度与数据总量呈反比"规律,潜在待挖掘资源,价值密度较低
运算平台	传统手工统计、Excel、SPSS 等	云计算、Hadoop 技术、MapReduce 等

随着人们不断地深入研究,对大数据的认识也越来越全面,大数据的特征也由最开始的 3V、4V 发展到现在的 8V,即海量化(volume)、多样性(variety)、高速度(velocity)、价值高(value)、精确性(veracity)、关联性(viscosity)、易变性(variability)、有效性(volatility)[115]。

1. 海量化(volume)

海量化表现为大数据的计算量和存储量都非常巨大。目前达到 PB 级容量的大数据出现在众多领域,全球企业 2010 年在硬盘上存储了超过 7EB 的新数据,其中绝大部分是消费者的消费数据。1EB 数据就等同于美国国会图书馆中存储数据的 4 000 倍以上[116]。自人类有史以来所产生的信息量为 5EB;过去 3 年产生的数据量比以往 4 万年产生的数据总和还要多。在整个人类文明所获得的全部数据中,有 90%是过去 2 年内产生的。随着大数据的到来,以 TB、PB、EB 为数据计量单位的时代已经变成了过去,全球将进入数据存储与处理的 ZB 新时代。我国建成的四大超级计算机中心,不仅存储容量达到了 PB 级,而且其浮点计算能力也达到亿万亿次每秒。

2. 多样性(variety)

多样性表现为数据来源增多、数据类型繁多和数据表现形式不断扩展。首先是数据来源增多。传统数据以交易事务型数据为主,互联网和物联网的快速发展,则带来了微博、社交网络、传感器等多种的新型数据来源。其次是数据类型繁多。从数据类型上看,传统数据以结构化数据为主,互联网数据以半结构化和非结构化数据为主,大数据的数据类型是几种类型的复杂组合,其中半结构化和非结构化数据占 80%左右。最后是数据表现形式不断扩展。也就是说,从传统的文字、声音、图片等不断扩展到大数据时代的网络日志、系统日志、视频、地图等新形式。

3. 高速度(velocity)

高速度表现为大数据量的增长速度日新月异,大数据的存储、传输、更新、处理等技术发展突飞猛进。据社交平台 Facebook 的数据统计,每秒有 4.1 万张照片上传,2011 年已发图 1 400 亿张,成为世界上最大的照片库。随着大数据的涌现,已经有很多用于密集型数据处理的架构应运而生,运用这些新的软件和技术,数据处理的速度大大提高,数据处理能力也从批处理转向流处理。实时数据流处理中存在 1 秒定律,即长期连续的数据监控中也许只有 1 秒数据是有用的,这一点和传统的数据挖掘技术有着本质的不同。

4. 价值高(value)

价值高表现为数据价值大和价值密度低。从数据价值上来看,小数据的数据价值对于小范围地区以及小众群体更加适用、更加有实用意义,大数据的数据价值不仅具有普遍性、普及性和说服力,而且更加个性化,更能说明任何实体之间的相关性;从数据价值密度上来看,大数据的价值密度较低。假如同种类型的数据的潜在价值是固定的,数据量越大,价值密度必然越小。以机房网络监控日志为例,要查看的仅仅是报警情况和错误日志。大数据虽然价值密度在不断降低,但是通过对大数据的交换、整合和分析,从而能够找到数据之间的关联性或能产生重大的发现,因此大数据的整体价值是在不断提高的。

5. 精确性(veracity)

精确性即大数据的准确性。精确性包括数据的可信性、真伪性、来源与信誉、有效性和可审计性。大数据中的内容是与真实世界中的发生息息相关的,研究大数据就是从庞大的网络数据中提取出能够解释和预测现实事件的过程。只有数据完整、真实,建立在其基础上的决策才会更加科学、准确。从数据源来看,绝大多数数据都是个体思想和行为的实时记录,是个体真实意识的外在反映,其准确性要高于传统的数据来源渠道和收集方式,即便少数数据失真,也都被淹没在真实数据的海洋中。从数据量来看,大数据面对的是某一现象的全部数据,而非传统的随机抽样数据,“样本=总体”的全数据模式将使判断和预测的准确性达到抽样数据无法达到的高度。从数据处理过程来看,通过一系列技术手段对海量数据进行“去冗”、“降噪”和“过滤”处理,并进行数据整理、挖掘和分析,最终得出更加准确、可靠的结论。

6. 关联性(viscosity)

关联性即数据流间的关联性。关联的数据价值远大于孤立的数据。大数据并不看重单个数据流的价值，强调从彼此关联的数据流发现相关关系而不是因果关系，只需要知道“是什么”，而不需要明白“为什么”。在大数据时代，原有建立在人的主观认识基础上的关联物监测法已经落后，取而代之的是借助机器的超强计算能力和复杂的数学模型，对看似杂乱的大数据进行专业性测试和分析，自动搜寻和建立关联关系，并得出有价值的结论。

7. 易变性(variability)

易变性即数据流的变化率。大数据的生成是瞬息万变的，除了人为产生的大量数据以外，无数的传感器、监测设备等智能化机器也会源源不断地自动生成大数据，导致数据量在极短的时间内快速增长。数据的更新速度极快，数据价值的衰减率高，需要对不断变化的数据做出快速反应，即在瞬息万变的状态下进行动态、实时分析[117]。

8. 有效性(volatility)

有效性即数据的有效性及存储期限。尽管大数据看起来是杂乱无章的，但随着存储技术的进步，大数据存储空间和时间限制越来越少，这些数据都可以有效记录并长期存储，也可以追溯查找、循环往复利用，数据本身的有效性和基于大数据分析与预测的有效性会大大升高。

（二）大数据类型

1. 结构化数据

人们将数字、符号等能够用数据或统一的结构加以表示的数据，称为结构化数据。传统的关系数据模型、行数据存储于数据库，可用二维表结构表示。在过去的一段时间里，计算机科学方面的人才在开发处理这类数据的技术方面取得了更大的成功(这种格式在此之前是众所周知的)并且也从中获得了价值。

2. 半结构化数据

半结构化数据就是介于完全结构化数据(如关系型数据库，面向对象数据库中的数据)和完全无结构的数据(如声音、图像文件等)之间的一种数据，是可以包含两种形式的数据。XML、HTML 文档就属于半结构化数据。它一般是自描述的，数据的结构和内容混在一起，没有明显的区分。我们可以看到，半结构化数据在形式上是一种受限制的，但实际上并没有用例如关系型 DBMS 中的表定义。

3. 非结构化数据

非结构化数据库是指其字段长度可变，并且每隔字段的记录又可以由可重复或不可重复的子字段构成的数据库。任何具有未知形式或结构的数据都被归类为非结构化数据。除了规模巨大之外，非结构化数据在处理从中获取价值方面带来了多重挑战。非结构化数据的典型示例是包含简单文本文件、图像、视频等组合的异构数据源。当今，组织可以随时获得大量数据，但不幸的是，他们不知道如何从中获取价值，此数据往往采用原始格式或非结构化格式[118]。

（三）大数据产生的技术条件

大数据的产生是人类保存数据能力、产生数据能力和使用技术能力增强的结果，更是人类大数据思维形成的结果，离不开技术支持。大数据发展更离不开物联网、云计算和人工智能技术的支撑[119]。大数据产生的技术条件如下：

1. 大数据存储技术

摩尔定律是大数据产生的基本技术支撑。由英特尔创始人之一戈登·摩尔提出了"同一面积芯片上可容纳晶体管数量，一到两年将增加一倍"的观点，即摩尔定律。他的本意是，由于单位面积芯片上的晶体管密度增加，性能随之提升，会导致价格上升。但是现实是计算机性能不断提升，而存储器的价格不断下降，这是因为晶体管越做越小，体积缩小成本变小，加之需求增加导致批量生产，从而使存储器价格下降。

创新无止境，下一个10年摩尔定律是否有效？2010年，英特尔公司宣布发明了22纳米的3D晶体管，2014年计划投产的晶体管比2010年的尺寸缩小8纳米。英特尔的技术发明使大部分科学家相信，摩尔定律的生命周期将延续到2020年，1T硬盘的价格将下降到3美元，相当于一杯咖啡的价格。一所普通大学的图书馆藏量也就是1～2 T，美国国会图书馆是全世界最大的图书馆，其藏量约为15 T。建立在摩尔定律基础上的信息保存技术使得信息的存储变得如此快捷、方便和廉价。摩尔定律也使各种计算设备变得越来越小，这种现象在1988年被美国科学家马克·韦泽概括为"普适计算"。此理论将计算机发展历程分为三个阶段：主机型、个人电脑、普适计算。目前，人类正处于第三个阶段，各种微小可穿戴设备，使得数据采集和处理不受时空限制，计算最终和环境融为一体，这意味着人类数据收集能力增强。

2. 大数据生产技术

以网络发展为基础的社交媒体出现及发展是大数据产生的第二个技术条件。网络发展的三个阶段可分为：基于互联网的Web 1.0时代，具有联通、静态的特点；基于社交的Web 2.0时代，具有交流、互动的特点；基于移动的Web3.0时代，具有实时交流、互动的特点。2004年，以脸书、推特为代表的国外社交媒体相继问世，标志着互联 Web 2.0 时代的来临[120]。2011 年，社交媒体将信息传播的速度带到比美国弗吉尼亚州地震波还快的时代。2009 年出现的微博，2011 年出现的腾讯微信在世界人口最多的国家——中国火爆。数据显示，全球活跃互联网用户在 2014 年 11 月突破了 30 亿人；全球接入互联网的活跃移动设备于 2014 年 12 月超过 36 亿台，这个数字相当于全球人口总数的一半。

中国具有最大的互联网市场。公众在微信、微博和 BBS 等社交媒体上生产的数据，记录了各自的行为。一般这些大数据包括三类：自然环境数据、商务过程数据、人的行为数据。乔治大学的李塔鲁做出估算，认为推特一天产生的数据总量相当于《纽约时报》100 多年产生的数据总量，社交媒体引发空前的数据爆炸。当今世界，Web 3.0 时代已来临，其显著特点就是基于移动技术，具有实时、实地、位置感应、传感器和量身定制的小屏幕。Web 3.0 具有“三广＋三跨”的特点：广域的、广语的、广博的，以及跨区域、跨语种、跨行业。

3. 数据挖掘技术

数据挖掘技术不仅使统计学发生革命，同时也是大数据产生的又一重要技术条件，成为促使大数据时代来临的核心力量。统计学经历了普查时代、抽样时代和大数据时代。数据是治国资源，在中国古代“强国知十三数”，算则胜，不算则败[121]。在美国，最初是进行人口普查，数据用于分权，奠基共和。虽然美国文化源于欧洲，但数据的分权功能却是美国独创，“美国的统计学因此展现了全世界最丰硕的成果”。20 世纪 30 年代，抽样技术使统计学发生了一场革命，即社会调查不必像人口普查一样，把全社会的人都问一遍，可以通过选取有代表性的样本来完成。抽样预测技术在美国最初用于“政治选票”预测，且谱写了“以少胜多”的佳话。1936 年，抽样技术的领袖人物乔治·盖洛普领导的美国舆论研究所（AIPO）以 5 000 人的抽样击败民意调查的龙头老大《文学文摘》240 万人的调查，成功预测罗斯福会当选美国总统，结果使盖洛普和他的研究所声名远播。法国、英国陆续在其影响或帮助下成立民意调查机构，20 世纪民意调查已经发展成为一个独立的产业。

在这个不断壮大的产业中，“政治选票”预测是其最早的驱动力量，然而通过对《乱世佳人》电影票的成功预测，开启统计学在商业领域的新成功。1936～2008 年，共举行 18 次总统选举，盖洛普民调成功了 16 次[122]。然而抽样技术也存在缺陷，1948 年杜鲁门和杜威的总统之选，盖洛普的抽样技术因信息掌握的滞后性，错误地预测杜威当选，结束了人们对它的顶礼膜拜。大数据预测是统计学的新时代，美国最近两次的总统大选，通过推特等社交媒体上的数据，有人准确预测奥巴马当选。大数据预测总统竞选结果变得更加准确，带来了统计学的再次革命，进入统计2.0时代。

数据大不仅在量，更在其具有更大价值，如何获得大数据这个新“石油”、“金矿”，最根本的要掌握数据挖掘技术，通过特定的软件和算法，寻找海量数据背后的规律和趋势，为科学决策提供支撑和依据。数据挖掘（data mining）是指从人工智能、机器学习、数据库系统等交叉学科的庞大数据集里发现某种关系的计算过程[123]。机器学习是数据挖掘技术之后的新发展，其凭借计算机算法的不固定，也就是随着计算、挖掘次数的增多，不断自动调整自己的算法参数，使挖掘和预测的结果更为准确。这种基于网络数据的挖掘，不需要制定问卷，也不需要逐一调查，成本低廉，更重要的是具有及时性、全面性的特点。数据挖掘在数据来源、数据时效、数据成本三个方面都具有统计抽样不可比拟的优势。网络数据具有多个源头，用的是现存的数据，使用基本免费；而统计抽样数据来源比较单一，具有滞后性，使用成本昂贵。

4. 物联网技术

物联网，指的是物物相联的网络，是信息技术与信息化时代发展的新阶段，是大数据产生的物质基础和硬件支撑，更智慧化时代来临的先决条件[124]。广义的物联网指的是，当下全部事物都与技术、网络、计算机发生融合，实现物物之间、物人之间、人人之间相联相融，从而获取实时的信息共享，以实现智能化的控制与管理。物联网可以被看作是继计算机与互联网之后的第三次信息技术变革，具有划时代的意义[144]。调查数据表明，2010年物联网在安防、交通、电力和物流领域的市场规模分别为600亿元、300亿元、280亿元和150亿元。2011年中国物联网产业市场规模达到2 600多亿元。

物联网是大数据产生的前提，物物相联势必产生浩如烟海的大数据。大数据与物联网技术相互支撑、相互促进，从而共同缔造智慧社会的神经网。PC互联网是“互联网1.0”，用“搜索引擎”解决信息不对称；移动互联网是“互联网2.0”，用共享服务App解决“效率不对称”；物联网是“互联网3.0”，用“云脑”解决“智慧不对称”。物联网的本质是“云脑”驱动的“自动服务网”。由数据算法驱动，具有自学习、自管理、自动修复能力的“云脑”，通过自适应、自组织、自协同的物联终端，主动感知需求、实时分析匹配，为每个人主动、无感、精确提供“所需即所得”的最优个性化服务。

5. 云计算技术

云计算是大数据使用价值的软技术和价值保障。云计算（cloud computing）类似于“信息高速公路”，来源于电话通信行业，基于“虚拟专用网络”技术而提供的专用资源，是可招之即来、挥之即去的网络服务，是互联网、电信网的一个隐喻。云计算是通过网络将计算机能力组织起来，也就是说将计算的能力放在互联网上，硬件电脑具有的所有能力都由网络提供[125]。约翰·麦卡锡教授曾说过：“就像公用电话网一样，计算的能力有一天会被组织起来，成为一种公共资源和公共事业，这种公共资源和事业会成为一个新的、重要的产业[126]。”云计算提供的是虚拟资源，具有超大规模、通用性、扩展性、虚拟化等特点，拥有便捷性、安全性、个性化、按需访问、价格低廉等诸多优势。目前云计算已经发展成为一个完整的产业链，包括硬件、软件和操作服务等内容，从而实现了人类计算能力质的飞跃，计算能力实现由有形向无形的飞跃、由不可传递向可传递和可分享的飞跃。

从技术的角度来看，大数据和云计算就像是一枚硬币的正反面，关系密不可分。由于数据越来越多、越来越具有实时性并且越来越复杂，这就非常需要云计算去妥善处理，所以说云计算是大数据成长的重要驱动力，两者之间的关系是相辅相成的。从本质上来讲，大数据与云计算之间的区别是“静”与“动”的区别。大数据是被计算的对象，是一种“静”的概念；而云计算则强调的是计算，是一种“动”的概念。如果结合实际的应用来分析，大数据更加看重的是存储能力，而云计算则更加强调的是计算能力。但是，这并不意味着大数据与云计算之间的概念是如此泾渭分明的。大数据也需要处理大数据的能力（数据获取、清洁、转换、统计等能力），也就是需要强大的计算能力；而云计算的“动”也是相对而言的，例如基础设施即服务中的存储设备提供的主要是数据存储能力，所以可谓是“动”中有“静”。

现在，云计算作为IT行业的主流技术已经被广泛普及，它的实质是在计算量越来越大、数据越来越多、越来越动态、越来越实时的需求背景下被催生出来的一种基础架构和商业模式。例如，个人用户可将文档、照片、视频、游戏存档记录上传至“云”中永久保存，企业客户根据自身需求，可以搭建自己的“私有云”，也可托管或租用“公有云”上的IT资源与服务[127]。存储下来的数据，若不以云计算进行挖掘和分析，就仅仅是僵死的数据，没有太大价值。大数据的特色在于对海量数据的挖掘，但它必然无法用单台计算机进行处理，而云计算、存储及虚拟化技术恰好满足其需求。云计算是大数据时代必备的技术平台。

6. 人工智能技术

大数据技术与人工智能技术之间互为基础、互相促进，是人类智慧时代的巧翼。人工智能（artificial intelligence）是研发出用于模拟、延伸，以及扩展人的智能的技术、理论、方法和应用系统的一种新的技术科学[128]。人工智能是计算机科学的一个分支，通过了解智能的实质进而生产出能以人类智能相似的方式作出反应的智能机器。该领域的研究包括机器人、语言识别、图像识别、自然语言处理和专家系统等。人工智能是一项具有挑战性的科学，从事此类工作的人必须要掌握计算机知识、心理学知识甚至哲学知识。自从人工智能诞生以来，它的理论与技术都日益成熟，应用的领域也在不断扩展。可以想象，在不久的将来，人工智能带给全人类的科技产品将会是人类智慧的“容器”。人工智能是对人的思维以及意识的信息过程进行模拟，它不是人的智能，却能像人类一样思考，甚至超过人的智能。人工智能由不同的领域组成，是一种十分广泛的科学。概括来说，人工智能研究的一个主要目标是使机器能够胜任一些通常需要人类智能才能完成的复杂工作。

不同的时代、不同的人对这种人工智能的理解是不同的。人工智能正在让我们的社会发生翻天覆地的变化，从创建更智能的城市到增强道路的安全性，再到加强保护我们的网络世界，人工智能无处不在。当今，典型的机器学习过程是劳动和计算密集型的。我们正在利用众多定制解决方案来推动人工智能创新，从而帮助压缩创新周期。技术的灵活组合正在让数据科学家构建更加高级的人工智能解决方案，并刺激新创意的探索。百度首席科学家吴恩达表示，深度算法将与大数据结合，使新的人工智能算法越来越好，未来人工智能在虚拟圈里完成整个循环。大数据时代已经到来，它的魅力在于能够挖掘出巨大价值的产品和服务，而人工智能与大数据的完美结合将开启大数据时代新一轮的发展高潮[129]。首先开启人工智能＋大数据美妙体验的是网络招聘行业。人才数据和用人单位的海量数据信息为企业招聘提供了大数据支撑，如何合理、有效、快速地匹配这些数据就成了招聘行业的首要任务。将人工智能技术应用于招聘行业的大数据处理是快速优化求职者和用人单位双向选择的杀手锏，既节省了企业对大量简历的筛选和评判过程，也可以为个人求职者提供准确、有效的简历投递服务。

人工智能和大数据结合的技术还可以应用到心理学。大数据将会对心理疾病的治疗产生积极影响。随着抑郁症、自闭症等患者的增多，越来越多的心理疾病随之受到人们的普遍关注。目前的心理疾病主要是通过心理医生进行相应治疗，较少有其他科技辅助治疗方法。人工智能和大数据的结合技术除了应用在心理疾病治疗外，在其他技术领域也崭露头角：文本识别、个性化学习、数据清洗、空调控制甚至行政办公审批等。数据挖掘和知识发现人工智能有望在工业、技术和数字革命层面开启前所未有的社会变革。能够感知、推理和操作的机器将加快解决包括科学、金融、医学和教育等众多领域的问题，进而增强人类的能力，并帮助我们实现更远、更快的发展。

二、大数据时代我国城市生活垃圾管理的特征

（一）分类特征

1. 分类设施智能化

在大数据时代，我国城市生活垃圾分类最为显著的特征是分类设施更为智能化[130]。区别于之前的手工分类，当前我国很多城市都建立了基于大数据的城市生活垃圾分类投放系统，具体包括智能积分兑换发袋一体机、智能垃圾分类箱、智能垃圾分类可回收箱、有毒有害垃圾回收箱、手持终端、智能电子秤、垃圾分类大数据平台（垃圾分类智能监管平台）、微信平台、手机 App 平台等。通过这些智能垃圾分类设备和云服务平台，对公众投放的城市生活垃圾进行智慧分类，应用二维码、GPS、IC 卡等技术建立一户一码实名制，从源头管控城市生活垃圾的分类投放[131]。例如，2020 年上海市城市生活垃圾分类就是智能化管理垃圾分类。这种方式改变了传统的人海管理战术，通过利用大数据、物联网、信息通信技术、计算机技术以及决策技术，建立了集效率与便利于一体的城市生活垃圾分类智能管理系统；在疫情期间，北京市使用了依托人工智能、物联网和自动化等高端技术研发的智能垃圾分类桶。这种垃圾桶的优势在于，公众将生活垃圾投掷到此垃圾桶，垃圾桶便进行自动分类，整个过程公众无须接触垃圾桶，减少了交叉接触感染病毒的可能，体现出了城市生活垃圾智能分类的优势。

2. 宣传手段多元化

在大数据时代，我国城市生活垃圾分类的另一重要特征是宣传手段更为多元化。以往对城市生活垃圾分类的宣传多通过社区宣传和媒体宣传等形式进行，城市生活垃圾分类宣传效果不理想。而在大数据时代，开始借助由互联网衍生出的新技术手段对城市生活垃圾分类进行宣传。例如，我国当前很多部门、机构和单位正在通过微博和微信公众号等对城市生活垃圾分类进行宣传，让更多的公众了解城市生活垃圾分类的知识，并逐步建立起城市生活垃圾分类的责任感。这部分公众往往是 40 岁以下的年轻群体，消费能力相对较高，产生的城市生活垃圾也较多。通过这样的宣传，不仅有效推动了城市生活垃圾分类工作，还在一定程度上减少了城市生活垃圾的产生量。同时，目前我国有很多民间组织正在自发通过抖音、快手及其他各种直播短视频平台对城市生活垃圾分类进行宣传。这主要吸引了我国 40～60 岁中老年群体的关注，受城市生活垃圾分类宣传视频的影响，他们的垃圾

分类意识也得到了极大的提高。

（二）收集特征

1. 分类收集常态化

与以往城市生活垃圾“混装”不同，分类收集已成为我国大数据时代城市生活垃圾收集的常态。目前，我国很多城市已经建立了垃圾分类收集系统，如上海、杭州和广州等地，其他大部分城市也在着手建立。在当今这个大数据时代，以互联网为载体，对城市生活垃圾的收集车辆进行了职能划分，采用了“专桶专车，专车专线”的形式对收集到的不同类型的城市生活垃圾进行运输。同时，针对城市生活垃圾的不同处理方式，分别将焚烧处理、填埋处理、堆肥处理以及回收再利用处理的各类城市生活垃圾进行区分，由此确定了每一类城市生活垃圾收集车的终点，并根据不同场所产生的城市生活垃圾的数量和种类，确定了派送城市生活垃圾收集车的种类和频率[132]。例如，饭店的餐厨垃圾产生速度较快，收集堆肥处理的城市生活垃圾的收集车便会以每天一次的频率进行收集。但是，塑料、纸张和玻璃等可回收的城市生活垃圾产生的速度相对较慢，它们的专用城市生活垃圾收集车便以两三天一次的频率进行收集。这不仅减少了人力、财力和物力等资源的浪费，还提高了城市生活垃圾分类回收的效率。

2. 设施放置科学化

与以往城市生活垃圾收集设施“定性”放置不同，在当今这个大数据时代，我国的城市生活垃圾收集设施都是“定量”放置，即在依托大数据技术、科学计算的基础上，设置城市生活垃圾收集设施。当前，我国一些在城市生活垃圾管理方面先进的城市，建立了基于大数据技术的城市生活垃圾收集系统，以利用数据挖掘技术和云计算技术帮助相关人员更好地对城市生活垃圾的收集设施进行合理分配，使其能更加便捷地服务于城市生活垃圾的收集。具体来说，首先，通过城市生活垃圾收集车自带称重传感器采集垃圾桶的负荷信息并传输给行车电脑，以及通过卫星定位模块收集垃圾桶的位置信息并传输给行车电脑；其次，通过行车电脑将垃圾桶的负荷信息、位置信息和编号进行编码处理形成垃圾桶综合数据，无线通信模块接收编码处理后的垃圾桶综合数据并传输给分析统计模块；再次，利用分布式数据库对存储于其内的垃圾桶的负荷信息数据进行普遍的分析和分类汇总[133]；最后，利用垃圾桶负荷信息的历史数据，预测未来一段时间内垃圾桶的负荷数据，根据预测数据对垃圾桶数量配置和摆放位置进行优化。

(三) 运输特征

1. 运输路线合理化

在大数据时代,我国城市生活垃圾运输的一个重要特征是运输路线的规划更为合理。区别于之前的按“经验”路线运输城市生活垃圾,大数据时代我国利用大数据技术科学地规划了城市生活垃圾运输路线,使得运输成本降低和运输时间缩短,大大提高了城市生活垃圾的运输效率。首先,利用地理信息技术、新型遥感技术对城市生活垃圾收集点、中转站及处理设施构成的城市生活垃圾运输网络进行科学布局和分析,方便城市生活垃圾运输路线的合理选择,为城市生活垃圾运输提供基础。其次,利用人工智能中的新算法,对城市生活垃圾运输车辆的调度进行系统优化,使得数量有限的城市生活垃圾运输车得到最大程度的利用,更重要的是确定出了城市生活垃圾运输中的最短距离,使得运输路线设计更为合理化[134]。最后,利用数据挖掘技术、物联网技术和云存储技术,建立城市生活垃圾运输平台。具体来说,根据城市生活垃圾运输车的实时车载容量信息、路况数据,以及车辆作业区域内城市生活垃圾收集装置的满溢情况,调整各个垃圾运输车的行驶路线,把调整好的行驶路线数据传送给相应的垃圾运输车,并通过数据处理平台对垃圾运输车统一调配,使得每个路段的城市生活垃圾都可以得到及时清理,加快了城市生活垃圾的处理效率和对接效率,避免了在现有城市生活垃圾收集模式下城市生活垃圾不能及时清理或速度较慢的问题[134]。

2. 监管过程全面化

在大数据时代,我国城市生活垃圾运输另外一个重要特征是监管过程更为全面。区别于之前的以“事后监管”为主的监管状态,大数据时代我国依托大数据技术对城市生活垃圾运输的监管转向了“实时监管”的全面监管状态,使得相关政府部门不仅悉数掌握了城市生活垃圾运输状况,还能对城市生活垃圾管理中出现的意外进行及时处理。首先,通过视频摄像、RFID 射频识别、GPS 定位、4G 无线传输等技术对城市生活垃圾运输过程进行了全面监管。例如,厨余、大件、园艺、有毒有害等不同类别的城市生活垃圾将由专业服务单位提供专用运输车辆进行收运。车辆配置智能称重、导航定位、数据统计等设备,每辆城市生活垃圾运输车的路线、停顿时间、收容重量都会被以数据的形式记录下来,并统一反馈到城市生活垃圾监测系统[135]。垃圾运输车工作过程可根据平台实时的交通情况进行线路安排,节约垃圾车辆能源,加快城市生活垃圾的处理速度。其次,对异常作业问题进行在线预警。具体包括违规倾倒报警管理、车辆超载监控管理和作业轨迹管理。违规倾倒报警管理通过在运输车辆上加装后盖开启传感器设备，对车辆在非产生点、处置点开启后盖的行为进行实时报警；车辆超载监控通过在运输车辆上安装重量传感器，对车辆实时载重情况进行全程动态监测，对清运过程中车辆超过核定载重和在非产生点、消纳点、处置点重量发生骤降情况进行报警；作业轨迹管理通过 GPS 数据对车辆清运位置、清运轨迹等进行动态监控[136]，不仅有效避免了城市生活垃圾混运的情况，还有效防止了城市生活垃圾偷运、非法外运等现象发生。

（四）处理特征

1. 设施选址科学化

与以往城市生活垃圾处理设施选址基于“经验主义”不同，我国在大数据时代城市生活垃圾处理设施选址，除更加考虑民意外，还加入基于“数据科学”的选址系统分析，同时注重政府部门之间的有效沟通，这使得城市生活垃圾处理设施选址更为科学化和合理化。首先，利用网络进行相关的民意调查，得到更加准确的民意信息，帮助政府进行选址决策。城市生活垃圾处理极易引起“邻避”问题，其设施选址关乎一部分公众的切身利益。大数据时代，政府通过网站、App 和公众号等更加快捷的方式来对公众进行民意调查，确定了较为合适的选址地点，降低后续矛盾产生的可能性，有利于社会稳定。其次，通过更加先进的技术、更加智能的优化算法得到了城市生活垃圾处理设施的地址。城市生活垃圾处理设施选址一般属于多目标决策问题，需要考虑多方的利益。大数据时代，智能优化算法的计算能力更加精准，应用于城市生活垃圾处理设施选址时也能得到更优解，即选出更加满意的地点。最后，通过政府建立的相关大数据平台，完善各个部门的协同工作，提升城市生活垃圾处理设施的科学选址效率。城市生活垃圾处理设施选址涉及的部门较多，以往因为部门间信息不畅引起部门协作不顺利，导致选址出现这样那样的问题。大数据时代相关的信息技术可帮助各部门信息顺畅，实现部门协作，从而使设施选址更科学。

2. 监管过程透明化

与以往城市生活垃圾处理监管基于“事后监管”不同，我国在大数据时代城市生活垃圾处理监管转向了“实时监管”，即大数据构成的“天眼”将处理信息实时反馈给相关政府部门，整个过程实现了透明化，这使得城市生活垃圾处理产生二次污染的可能性降低，进一步避免了“邻避”问题的产生。在当今这个大数据时代，运用大数据技术推动城市生活垃圾处理设施管理，特别是焚烧厂管理，是整个行业发展的必由之路，而前进的关键在于深度挖掘大数据的价值和潜能，使“天眼”成为监管的“撒手锏”。例如，在城市生活垃圾焚烧发电厂内部，通过利用大数据技术和相关的监测技术，实现了自我监管。具体来说，为保障城市生活垃圾焚烧处理实现真正零污染，采用烟气净化系统配备“在线式”连续排放监测、报警和计算机控制系统，“在线”检测包括烟气量、烟气温度、O_2、HCl、HF、SO_2、NOx、CO、H_2O、粉尘等项目，对烟气净化装置实行自动启停，使烟气净化装置实现自动化控制，实现远程准确操作[138]。

三、大数据时代我国城市生活垃圾管理公众参与的特征

（一）公众参与的基本内涵

目前，国内外学者主要从数据功能和特点上给出了“大数据”的定义，从公共治理和全过程治理的视角给出了“城市生活垃圾管理”的定义，从参与主体、参与内容和参与方式等方面给出了“公众参与”的定义。通过这些定义可以发现，不管是“大数据”、“城市生活垃圾管理”还是“公众参与”都有其丰富的内涵，为此，我们从以下角度解释“大数据时代城市生活垃圾管理公众参与”的基本内涵。

1. 核心理念

从核心理念的角度讲，大数据时代城市生活垃圾管理公众参与的指导思想和理念是生态责任感，在这个参与便捷的新形势下，公众具有强烈的参政、议政责任感，政府具有浓烈的管理、治理责任感，企业具有自发的社会责任感，第三方组织具有持续的使命责任感，而这一切都源于他们具有生态责任感，愿意为生态可持续发展作出努力，为生态文明建设贡献力量。

2. 根本目标

从根本目标的角度讲，大数据时代城市生活垃圾管理公众参与的最终目标是实现城市生活垃圾的“零废弃”，即公众借助大数据提供的技术条件参与到城市生活垃圾管理的整个过程中，而做这一切是为了实现城市生活垃圾在分类收集环节的源头“减量化”、在运输处理环节的“无害化”、在处理处置环节的“资源化”，实现在现有条件下最大程度上的源头减量、最大可能的无害化处理、最大比例的资源化利用，也便于实现城市生活垃圾管理的终极目标“零废弃”。

3. 管理效益

从管理效益的角度讲，大数据时代城市生活垃圾管理公众参与的直接益处是城市生活垃圾管理效益的提高。公众依靠大数据技术在程序公正的情况下参与到

城市生活垃圾管理中，使得政府在传递城市生活垃圾管理政策时由“静态单向输出”模式转变为“动态双向沟通模式”，逐步消除分歧，达成基本一致，避免了双方因信息不对称而造成的管理无效化，提高了城市生活垃圾管理效益。

综上所述，我们将“大数据时代城市生活垃圾管理公众参与”定义为：基于生态责任感，依托大数据技术，使尽可能多的公众参与到城市生活垃圾的分类、收集、运输、转运、处理及资源化利用等整个管理过程中，形成政府和公众的双向沟通动态模式，推动城市生活垃圾管理效益的提高，以期最终实现城市生活垃圾的“零废弃”。

（二）公众参与范围的特征

1. 参与主体更多元

在传统的城市生活垃圾管理公众参与过程中，能够真正参与其中的公众比例较少，基本上由政府和企业主导，其实质是“陪衬式参与”。随着大数据时代的到来，公众参与的门槛降低，更多群体主动参与到城市生活垃圾管理。城市中的“民间专家”、“自媒体”群体、“高龄化”和“低龄化”群体、有见解的“境外人士”等各种角色都通过快速、便捷的各种数据平台参与到城市生活垃圾管理整个过程中来[139]。一方面，这些公众的参与使得政府可以充分汲取不同参与角色的智慧，听取他们的心声，这有助于形成更为科学、有效的城市生活垃圾管理政策；另一方面，这些公众的参与调动了其他未参与城市生活垃圾管理公众的积极性，在整个公众群体中引发相关扩散，从而吸引新的群体参与到城市生活垃圾管理中，进一步扩充了我国公众参与城市生活垃圾管理的人员范围。据此，在大数据时代，我国城市生活垃圾管理公众参与主体更为多元。

2. 参与信息更丰富

以往公众参与城市生活垃圾管理多存在信息获取困难、公开信息较少等问题[140]。大数据时代的到来，使得城市生活垃圾管理公众参与具有丰富的数据源[141][142]。随着电子信息平台的逐步完善，社交网络平台的发展，信息在获取方面发生了很大的变化。首先，政府在相关的大数据平台公开相关的信息，保证信息的真实性和易获得性。公众可以直接进入政府网站查看相关的信息，既保障了公众的知情权，又能吸引公众参与城市生活垃圾管理。其次，通过相关的大数据分析方法对各个类型的政府网站、第三方网站、微信、微博和论坛的数据进行挖掘和可视化处理，让公众更加全面地了解到城市生活垃圾管理的各种信息[143][144]。这使公众更加理性地参与城市生活垃圾管理。最后，通过智慧平台的建设，为城市生活垃圾管理公众参与提供了多元信息。与来自社会调查的传统数据源相比，大数据时代通过信息平台提供的城市生活垃圾管理公众参与数据源兼具时间属性和空间属性，涵盖的公众参与信息更为广泛，这在无形中提高了城市生活垃圾管理公众参与的效率。

（三）公众参与方式的特征

1. 参与方式更广泛

传统的城市生活垃圾管理公众参与方式主要是纸质文件、电视、实体模型展览和现场讨论。而在大数据时代，多样化的公众参与方式使得公众能更加便捷地参与城市生活垃圾管理。首先，通过网络发布、网络调查、电子邮件和短信等电子信息平台参与城市生活垃圾管理。以往都是通过深入基层通过当面访谈等形式来引导公众参与城市生活垃圾管理；在大数据时代，电子信息平台方便了城市生活垃圾管理公众参与，间接调动了公众参与的积极性。其次，通过网络论坛交流、微博和虚拟会议等社交网络平台拓宽公众参与城市生活垃圾管理的渠道。这打破了传统公众参与时间和空间的限制，让不管身处何地的公众都能参与到城市生活垃圾管理中。最后，通过如 VR 技术、一体化平台、GIS 技术和 3D 模型等智慧平台让公众真切感受到公众参与的乐趣，从而更愿意参与城市生活垃圾管理。相较于传统的城市生活垃圾管理公众参与方式，大数据时代的参与渠道更具便捷性、高效性和低成本性，吸纳公众数量更多。考虑到大数据时代参与方式的多样性，公众参与城市生活垃圾管理的结果也更为客观、真实。

2. 参与方式更先进

在大数据时代，我国城市生活垃圾管理公众参与方式的重要特征之一是其参与方式更为先进。区别于之前的现场参与、信件参与和电话参与等参与方式，在大数据时代，我国城市生活垃圾管理公众参与方式转向了网络平台和手机 App，这些参与方式使用数据存储技术、数据挖掘技术和云计算技术对公众参与城市生活垃圾管理的信息进行收集、归类和分析，使得公众参与的意见和建议得到了最大程度的利用，大大降低了公众参与的时间成本和经济成本。值得一提的是，尽管大数据时代的城市生活垃圾管理公众参与方式表现出了极大的先进性，但对于很多公众参与事件仍不能取代现场参与、信件参与和电话参与。特别是在发生重大的城市生活垃圾处理“邻避”问题时，为了更好地解决问题，必须现场听取公众意见，并给予现场反馈。网络平台和手机 App 等先进的参与方式更适合于宣传城市生活垃圾管理信息；还适合城市生活垃圾政策制定之前意见和建议的收集工作，以汲取群众智慧形成相应的城市生活垃圾管理政策。

（四）公众参与效果的特征

1. 公众参与积极性更高

长期以来，我国传统的城市生活垃圾管理公众参与效果不佳，这很大程度是因为公众参与意识薄弱和参与途径单一。这些因素的存在，极大地打击了城市生活垃圾管理公众参与的积极性，导致公众在城市生活垃圾管理中发挥了较小的作用。而随着大数据时代的到来，大数据新思维和大数据新技术的发展分别从软件和硬件两个方面提供了新的可能，重新架构城市生活垃圾管理公众参与的相关问题。在思维上，大数据时代，由于信息的快速传播，使得公众改变了参与城市生活垃圾管理的固化思维模式，明确了自身在参与中的主体地位，提高了参与意愿。在技术上，大数据相关技术为公众参与城市生活垃圾管理提供了各种智慧平台，拓宽了公众参与城市生活垃圾管理的途径，为公众参与城市生活垃圾管理提供了便捷，使其愿意参与其中。

2. 公众参与影响力更强

在大数据时代，我国城市生活垃圾管理公众参与效果的一个重要特征是公众参与对城市生活垃圾管理的影响增强。这主要体现在两个方面，即公众对城市生活垃圾管理政策的制定影响力增强和公众对城市生活管理实践的影响力增强。公众作为城市生活垃圾管理实践的主体，其影响力的提高，使得城市生活垃圾系统运作更为高效，离“减量化、资源化和无害化”的城市生活垃圾“零废弃”的目标更进一步。首先，随着大数据时代和新技术的发展，新公众参与方式的引入，参与到城市生活垃圾管理政策中的人数大幅增加，公众的建议更具可参考性，在制定城市生活垃圾管理政策时能考虑更多公众的想法和建议，自然地，公众对城市生活垃圾管理政策的影响力提高[145][146]。其次，在大数据时代，各种宣传手段应运而生，公众得到了城市生活垃圾分类、收集、运输、转运、处理、资源化利用及收费的各种信息，特别是政府等对城市生活垃圾分类的宣传，使公众不仅逐步有了参与城市生活垃圾管理的意识，也掌握了一定的管理知识，参与到城市生活垃圾管理实践中的公众越来越多，城市生活垃圾管理效果得到显著提升。

第 7 章

大数据时代城市生活垃圾管理公众参与的影响

一、大数据时代城市生活垃圾管理公众参与的影响因素

(一) 主体因素

在大数据时代，城市生活垃圾管理公众参与是一个系统。系统内的政府、企业、公众和社会组织都作为独立的参与主体影响着城市生活垃圾管理公众参与，但各个主体在通过各自职能影响城市生活垃圾管理公众参与上存在着不同的影响力度[147]。为此我们有必要分析各个主体对城市生活垃圾管理公众参与的影响情况，以便从不同的方向发力，提高我国在大数据时代城市生活垃圾管理公众参与的能力。各主体关系如图 7.1 所示。

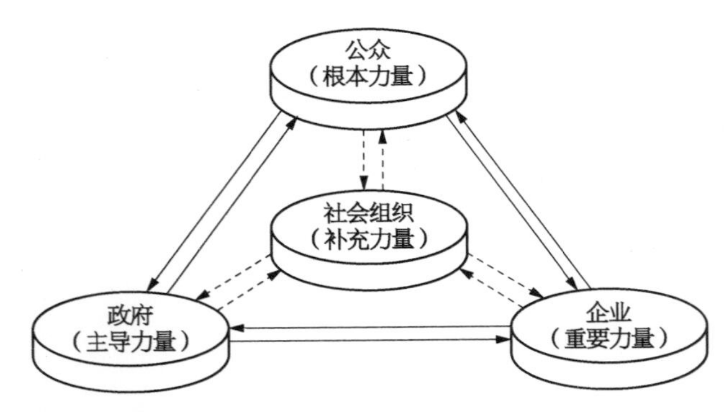

图 7.1　大数据时代城市生活垃圾管理公众参与的主体关系图

1. 政府

在大数据时代,政府作为参与主体,是影响城市生活垃圾管理公众参与的主导力量。究其原因,主要是政府既可能对城市生活垃圾管理公众参与产生正向影响,也可能对城市生活垃圾管理公众参与产生负向影响,这具体体现在城市生活垃圾管理政策制定和执行过程中。在制定城市生活垃圾管理相关政策时,政府广泛征集了公众的意见和建议,但是对公众的意见和建议没有给予反馈,公众对自己提出的意见和建议是否被采纳无从知晓,这会使他们感到自己的意见和建议没有得到重视,从而降低参与城市生活垃圾管理的热情,在这个过程中政府对城市生活垃圾管理公众参与的影响是负向的;但若是公众的意见和建议得到很好的反馈,在这个过程中政府对城市生活垃圾管理公众参与的影响便是正向的。在城市生活垃圾管理相关政策形成后,若制定的城市生活垃圾管理政策执行效果好,能够优化公众参与城市生活垃圾的分类、收集、运输和处理等管理过程,特别是城市生活垃圾的分类,这将在很大程度上改善城市生活垃圾管理公众参与现状,在这个过程中政府对城市生活垃圾管理公众参与的影响是正向的;而当政府制定的城市生活垃圾政策执行效果较差时,这些政策往往停留在理论层面,无法在城市生活垃圾管理实践中发挥作用,给公众以“形式主义”印象,影响公众参与的积极性,这时政府对城市生活垃圾管理公众参与的影响便是负向的。

2. 企业

在大数据时代,企业作为参与主体,是影响城市生活垃圾管理公众参与的重要力量。这主要是因为企业对城市生活垃圾管理公众参与产生的影响既有正向的也有负向的,具体体现在大数据技术和城市生活垃圾处理技术上。企业通过不断增加大数据技术的研发投入,开发并改善大数据采集技术、大数据运行存储技术、大数据分析技术、大数据挖掘技术、大数据预测技术,逐步建立起完善的大数据公众参与平台,为公众参与城市生活垃圾管理提供便捷的、低成本的参与渠道,保障了公众参与的透明性,从而吸纳更多的公众参与城市生活垃圾管理,这时企业对城市生活垃圾管理公众参与的影响是正向的。若企业不紧跟社会发展潮流进行大数据相关技术创新时,部分公众可能会依然保持现有的低参与状态,同时有些公众又对先进国家或地区的基于大数据技术支持下的城市生活垃圾管理公众参与有所了解,可能会对本地区的城市生活垃圾管理工作产生怀疑,进一步降低自身参与城市生活垃圾管理的积极性,在这个过程中企业对城市生活垃圾管理公众参与的影响是负向的。另外,企业若能不断进行技术的革新,降低城市生活垃圾的收集、运输和处理的环境成本和社会成本,这也会提高公众参与热情,公众参与度也随之增加,这时企业对城市生活垃圾管理公众参与的影响是正向的;反之,这种影响是负向的。

3. 公众

在大数据时代，公众作为参与主体，是影响城市生活垃圾管理公众参与的根本力量。这主要是因为公众对城市生活垃圾管理公众参与的影响既有正向的也有负向的，这主要体现公众参与意识和参与能力。若一个地区总体公众参与意识强，即公众从主观上愿意参与城市生活垃圾管理，在这样的区域容易产生带动效应，公众参与度明显增强，这时公众参与意识对城市生活垃圾管理公众参与的影响是正向的；反之，若一个地区总体参与意识弱，即便有些公众有一定的参与意识，但是受周围公众弱参与意识的影响，这部分公众参与意识也会逐渐变弱，公众参与度也会降低，这时公众参与意识对城市生活垃圾管理公众参与的影响便是负向的。若公众参与能力较强，即其对城市生活垃圾管理和公众参与城市生活垃圾管理都非常熟悉，并具备一定的知识储备，能够指出城市生活垃圾管理可能存在的问题，并对城市生活垃圾管理提出可行性建议，相应地政府会充分重视这部分公众提出的意见和建议，如部分行业专家的意见和建议，并予以采纳和奖励，公众参与得到了很好的正向强化，使得公众参与城市生活垃圾管理的热情更高，这时公众参与能力对城市生活垃圾管理的影响是正向的；反之，若公众参与能力不足，提出意见和建议表现出表面化和片面化的特征，不能够正确地指导城市生活垃圾管理工作，政府对这些意见和建议也往往不予重视，甚至不理不睬，公众参与行为得不到反馈和认可，其参与热情也随之降低，同时政府吸纳公众参与的热情同样也会降低，公众参与就会朝不好的方向发展，很明显这时的影响是负向的。

4. 社会组织

在大数据时代，社会组织作为参与主体，是影响城市生活垃圾管理公众参与的补充力量。这主要是因为社会组织对城市生活垃圾管理公众参与的影响主要是正向的，具体体现在其承担的社会沟通作用。与城市生活垃圾管理相关的社会组织主要指环保性质的非营利组织，其不仅发挥着政府与公众之间桥梁的作用，还发挥着政府与企业之间的沟通作用。在实践过程中，社会组织将公众发现的城市生活管理存在的问题传达给政府，并督促其尽快解决，并将公众对于城市生活垃圾管理提出的改善建议呈递政府，让政府获得尽可能多的公众智慧；社会组织将城市生活垃圾管理相关企业存在的财、税等问题传达给政府，为企业争取政策支持，确保其持续运营，同时将企业针对城市生活垃圾管理提出的建设性建议转达给政府，使得政府获得来自企业的政策建议，以供政府决策使用。另外，社会组织还承担了城市生活垃圾管理政策执行中的宣传、指导和监督等方面的工作。例如，上海市相关社会组织对《上海市生活垃圾管理条例》的广泛宣传，并结合《上海市生活垃圾全程分类宣传指导手册》对公众参与城市生活垃圾分类进行了全面指导，以及成立专门监督小组对公众是否按要求进行分类进行了重点关注。社会组织的宣传、指导和监督，使得公众更大程度地、更高质量地参与城市生活垃圾管理，社会组织的民间特性也有助于得到公众的信任与支持，能够更加有效地推动公众参与城市生活垃圾管理。由此可见，社会组织对城市生活垃圾管理公众参与的影响都是正向的。

（二）环境因素

根据 PSET 分析理论，大数据时代城市生活垃圾管理公众参与的环境因素主要包括 4 个方面，分别为政治因素（political factors，简称 PF）、社会因素（social factors，简称 SF）、经济因素（economic factors，简称，EF）、技术因素（technical factors，简称 TF），具体如图 7.2 所示[148]。在大数据时代，不同的环境因素对城市生活垃圾管理公众参与产生的影响存在差异，我们有必要分析其影响关系，以便通过改善环境因素来提高我国城市生活垃圾管理公众参与的质量。

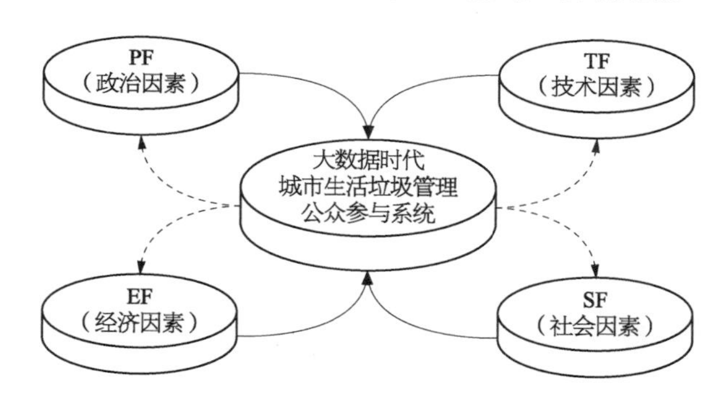

图 7.2　大数据时代城市生活垃圾管理公众参与的环境因素

1. 政治因素

在大数据时代，城市生活垃圾管理公众参与的政治因素主要包括国家或地区的、体制、方针政策和法律法规。这些因素会对公众参与城市生活垃圾产生、分类、收集、运输和处理等整个管理过程产生重大影响。若从国际层面比较，各个国家的政治制度和体制导致的城市生活垃圾管理结构的不同会对城市生活垃圾管理公众参与产生显著的影响，这种分析极其重要且有意义。若从国家内部层面比较，不同于美国、加拿大和阿根廷等联邦制国家，我国国家内部各个地区的管理结构基本相同，因而没有必要从体制层面详细探讨对我国的城市生活垃圾管理公众参与的影响。我国的城市生活垃圾管理公众参与的方针政策往往涉及对城市生活垃圾管理的扶持方针和政策，如投资和补贴等，这些因素会对城市生活垃圾管理公众参与产生的影响。法律法规对城市生活垃圾管理公众参与产生的影响是不言而喻的，一般从法律法规的数量和质量两个维度探讨其对城市生活垃圾管理公众参与产生的影响，但很多时候法律法规的质量难以准确界定，在实际分析中常常采用法律法规的数量进行分析。

2. 经济因素

在大数据时代，城市生活垃圾管理公众参与的经济因素主要包括社会经济结构、经济发展水平和经济体制。这些因素可能会对城市生活垃圾管理公众参与产生一定的影响。社会经济结构主要由产业结构、分配结构、交换结构、消费结构和技术结构等五个因素组成，其中最重要的是产业结构。由于产业结构对公众参与社会服务的方式产生影响，初步推测产业结构可能会对城市生活垃圾管理公众参与产生一定的影响。同时，第三产业增加值是常用的反映产业结构的指标，可以借助此指标具体分析产业结构对城市生活垃圾管理公众参与的影响。反映一个国家或地区的经济发展水平的常用指标有国内生产总值、国民收入、人均国民收入和经济增长速度，通常采用一个有代表性的指标代表经济发展水平，即人均生产总值。过去的一些研究也可以证明，人均生产总值可能会对城市生活垃圾管理公众参与产生影响[149]。由于我国各地区的城市生活垃圾管理系统中的经济体制，基本上都是政府主导、企业参与的形式，因此从国家内部的角度来看，经济体制对城市生活垃圾管理产生的影响可忽略不计。

3. 社会因素

在大数据时代，城市生活垃圾管理公众参与的社会因素也称社会文化因素，主要包括人口因素、社会流动性、消费心理、生活方式变化、文化传统和价值观。这些因素也可能会对城市生活垃圾管理公众参与产生一定的影响。人口因素一般由公众的性别、年龄、教育水平、地理分布及密度组成。根据过去的一些研究表明，这些指标都会对城市生活垃圾管理公众参与产生影响，但在实际分析时，通常选用1～2个指标观测其对城市生活垃圾管理公众参与产生的影响[150][151]。社会流动性主要涉及社会的分层情况、各阶层之间的差异以及人们是否可在各阶层之间转换、人口内部各群体的规模、财富及其构成的变化，以及不同区域的人口分布等。可见，社会流动性主要是指社会分层。社会等级的划分本身是一个敏感性问题，即便社会流动性对城市生活垃圾管理公众参与存在影响，也很难通过改变社会分层来提高城市生活垃圾管理公众参与度。因此，在研究中很少分析社会流动性对城市生活垃圾管理公众参与的影响。消费心理、生活方式变化、文化传统和价值观等因素很难定量化，使得分析其影响程度难有可能。

4. 技术因素

在大数据时代,城市生活垃圾管理公众参与的技术因素,主要包括企业所需要的技术手段的发展变化、国家对城市生活垃圾领域科技开发的投资和支持重点、社会总体的技术研发费用总额和专利及其保护情况。这些可能会对城市生活垃圾管理公众参与产生一定的影响。对城市生活垃圾处理相关企业而言,大数据信息平台技术、城市生活垃圾快速破袋技术、卫生填埋技术、焚烧发电技术、堆肥技术、渗滤液处理技术、焚烧炉渣处理技术、恶臭和蚊蝇控制技术等技术手段的发展变化很难具体确定,无法从量化的角度分析其对城市生活垃圾管理公众参与产生的影响。另外,在目前所能查阅到的资料中,并没有国家专门对城市生活垃圾管理领域的专门科技开发投资,而且支持重点同样难以量化,为此该因素也难具体测定其对城市生活垃圾管理产生的影响。技术研发费用总额的数据是可获取的,可用于对城市生活垃圾管理公众参与的影响分析。专利及其保护情况通常可以代表一个地区的技术水平,而有效发明专利数可以从数量上和质量上来说明专利情况,可见其也可作为分析技术影响因素的观测指标。

二、大数据时代城市生活垃圾管理公众参与的影响路径

(一) 直接影响路径

在大数据时代,我国城市生活垃圾管理公众参与的直接影响路径包括社区导向的资源参与路径、政策导向的法律监管路径和技术导向的多元参与路径[152],其结构如图 7.3 所示。其中,社区导向的资源参与路径由基础设施、资源发展和监控

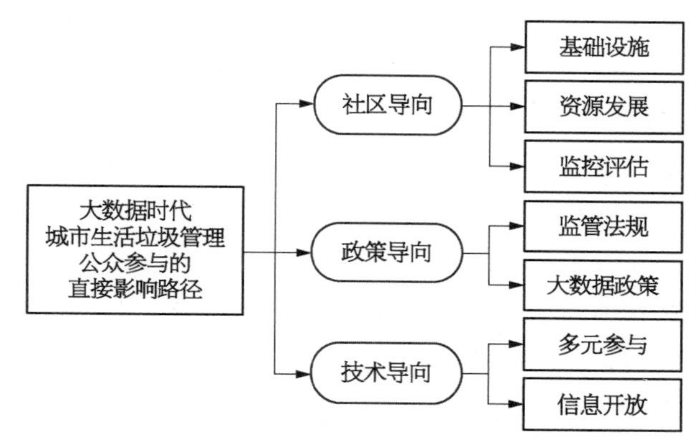

图 7.3　大数据时代城市生活垃圾管理公众参与的直接影响路径

评估组成，政策导向的法律监管路径由监管法规和大数据政策组成，技术导向的多元参与路径由多元参与和信息开放组成。

1. 社区导向的资源参与路径

社区导向的资源参与是大数据时代城市生活垃圾管理公众参与的直接影响路径之一。因为在大数据时代大多数城市生活垃圾管理中，以社区为基础的公众参与可以提高本地城市生活垃圾管理基础设施系统，这种现象相当普遍。社区是组织公众各项活动的最根本单元，大数据时代社区的参与管理行为通过各种网络平台能够较顺利地实现，因此可以通过强化社区在本地事务运作中的管理能力，凸显社区服务功能，同时使政府给予社区各种支持以提高服务和管理的效率，尤其是现阶段借此可以提高城市生活垃圾管理公众的参与度。社区导向的参与路径需要政府出面给予社区群体组织和技术上的支撑以增强服务管理能力，这种能力还包含公众对本地资源的占有和管理的权利、对公共资源的管理权利，以及享有公众对公共利益发展的信息告知权利。此外，还应该对社区进行基础设施的规划投资，以实现更好地加强公共基础设施建设的目的。

2. 政策导向的法律监管路径

政策导向的法律监管是大数据时代城市生活垃圾管理公众参与的直接影响路径之一。因为在大数据时代这一路径的实现主要是通过规范性的政策制定来实现城市生活垃圾管理公众参与的。法律作为最直接、最有效的命令性规范，在公众参与城市生活垃圾管理中具有实施的可行性，可以强制提升公众的重视程度与参与的积极性，为公众参与城市生活垃圾管理施加了约束，使公众自觉或者非自觉地参与城市生活垃圾管理，营造了良好的参与氛围。此外，我国很多省市颁布了一系列大数据政策和城市生活垃圾管理政策，从人才引进、产业推动、技术研发、知识产权、规章制度、基础建设等方面，对大数据技术发展与应用于城市生活垃圾管理进行引导。

3. 技术导向的多元参与路径

技术导向的多元参与是大数据时代城市生活垃圾管理公众参与的直接影响路径之一。因为在大数据时代，海量的数据被挖掘和运用，极大地丰富了公众获取信息的渠道和方式。在大数据公众参与平台上，公众可以自主地发表意见和建议，提高对城市生活垃圾管理的参与度，这使得城市生活垃圾管理具有多元化的特征，这些在大数据时代是很容易实现的。大数据所带来的信息开放也使得公众参与城市生活垃圾管理的途径变得直接有效，节约了参与时间成本，并使得城市生活垃圾管理具有便捷、省时的特征。

(二) 间接影响路径

在大数据时代，我国城市生活垃圾管理公众参与的间接影响路径主要包括区域导向的动员参与路径、功能导向的伙伴关系路径和过程导向的分权化参与路径[152]，其路径结构如图 7.4 所示。其中，区域导向的动员参与路径由财政资源和社会参与能力组成，功能导向的伙伴关系路径包括监控评估、运行维护和项目执行组成，过程导向的分权化参与路径是指基础设施。

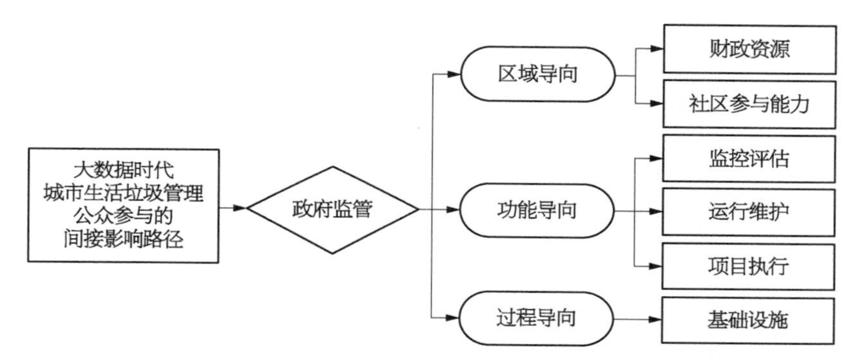

图 7.4　大数据时代城市生活垃圾管理公众参与的间接影响路径

1. 区域导向的动员参与路径

区域导向的动员参与是大数据时代城市生活垃圾管理公众参与的间接影响路径之一。这一路径根据公共服务设施提供的整体区域，由政府出面进行总体管理和规划。主要是根据城市生活垃圾管理公众参与的主要内容，在整体过程中输入相应的理念，以提高城市生活垃圾管理公众参与的效率和效益。在大数据时代，一个典型的区域导向的路径要能够全面动员社区参与到城市生活垃圾基础设施发展规划和执行中，根据运作和维护的不同功能，相应地注入一定的社区财政资源，并鼓励扩大社区的参与能力，充分实现城市生活垃圾管理的全员参与。

2. 功能导向的伙伴关系路径

功能导向的伙伴关系是大数据时代城市生活垃圾管理公众参与的间接影响路径之一。作为一种公私伙伴关系形式，这种合作在大数据时代显得尤为先进。这一路径是建立在每一个相关者的任务和责任基础之上，并根据每一个利益相关者对城市生活垃圾管理的具体需求设计合作方式，但对具体的合作通道、互动行为给予限制。在具体功能规划中，政府应考虑与私人部门合作的绩效管理问题，将职能定位于监控评估、运行维护，以及项目的功能和执行等方面。

3. 过程导向的分权化参与路径

过程导向的分权化参与是大数据时代城市生活垃圾管理公众参与的间接影响路径之一。这种路径是政府支撑型行为，不局限于某一个特定的社区，而是在一个城市的范围内贯穿于整个城市生活垃圾基础设施的管理过程。在大数据时代，城市生活垃圾基础设施服务的使用者和公众，可以通过大数据这一特定方式参与到政府导向的管理行动中。为了更好地在城市生活垃圾管理中使公众面向参与政策制定和管理过程，其焦点需要落在本地，使基础设施管理能够更贴近使用者，更好地提升回应性和可靠性。

三、大数据时代城市生活垃圾管理公众参与的影响效应

(一) 影响因素的灰色关联分析

1. 灰色关联分析概述

(1) 灰色关联分析的理论：大数据时代城市生活垃圾管理公众参与影响因素灰色关联分析是指，在大数据时代背景下，对城市生活垃圾管理公众参与系统中公众参与情况与其可能的影响因素之间发展态势的定量描述和比较分析。其所遵循的基本理论是，确定城市生活垃圾管理公众参与情况(参考数据列)和各影响因素(若干个比较数据列)之间几何形状的相似程度，来测定城市生活垃圾管理公众参与情况与各个影响因素之间的关联程度[153]。一般来说，城市生活垃圾管理公众参与和各影响因素之间的关联度越高表示影响因素对城市生活垃圾管理公众参与的影响越大，从而可以通过判断关联程度来确定影响关系的紧密程度。

(2) 灰色关联分析的思路：我们使用 DPS 数据处理系统对大数据时代城市生活垃圾管理公众参与影响因素进行了灰色关联分析，具体计算步骤如下：第一，确定大数据时代城市生活垃圾管理公众参与系统的分析数列，即确定城市生活垃圾管理公众参与情况(参考数列)和城市生活垃圾管理公众参与影响因素(比较数列)；第二，对大数据时代城市生活垃圾管理公众参与系统的分析数列进行无量纲处理，即对参考数列和比较数列进行无量纲处理；第三，计算关联系数，即计算城市生活垃圾管理公众参与情况与各影响因素之间的关联系数；第四，计算关联度，即求不同城市的城市生活垃圾管理公众参与情况与影响因素之间关联系数的平均值。

2. 大数据时代城市生活垃圾管理公众参与度的分析

(1) 公众参与度的含义：大数据时代城市生活垃圾管理公众参与度是指，在大

数据时代背景下，公众参与城市生活垃圾管理有效性的具体度量。值得注意的是，这里是从狭义的角度理解城市生活垃圾管理公众参与的。为了更好地阐述大数据时代城市生活垃圾管理公众参与的基本含义，我们从不同层次进行了分析。首先需确定的是何为“有效性”、何为“无效性”。城市生活垃圾管理公众参与的“有效性”和“无效性”是两个相对的概念，在概率论与数理统计上成为互斥事件，即若本次公众参与城市生活垃圾管理是非无效的，其便是有效的，只是“有效性”的程度不同。这就涉及城市生活垃圾管理公众参与度第二个层次上的问题，即城市生活垃圾管理公众参与的有效性程度，一般分为轻微有效、部分有效、基本有效、有效、非常有效。因此，在探讨城市生活垃圾管理公众参与度时，应从公众参与是否有效和有效性程度如何两个方面着手。

（2）公众参与“有效”和“无效”的界定：关于大数据时代城市生活垃圾管理公众参与“有效”还是“无效”的判断，存在着不同的判别标准。从严格的角度讲，在大数据时代，城市生活垃圾管理公众参与必须具备以下三个方面的标准，方可称得上“有效”。第一，公众必须依托大数据技术，通过某种渠道参与城市生活垃圾管理；第二，公众在城市生活垃圾管理中的作用得到了充分的体现，推动或改变了城市生活垃圾管理的发展方向；第三，公众参与城市生活垃圾管理的结果，使得城市生活垃圾管理更有利于社会公平，更能满足社会发展的需要，推动了城市生活垃圾管理的优化。但是，从宽泛的角度理解，只要公众参与了城市生活垃圾管理，本次参与便是有效的。这是因为，公众参与对城市生活垃圾管理的影响可能是间接的或者滞后性特别长，在一定的研究期内，其参与的效果难以测定[154]。

（3）公众参与有效程度的度量：大数据时代城市生活垃圾管理公众参与有效程度的度量，即依托大数据技术，借助统计学方法，通过设计调查方案、量化细化调查项目、走访调查、统计分析、得出结论等具体的过程，得到公众参与城市生活垃圾管理有效程度的数据。在具体度量时，通常包括两个阶段：第一阶段为公众参与城市生活垃圾管理后、政府实施相应的意见前，对公众参与的人数、参与者的比例、公众发言情况及公众意见或建议采纳的比例等进行测定；第二阶段为政府实施相应的公众参与意见后，对执行的效果进行度量。尽管有研究提到了公众对城市生活垃圾管理参与过程的满意情况，因为这可能会影响之后城市生活垃圾管理公众参与的情况，但考虑到城市生活垃圾管理公众参与度的测量是对过去参与度的一种测定，所以我们认为，在确定城市生活垃圾管理公众参与度时，可以不考虑公众参与城市生活垃圾管理的满意度。

3. 大数据时代城市生活垃圾管理公众参与的影响指标选取依据

根据对大数据时代城市生活垃圾管理公众参与的影响因素的分析，我们选择了法律法规的数目、政府对城市生活垃圾处理固定资产的投资、人均GDP、第三产业增加值、性别比例、受教育程度、研发投入占GDP的比重和有效发明专利数作为观测指标,具体内容如下。

(1) 法律法规的数目:法律法规的数目是政治因素的一个观测指标,在这里是一个广义的概念,不仅包括地方法规规章(地方性法规、地方政府规章、地方规范性文件和地方工作文件),还包括法律动态、立法草案、工作报告。在过去,大数据时代之前的学者和现今的学者都表明,政府颁布的法律法规数目越多,表明政府越重视相关公共事务[150][155]。进而,我们推测颁布城市生活垃圾管理相关法律法规多的地方,政府更为重视城市生活垃圾管理工作。城市生活垃圾管理公众参与作为城市生活垃圾管理的一部分,我们有理由认为,在颁布法律法规多的地方,政府也会更为重视城市生活垃圾管理公众参与。据此,本研究预计法律法规的数目与城市生活垃圾管理公众参与有着紧密的联系。

(2) 政府对城市生活垃圾处理固定资产的投资:政府对城市生活垃圾处理固定资产的投资也是来源于政治因素的一个观测指标,其主要包括政府对垃圾收集设施如垃圾桶购买、垃圾屋的建造,对垃圾转运设施如垃圾运输车的购买和垃圾转运站的修建,对垃圾处理设施如垃圾填埋场、垃圾焚烧场和垃圾堆肥场及其他生物处理场的建造。李金戈认为,政府对城市生活垃圾固定资产的投资越多,表明政府越关注城市生活垃圾的处理问题,相应的其城市生活垃圾处理设施也会越完善[156]。而便捷的城市生活垃圾处理设施提高了人们日常生活的便捷度,增加了公众对政府的信任感,公众更愿意参加到城市生活垃圾管理公共事务中。因此,研究推测政府对城市生活垃圾处理固定资产投资会影响城市生活垃圾管理公众参与。

(3) 人均GDP:人均GDP是经济因素中一个典型的观测指标,也是衡量一个地区经济发展状况的典型指标,通常用一个地区在核算期内(通常为一年)实现的生产总值与所属范围内的常住人口数之间的比值表示。值得注意的是,当前流动人口数是地区经济发展贡献的重要组成部分,故用户籍人口数作为比较指标是不科学的。在大数据时代研究发现,在经济水平越发达的地方,政府的服务意识越强,且公众越乐意参加到公众事务中[149]。城市生活垃圾管理作为公共服务的一种,我们有理由推测在经济发展水平越发达的地方,公众参与城市生活垃圾管理的情况可能会越好。因此,我们选择了人均GDP作为大数据时代城市生活垃圾管理公众参与的影响因素。

(4) 第三产业增加值:第三产业增加值是经济因素中一个常用的观测指标。其中,第三产业的发展水平也是衡量一个地区经济社会发展的重要标志,其主要包括流通部门、为生产和生活服务的部门、为提高科学文化水平和居民素质服务的部门。第三产业增加值，也就说在以上部门产业值的总体增加，通常代表一个地区总体服务水平的提高。在大数据时代背景下，研究发现一个地区的社会服务水平越高，公众的整体素质越高，公众参与公共事务的总体情况越好[157]。而公共服务水平的提高，我们推测可能会使得参与城市生活垃圾管理的公众增多。因此，我们预计第三产业增加值可能与城市生活垃圾管理公众参与存在一定的联系。

(5) *性别比例*：根据过去分析社会的因素是指社会上各种事物，包括社会制度、社会群体、社会交往、道德规范、国家法律、社会舆论、风俗习惯，而性别结构与这些因素密切相关，因而我们把性别比例作为社会因素中的一个观测指标。为此我们将性别比例定义为男性与女性人数的比值。不管是在当今的大数据时代还是大数据时代之前，大多数研究表明女性更具环境保护意识。进而有学者推测，女性在参与环境相关的公共事务中表现得更为突出[158][159]。但是经过王凤的研究发现，性别在中国环境公共参与上表现出差异性，也即男性在参与环保相关的公共事务时更为积极[160]。可见，在大数据时代，公众在参与城市生活垃圾管理相关事务上，性别的影响有待进一步研究。

(6) *受教育程度*：受教育程度是分析社会因素中一个典型的观测指标。受教育程度通常用大专及以上学历(大专、本科及研究生等)的人口数除以6周岁及以上总人口数。在社会不同发展阶段，都有学者证明了受教育程度对公众参与的影响。例如，方斌和张锐的研究都认为受教育程度影响公众参与公共事务的质量[161][162]。邝嫦娥等使用主成分分析法和回归分析法对“长株潭”城市群公众参与环保行为进行了实证研究，发现受教育程度与公众参与环保行为呈正相关的关系[163]。曾婧婧和胡锦绣进一步证实了这种关系[164]。城市生活垃圾管理作为公共事务的一部分，也作为环保工作的一种，我们有理由认为受教育程度影响城市生活垃圾管理公众参与。

(7) *研发投入占GDP的比重*：我们把研发投入占GDP的比重，即R&D经费投入强度，作为技术因素的一个观测指标。因为该指标被视为衡量一个地区科技投入水平的最为重要指标。研究表明，一个地区R&D占GDP的比重越大，这个地区整体的科技创新环境就越好[165][166]。其中，R&D投入是指统计年度内(一般为一年)一个地区全社会实际用于基础研究、应用研究和试验研究的经费支出。在大数据时代，考虑到科技创新对公众参与便捷性的影响，R&D经费投入强度对公众参与公共事务更为重要。当今，公众参与城市生活垃圾管理更依赖网络技术和互联网平台。因此，我们推测，在大数据时代，研发投入占GDP的比重影响城市生活垃圾管理公众参与。

（8）有效发明专利数：有效发明专利数是技术因素的一个常用观测指标，是指处于有效期内的发明专利的数目，即该发明专利已经得到授权，处于保护期内，且没有因持有专利权的人没有维持交费而终止。已有研究表明，一个地方的有效发明专利数与当地的科技水平呈正相关[167]。而在大数据时代，许多学者认为一个地方的科技水平越高，公众参与公共事务的方式越多，公众参与的质量越好[151][168]。公众参与城市生活垃圾管理这一公共事务时，自然也会受到参与便捷度的影响。因此，在大数据时代，我们预计有效发明专利数对城市生活垃圾管理公众参与有一定的影响。

4. 灰色关联分析的方法

（1）研究区域：我们选择了北京、上海、广州、深圳、杭州、南京、厦门和桂林作为研究区域。这是因为：2000 年 6 月建设部下发了《关于公布生活垃圾分类收集试点城市的通知》（建城换〔2000〕12 号），这是我国首批城市生活垃圾分类收集八大试点城市；同时，这些城市既有东部城市（北京、广州、深圳、杭州、南京和厦门），又有西部城市（桂林），既有南方城市（广州、深圳、南京、上海、杭州、厦门和桂林），又有北方城市（北京），在研究我国城市生活垃圾管理公众参与上具有一定的代表性。

（2）数据来源：本部分研究所使用的数据来源包括两部分，分别是公众参与度的数据来源和影响指标的数据来源。具体的数据，如表 7.1 所示。

表 7.1　大数据时代城市生活垃圾管理公众参与度及其影响因素

城市	法律法规数量（篇）	政府对城市生活垃圾的投资（万元）	人均 GDP（元）	第三产业增加值（亿元）	性别比例	受教育程度	研发投入占 GDP 的比重	发明专利授权量	公众参与度
北京	55	312 888	140 211	24 553.64	98.75%	48.65%	6.17%	46 919	49.54%
上海	104	203 966	134 982	22 842.96	106.60%	31.70%	4.16%	21 276	49.52%
广州	37	225 937	155 491	16 401.84	109.53%	25.30%	2.63%	10 729	48.00%
深圳	14	97	189 568	14 237.94	118.97%	25.10%	4.20%	21 309	49.04%
杭州	15	17 126	140 180	8 632.00	98.54%	25.89%	3.30%	10 237	49.53%
南京	18	85	186 125	7 825.37	101.29%	24.92%	3.07%	11 065	49.06%
厦门	32	169 412	119 500	2 786.85	104.41%	23.34%	3.24%	2214	49.06%
桂林	3	0	39 507	988.26	104.47%	19.26%	1.47%	864	48.66%

① 公众参与度：我们设计了调查问卷，对大数据时代城市生活垃圾管理公众参与度进行了测定。考虑到 8 个城市之间的差异和问题之间的迭代关系，我们仅使用了有代表的一个关键问题："在大数据时代，您提出的关于城市生活垃圾管理的意见或建议是否有被政府采纳过?"发放了调查问卷。在发放调查问卷时，我们分别向 8 个城市发放了 100 份调查问卷，回收率 100%。研究使用了被政府采纳过意见或建议人数所占的比例作为公众参与度，因为此值既可以代表参与的广度，又可以代表参与的深度。

② 影响指标：法律法规的数量这一指标的数据来自"北大法宝"网站；政府对城市生活垃圾处理固定资产的投资数据来自《中国城市建设统计年鉴》；人均 GDP、第三产业增加值、性别比例、受教育程度、研发投入占 GDP 的比重和有效发明专利数等指标的数据来自《中国统计年鉴》、《广州统计年鉴》、《深圳统计年鉴》、《南京统计年鉴》、《杭州统计年鉴》、《厦门经济特区统计年鉴》和《桂林经济社会统计年鉴》。值得注意的是，我们在研究时，使用了最新的年鉴，即 2019 年出版的年鉴，而其统计的为 2018 年的数据。

(3) 模型分析：大数据时代城市生活垃圾管理公众参与灰色关联分析是在灰色系统理论的基础上，通过一定的方法确定这个系统中各个因素之间的关系，找出影响程度最大的因素[169]。其基本思想是，根据由城市生活垃圾管理公众参与度构成的参数序列和由若干个影响城市生活管理公众参与的因素组成的比较序列之间几何形状的相似程度来判断序列之间的关联度如何。其关联度越高表示影响越大，具体分析步骤如下。

① 确定参考序列和比较序列：以大数据时代城市生活垃圾管理公众参与度为参考序列，令其值为 X_0，北京、上海、南京、杭州、桂林、广州、深圳和厦门等 8 个城市的观察数据为 $X_0(k)(k=1, 2, \cdots, 8)$。比较序列分别为法律法规、政府投资、人均 GDP、第三产业增加值、专利的数量和发明专利所占的比例等 8 个影响因素，令各个影响因素的值为 $X_i(i=1, 2, \cdots, 8)$，其中各城市的观察数据为 $X_i(k)(k=1, 2, \cdots, 8)$。

② 对原始数据进行无量纲处理：由于大数据城市生活垃圾管理公众参与影响系统中的指标单位存在差异，例如公众参与度和发明专利所占比例本来就是无量纲的指标单位，法律法规的数量和专利的数量其单位都为个，政府对城市生活垃圾系统的投资、人均 GDP 和第三产业增加值的单位都是万元。若不对这些数据进行无量纲化，将影响数据的后续处理。为使指标之间具有可比性，采用了均值化无量纲处理，如公式 7.1 所示。其中，$X_i(k)$ 为原始数据，$\bar{X}_l(k)$ 即为均值后的无量纲数据。

$$\bar{X}_l(k)=\frac{X_i(k)}{\frac{1}{8}\sum_{k=1}^{8}X_i(k)} \tag{7.1}$$

③ 求差序列：将处理后的无量纲化的参考序列和比较数列各个城市的数据求取绝对差，具体如公式 7.2 所示。

$$\Delta_i(k)=|X_0(k)-X_i(k)|\ (k=1,2,\cdots,8) \tag{7.2}$$

④ 求两级最大值和最小值：Δ_{max} 和 Δ_{min} 分别表示比较序列在不同城市间的绝对差中的最大值和最小值，具体如公式 7.3 和 7.4 所示。

$$\Delta_{max}=max_i max_k \Delta_i(k) \tag{7.3}$$

$$\Delta_{min}=min_i min_k \Delta_i(k) \tag{7.4}$$

⑤ 计算灰色关联系数及关联度：灰色关联系数的公式如 7.5 所示。

$$\varepsilon_i(k)=\frac{\Delta_{min}+\rho\Delta_{max}}{\Delta_i(k)+\rho\Delta_{max}} \tag{7.5}$$

其中，$\varepsilon_i(k)$ 为各影响因素对公众参与度的关联系数，ρ 为分辨系数。Z_{0i} 一般取值为 0.5。为比较序列 i 与参数序列 0 的关联度，该数值越大，说明比较序列与参与序列之间的关联程度越大，反之亦然。具体如公式 7.6 所示。

$$Z_{0i}=\frac{1}{n}\sum_{k=1}^{8}\varepsilon_i(k) \tag{7.6}$$

(二) 影响评价

1. 影响的具体结果

通过对大数据时代我国城市生活垃圾管理公众参与度和法律法规、政府对城市生活垃圾固定投资、人均 GDP、第三产业增加值、性别比例、受教育程度、研发投入占 GDP 的比重和发明专利授权量等 8 个影响因素进行无量纲处理，得到的结果如表 7.2 所示。而同时得到法律法规、政府对城市生活垃圾固定投资、人均 GDP、第三产业增加值、性别比例、受教育程度、研发投入占 GDP 的比重和发明专利授权量等 8 个影响因素与公众参与度的灰色关联度及其排序，具体如表 7.3 所示。

表 7.2　大数据时代城市生活垃圾管理公众参与度及其影响因素无量纲处理结果

城市	法律法规数量(篇)	政府对城市生活垃圾处理的固定资产投资(万元)	人均GDP(万元)	第三产业增加值(亿元)	性别比例(无单位)	受教育程度(无单位)	研发投入占GDP的比重(无单位)	发明专利授权量(个数)	公众参与度(无单位)
北京	1.5696	2.6730	1.0848	2.1639	0.9971	1.8148	1.8801	3.3801	1.0166
上海	3.3068	1.8175	0.9979	2.0129	0.9558	1.2831	1.2251	1.3555	1.1119
广州	1.1447	2.0122	1.0994	1.3462	1.1346	0.8849	0.8037	0.6739	1.0600
深圳	0.4146	0.0009	1.4491	1.3154	1.2055	1.0043	1.2798	1.3576	1.0123
杭州	0.4682	0.1597	1.0512	0.7488	0.9683	0.9515	0.9188	0.6565	1.0086
南京	0.5283	0.0007	1.4568	0.6552	1.0155	0.9295	0.8814	0.7067	1.0387
厦门	0.9477	1.4819	0.9047	0.2330	1.1606	0.8405	0.9964	0.1411	1.0834
桂林	0.0939	0.0000	0.2858	0.0857	1.0577	0.6750	0.4479	0.0582	1.0627

表 7.3　大数据时代城市生活垃圾管理公众参与影响因素与公众参与度的灰色关联度及其排序

影响因素	关联系数	排序
法律法规数量	0.3898	5
政府对城市生活垃圾处理的固定资产投资	0.1796	8
人均 GDP(万元)	0.6187	3
第三产业增加值(亿元)	0.2211	7
性别比例	0.7871	1
受教育程度	0.5088	4
研发投入占 GDP 的比重	0.7207	2
发明专利授权量	0.3405	6

2. 影响的结果分析

根据表 7.3 可以看出，在大数据时代，性别比例与城市生活垃圾管理公众参与度之间的关联系数为 0.7871，其对城市生活垃圾管理公众参与影响最大。另外，根据图 7.5 也可以发现，相对来说，男性比例高的地方其城市生活垃圾公众参与率也相对较高，说明男性对参与城市生活垃圾管理意见更为感兴趣。这可能是因为男性更加乐意参政、议政。因此，政府在制定城市生活垃圾管理相关政策时，要更

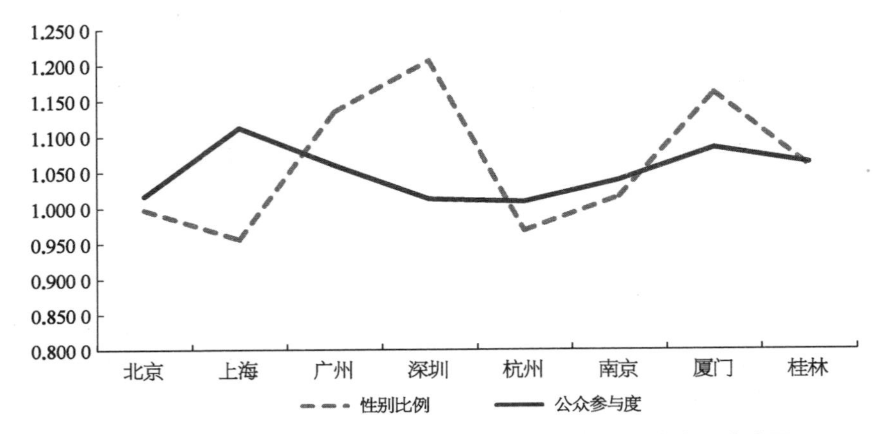

图 7.5　大数据时代 8 个城市性别比例与公众参与度的关系波动图

多地考虑男性的参与方式，使其更便捷地参与城市生活垃圾管理，从而提高城市生活垃圾处理公众参与的整体质量。

根据表 7.3 还可以发现，关联序排在第二位的是研发投入占 GDP 的比重。换句话说，对研发投入相对比例大的城市，其公众参与度更高。在大数据时代，高研发投入往往对应高的科技水平，高的科技水平往往对应更先进的大数据条件和更多元的参与方式。这就不难解释为什么高的研发投入比重对应着高的公众参与度了，即为公众参与城市生活垃圾管理提供了良好的科技环境，为政府发布信息、公众反映信息、第三方组织监督信息提供了更有效的参与条件。因此，在大数据时代背景下，提高研发投入和提升科技文化创新水平对政府提高我国城市生活垃圾公众参与水平尤为重要。

由表 7.3 可以看出，在大数据时代，影响城市生活垃圾管理公众参与影响因素中人均 GDP 与公众参与度的关联系数为 0.617 8，排在第 3 位。可以这样说，一个地区的经济水平越发达，公众参与城市生活垃圾管理的整体水平越高。除此，我们发现，同属经济方面因素的第三产业增加值的关联系数仅为 0.221 1，其排名已达第 7 位。也可以说，第三产业增加值与城市生活垃圾管理公众参与度的关系很小。这可能是因为，短期相关行业资本的增加并不会及时产生效果。因此，在大数据时代，要抓住机遇，坚持提高经济发展水平，把提升城市生活垃圾管理公众参与作为一个长期工作，做好城市经济水平和城市生活垃圾管理公众参与之间的协同高质量发展。

根据表 7.3 还发现，受教育程度与城市生活垃圾管理公众参与度的关联系数为 0.508 8，排在第 4 位，在关联情况上处于一般水平。可见，在大数据背景下，受教育程度与城市生活垃圾管理公众参与的关系并没有预计得那么大。因此，政府应该从不同的受教育群体上发力，以提高城市生活垃圾管理公众参与的水平。另外，在大数据时代，排在第5位的法律法规的数量，其关联系数仅为0.389 8。也就是说，政府制定的城市生活垃圾管理相关政策对城市生活垃圾管理公众参与的影响不那么明显。换句话说，目前仅凭借已有的法律法规是不能够满足公众参与的需求的。因此，政府应该依托大数据技术，制定专门的城市生活垃圾管理公众参与法律法规，实现我国在大数据时代城市生活垃圾管理公众参与质量的实质性提升。

如表7.3所示，排在第6位的是发明专利授权量。其与城市生活垃圾管理公众参与度的关联系数为0.340 5，在关联情况上处于较低的水平。通常认为，一个地方的发明专利授权量越多，其科技创新环境越好；而一个地方的科技创新环境越好，其公众参与质量可能会越高。但是，我们发现这里的关联度并不大，可能是因为所授权的发明专利可用于城市生活垃圾管理公众参与的较少，我国在大数据时代城市生活垃圾管理公众参与有关的技术仍存在很大的改善空间。因此，政府应制定相应的政策，以“创新”为抓手，引导城市生活垃圾管理公众参与技术的发展和革新，真正优化城市生活垃圾管理公众参与的科技创新环境，以期提高我国城市生活垃圾管理公众参与水平。

最后，研究发现，排在末位的是政府对城市生活垃圾处理的固定资产投资，其与城市生活垃圾管理公众参与的关联系数仅为0.179 6(表7.3)。通常认为，政府对城市生活垃圾处理的投资多，设置的城市生活垃圾设施相对充足，公众参与城市生活垃圾管理就更为便捷。但是，根据结果显示，两者关系并不大。这可能是因为城市生活垃圾处理固定资产投资对城市生活垃圾管理公众参与系统的影响更倾向于城市生活垃圾管理过程，即公众参与城市生活垃圾的分类、收集、运输、处理和资源化利用，而并非公众参与城市生活垃圾管理政策的制定。政府需要思考的是，是否也应该提供一部分资金用于城市生活垃圾管理公众参与平台的建设，优化参与环境，进一步提升我国在大数据时代的城市生活垃圾管理公众参与质量。

综上所述，通过选用北京、上海、广州、深圳、南京、杭州、厦门和桂林作为实证城市，使用灰色关联分析法分析了法律法规的数量、政府对城市生活垃圾处理固定资产的投资、人均GDP、第三产业增加值、性别比例、受教育程度、研发投入占GDP的比重和有效发明专利数与大数据时代城市生活垃圾管理公众参与的关联程度。最终发现，性别比例与城市生活垃圾管理公众参与的关联度最大，为0.781 1，政府在制定城市生活垃圾管理相关政策时，更多地考虑男性的参与方式，使其更便捷地参与城市生活垃圾管理，提高城市生活垃圾管理公众参与的质量。研究发现，排在第二位的是研发投入占 GDP 的比重，可见在大数据时代背景下，提高研发投入和提升科技文化创新水平对政府改善我国城市生活垃圾管理公众参与现状尤为重要。

第 8 章

大数据时代城市生活垃圾管理公众参与的动力

大数据时代公众参与城市生活垃圾管理是一项复杂的活动，由多个环节组成。由于大数据时代的特点，城市生活垃圾管理的各个环节的各项信息都是公开、透明并面向公众开放的，所以城市生活垃圾管理从产生、投放到收集、运输和处理，每个过程中所涉及的因素都有可能对公众参与产生一个力的作用。因此，大数据背景下公众参与城市生活垃圾管理的动力是由诸多因素构成并相互作用的合力。从这个意义上讲，公众参与城市生活垃圾管理的动力则是指公众作为城市生活垃圾管理的参与者，受社会环境、居民心理等内外部因素的影响，将个体需求和国家强化城市生活垃圾管理的政策紧密结合起来，从而确立一定的目标，充分发挥公众参与的基础作用的各种作用力。这些推动公众积极、主动参与城市生活垃圾管理的政治、文化环境和公众意识等就是公众参与的动力因素。动力从来源上可以划分为两大类：内源动力和外源动力。在公众参与城市生活垃圾管理方面，外源动力就是促进居民积极参与城市生活垃圾管理的外部动力，如环境保护需求、法律保障、社会监督等。居民对物质利益和权力等的追求，则是促进公众积极参与的内源动力。

一、大数据时代城市生活垃圾管理公众参与的内源动力

（一）公众方面的内源动力

1. 公众的权力追求

人是天生的政治动物。在当代社会，权力直接对社会资源进行权威性分配，具

有至上性、强制性等特征，人类的尊重也主要通过追求权力而实现，对权力的追求始终是人们进行各项管理活动的主要欲望和内驱力。基于此，公众对权力的追求自然是推动城市生活垃圾管理公众参与的关键所在，是人们管理社会事务和促进社会经济持续发展的途径和决定力量。大数据时代信息逐渐公开化和透明化，公众权力意识和维权动机大大增长，权力成为促使公众参与城市生活垃圾管理的内源动力之一。大数据时代公众开始更多地关注公共服务的范围和质量，不满足于成为公用服务被动的接受者。同时，大数据时代给了公众自由发表态度的平台与机会，对于一直存在问题的城市生活垃圾管理，公众开始发表自己的看法，希望通过行使自己的政治权利影响政府的政策和行为。并且，公众还可以行使自己的权利以避免受到城市生活垃圾管理过程中可能给自身带来的危害。例如，在城市生活垃圾处理厂址选择上，公众积极参与，否决对居民影响严重的方案，以便维护自身利益。

公众对权力的追求是促使公众参与城市生活垃圾管理的重要内源动力。随着大数据时代的到来，人们在接受各种各样的信息时更加认识到追求个人权力的合法性与合理性，个人权利也得到了国家法律的相应保障，促使社会成员个体权利意识的觉醒。大数据时代公众想要拥有参与城市生活垃圾管理的权利，想要自己参与城市生活垃圾管理的权利得到应有的尊重和保障。并且，只有公众拥有这些权利，人民参与国家事务、社会事务管理的宪法权利才不是空谈，实现人与自然和谐发展的目标才有机会达到。由此可见，大数据时代对权力的追求始终是人们进行城市生活垃圾管理活动的主要欲望和内驱力。受个体权利驱动，目前我国相当一部分社会成员会积极参与城市生活垃圾管理，以适当的方式来行使自己应有的权利，表达自己的利益诉求；通过各种形式影响城市生活垃圾管理有关政策的制定与城市生活垃圾的处理方式，尽可能实现自身利益与公共利益最大程度的融合，从而使社会利益的分配对自己更加有利。这既是不同利益主体表达多元化的需求、价值和偏好的过程，也是公众在城市生活垃圾管理过程中维护自身权利最大化的方式。

2. 公众的利益追求

利益的出现其实是由需求引起的。因为需要是人的天然本性，所以利益就是人们用来实现和满足其需要的对象和条件，是人们考虑和处理一切问题的出发点、落脚点。在大数据时代，人们接收到各种各样新鲜信息、认识到更多的新鲜事物，对各种物质、精神的需求越来越强烈。追求利益才能满足公众对美好生活的向往。对各种物质利益和精神利益的追求是人进行社会活动的内在原因，所以公众对利益的追求使得利益成为城市生活垃圾管理公众参与的内源动力，更是公众参与城市生活垃圾管理最根本、最持久、最稳定的内源动力[170]。

(1) 物质利益的追求：物质利益也称“经济利益”，是指同人们物质、文化生活密切相连的经济利益，是人们进行社会各项管理活动的物质动力，是人们对生活的需求、追求和满足。在社会主义社会，个人需要的满足与发展推动着历史的发展与社会的进步。马克思主义认为，“人们奋斗所争取的一切，都同他们的利益有关”，需要的内在驱动形成了人们追求利益的内在动机，人类生存、发展和享受所需要的各种资源和条件就是利益[171]。对各种物质利益的追求是公众参与城市生活垃圾管理的内源动力，尤其在大数据时代，人们通过接收各类信息越来越能够清楚地认识到追求个人利益的合法性与合理性，利益原则得到了国家政治和社会成员的普遍认同，每个人都可以作为平等的市场经济主体，通过市场交换的手段取得利益，人与人之间更多地按照利益关系结合起来，促使公众个体利益意识的觉醒。

大数据时代激发了公众物质利益表达的意愿和社会参与的热情，自愿参与保护自身利益的趋势不断增强。而在加快城市生活垃圾管理创新、提高城市生活垃圾管理科学化的过程中必然也存在着利益的分化，积极参与是公众表达利益的典型方式，受个体利益因素的内在驱动，目前我国相当一部分社会成员会积极介入城市生活垃圾管理，以适当的方式参与城市生活垃圾管理、表达自己的利益诉求，通过各种形式影响城市生活垃圾管理政策的制定、执行与评估，尽可能实现自身利益与公共利益最大程度的融合，从而使社会利益的分配对自己更加有利，维护自身财富或获得相应物质奖励。这既是不同利益主体表达多元化的需求、价值和偏好的过程，也是社会成员在城市生活垃圾管理过程中交流协调，维护自身利益最大化的过程。作为合格的经济人，大数据时代公众参与城市生活垃圾管理的原因之一必然是为了确保自己在参与城市生活垃圾管理的过程中能够获得物质方面的利益。

(2) 精神利益的追求：精神利益是在物质利益的基础上衍生出来的，通常与人们的精神生活需要有关，主要通过个人声誉、公众的支持率、名望、自我实现、价值观念、文化以及宗教信仰等形式表现出来。大数据时代精神利益是一种比物质利益更加高级的利益，是推动人类活动的重要内在动力之一，对精神利益的追求促使人们产生各种行为，进而推动人本身的发展。在大数据时代，精神利益的获得就相当于自我价值的实现，它同公众从各个平台接受到的经济、政治和文化知识密不可分，是人的高层次需求的满足。人总是从那些能证实和发展自己本质力量的事物和活动中获得精神需要的满足。因此，大数据时代人们对精神利益的追求为人的生存实践活动提供了动力。

随着大数据时代公众接收信息的多元化，虽然公众对于物质生活的追求依然强烈，但是在追求物质的同时，他们同样更加在意自身精神层次的提升。环境保护的国际经验表明，重视精神利益能推进公众参与、调动人的潜能、充分利用公众力量来改善环境状况。公众参与城市生活垃圾管理的热情得到了很大的提升，尤其在大数据时代公众希望通过参与城市生活垃圾管理来体现自身的价值，利用信息的高效传播，使自己受到更多人的尊敬来弥补精神上的孤独。特别是拥有一定的社会地位和经济基础、对自己能力有较高评价的强势群体，在个人成就、社会声誉等方面有较高的要求，参与城市生活垃圾管理能够有机会获得更多人的尊重，甚至通过媒体的宣传会为自己塑造更加正面的形象。作为合格的社会人，公众对精神利益的追求自然能够促使他们参加到城市生活垃圾管理当中来。因此，大数据时代精神利益是促使公众参与城市生活垃圾管理不可或缺的内源动力[172]。

（二）企业方面的内源动力

1. 企业的经济利益追求

对于企业来说，经济利益是其所追求的目标[173]。企业在推动城市生活垃圾管理公众参与时必然会有所投入，包括人力、物力和财力的投入，因此企业作为合格的"经济人"，会考虑推动城市生活垃圾管理公众参与是否会给其自身带来回报，前期的投入是否是值得的[144]。鉴于此，国家给予企业推动城市生活垃圾管理公众参与主要体现在两点：一是直接反映在资金回报上，简而言之就是推动城市生活垃圾管理公众参与能使企业获利；二是对企业声誉有提高，大数据时代通过互联网进行社会舆论宣传、国家公开表彰奖励等方式，提升企业竞争力与利润率，是一种潜在的经济价值。

首先，在资金回报上，我们发现很多发达国家给予了积极推动城市生活垃圾管理公众参与的企业，特别是对于中小型企业一定的资金回报。企业为了获得资金奖励，便会积极主动地去做出一些推动城市生活垃圾管理公众参与的工作。大数据时代信息传播速度如此之快，当一些企业通过推动城市生活垃圾管理公众参与获得利益时，便会吸引更多的企业从事相关活动，这样就形成了企业不断自觉推动城市生活垃圾管理公众参与的内源动力。其次，企业在声誉的提高上很大程度依赖于国家的认可和信任。当企业响应国家号召积极推动城市生活垃圾管理公众参与时，国家会为其颁发"环保企业"等优秀称号，提升了企业的社会形象，提高了企业的声誉。大数据时代通过互联网对企业良好形象的广泛传播，对企业的后续良好发展、承接项目和扩大规模等都有益处，是一种潜在的经济价值。综上，企业可以在推动城市生活垃圾管理公众参与中得到相应的激励，这是企业最核心的内源动力。

2. 企业的社会责任

企业的社会责任是指企业不仅仅要创造利润、对股东承担法律责任，更要承担对员工、消费者、社区以及环境的保护责任。企业的社会责任是企业文化建设中至关重要的一环，对企业的兴衰成败以及社会的和谐发展都起到非常重要的作用[174]。因此，企业的社会责任要求企业必须超越曾经把利润作为唯一目标的传统观念，而在生产过程中更加注重对人的价值的重点关注，努力为消费者、环境甚至全社会作出贡献。温家宝同志曾提出："企业家不仅要懂经营、会管理，企业家的身上还应该流淌着道德的血液。"面对我国"垃圾围城"现象日益严重，单凭政府、企业的力量对城市生活垃圾进行管理是远远不够的，需要企业帮助推动公众广泛参与到城市生活垃圾管理活动中来。

随着大数据时代的到来，我国城市生活垃圾管理的深入发展和思想理念的更新，企业环境责任日益成为企业必须承担的重要社会责任。企业帮助推动城市生活垃圾管理公众参与就是企业履行社会责任的一种重要表现形式。在大数据时代，越来越多的企业都能够积极主动地响应国家号召，帮助推动城市生活垃圾管理公众参与，主动承担起优化城市生活垃圾管理、保护我国环境的社会责任。企业通过自觉自愿履行其社会责任的行为，也给员工甚至竞争者起到了表率和带头作用。越来越多的企业希望利用自身的力量为城市生活垃圾管理做一份贡献，为全人类的环境保护事业做一份贡献[175]。真正把企业自身的效益与社会利益结合起来，以保护生态和环境、解决城市生活垃圾问题为己任，保护我们全人类共同的家园，这种社会责任便成为企业努力推动城市生活垃圾管理公众参与的内源动力。

（三）政府方面的内源动力

1. 避免政府"失灵"

政府在解决城市生活垃圾问题上确实有着非常重要的作用，特别是城市生活垃圾在对人类生存环境产生负外部效应（如污染）时进行管理，作用更是突出。但是，许多证据也表明，政府并非万能，政府也会"失灵"，政府失灵同样产生城市生活垃圾管理问题[176]。例如，我国多年前的城市生活垃圾大都是选择卫生填埋的处理方式，政府为了节省土地资源，大规模修建了垃圾焚烧厂，导致有些地区的空气受到污染。可以说，当代的城市生活垃圾问题有一部分是由政府制定的发展政策所导致的结果。值得强调的是，在大数据时代，信息的传播速度飞快，政府的任何"失灵”都会第一时间被广泛传播，并被互联网无限放大，政府“失灵”的代价是惨重的，严重的甚至会丧失政府的公信力。

政府也有利益需求，尤其是地方政府在追求利益方面表现得特别突出[176]。“当个人由市场中买者或卖者转为政治过程中的投票者、纳税人、受益者、政治家或官员时，他们的品性不会发生变化。”也就是说，所有的政府行为，都和在市场中一样，政府在自身的实践活动中追求收益的最大化。政府“失灵”的一个重要原因即在于此。特别是一些地方政府为了自身利益的最大化而做出大量短期行为，使城市生活垃圾管理问题凸显出来。为了防止这种政府在城市生活垃圾管理方面的“失灵”，公众监督是非常必要的[177]。通过参与城市生活垃圾管理，公众在城市生活垃圾法律、法规、规划及建设项目、区域开发等决策及其实施过程中监督政府，使城市生活垃圾管理政策的制定和实施有利于生态环境的发展，从而能够有效避免政府“失灵”，这便是政府大力推动城市生活垃圾管理公众参与的重要内源动力。

2. 传播绿色政治文化

一项好的城市生活垃圾管理政策的出台往往是集思广益的结果。因为“在共同关心的问题上，多人智慧胜一人”这种说法是正确的[176]。城市生活垃圾管理公众参与能为市容环卫部门集思广益提供帮助。在城市生活垃圾管理公众参与的促动下，市容环卫主管部门或综合决策部门在制定城市生活垃圾管理政策、法规、规划或进行开发建设项目可行性论证时，会广泛征询公众的意见。与此同时，大数据时代也为公众参与提供了更多可选择的平台，市容环卫部门和综合决策部门能够采用问题调查、专家咨询、公众听证会、公众代表座谈会等多种形式来听取公众的意见，帮助政府作出决策。决策出台前的论证会邀请公众代表参加，决策出台时通过互联网等方式将结果公之于众，这一过程既体现出政府决策的科学性，也体现了政府决策的民主化；既充分调动和发挥了公众参与的积极性，也有利于政府接下来对决策的贯彻实施。因此，政府大力推进城市生活垃圾管理公众参与，最大限度地广集民智，能帮助政府在进行城市生活垃圾管理决策时变得更为科学、民主，获得更高的公众满意度。

大数据时代围绕城市生活垃圾等环境问题所形成的新知识、新观念已逐渐产生，一种新的、称为绿色的政治文化正在形成[176]。与传统的政治文化相比，绿色政治文化可以培养公民的环境意识，提高社会的环境道德水平，有利于促进城市生活垃圾良好管理的社会风气形成。但从目前来看，绿色政治文化还不是我国政治文化的主流，因而从解决城市生活垃圾问题、争取可持续经济发展的现实需要出发，绿色政治文化亟待进一步巩固和发展，城市生活垃圾管理公众参与正好为绿色政治文化形成与传播提供媒介，帮助政府传播和推广绿色政治文化。在城市生活垃圾管理公众参与中，政府通过宣传、参政等把绿色政治思想传播给社会大众，使良好的意识深入社会大众之中，城市生活垃圾分类等优秀行为成为人们的自觉和习惯性行为，为政府建设可持续发展的生态环境夯实基础。

二、大数据时代城市生活垃圾管理公众参与的外源动力

（一）环境保护需求

近年来，“垃圾围城”现象越来越严重。大数据时代信息传播速度快，公众能从各种平台上了解到我国当前的城市生活垃圾管理存在的问题。虽然城市生活垃圾管理工作在有序进行，但对环境造成的污染愈发严重，原来政府传统的公共管理办法已经不能满足城市生活垃圾管理的需求，因此需要更多的社会力量参与到城市生活垃圾管理中来。公众成为社会中的主要力量，公众参与显得尤为重要。另外，自然环境是公众赖以生存和发展的基本条件。城市生活垃圾对环境的污染已经严重影响到了公众的正常生活，为此环境保护需求成了促进公众参与城市生活垃圾管理的外源驱动力。

通过新闻、媒体和报纸等信息来源，公众了解到城市生活垃圾对环境的污染巨大，而严重的环境污染将直接导致居民的人身健康受到损害。不合理的城市生活垃圾管理会产生大量酸性、碱性、有毒物质，例如，含汞、铅、镉等废水，渗透到地表水或地下水会造成黑臭水体，导致浅层地下水不能使用；有毒气体在散播的过程中，也会导致空气中二氧化硫、铅含量升高，使呼吸道疾病发病率升高，对人体构成致癌隐患。城市生活垃圾的堆放占据了大片土地会造成土地资源的浪费。据统计，中国每年产生城市生活垃圾 30 亿吨，约有 2 万平方米耕地被迫用于堆置和存放城市生活垃圾。不仅如此，城市生活垃圾中的大量塑料袋、废金属等有毒物质会遗留土壤中，严重腐蚀土地，致使土质硬化、碱化、保水保肥能力下降，农作物减产，严重的甚至使土地退化、荒漠化。更为严重的是，由于城市生活垃圾的大量产生使耕地减少，相应的农作物产量也会减少，从而引发人们的粮食安全问题。没有人喜欢在脏乱不堪的环境下生活，也没有人希望自己的生活环境受到威胁。在大数据时代公众越来越能深刻地感受到环境保护是与自己的切身利益息息相关的。因此，为了保持正常的生活，面对如此恶劣的污染后果，公众会更加积极地参与城市生活垃圾管理。这种出于对环境保护的需求，大大推动了公众参与城市生活垃圾管理。

(二) 法律条件支持

在法治型社会,公共管理强调通过法治规范、约束和控制公权力来切实有效地保护公众参与的权利。在公共管理领域,公众是社会管理的主体,法治是消除社会主体之间差异化、实现公众平等参与和利益共享的强有力工具[178]。在大数据时代,公众更清楚地了解到环境资源是全体国民的公共财产,任何人不能任意对其占有、支配和损害,公众要想充分参与城市生活垃圾管理,法律是不可或缺的保障手段。同时,我国也在不断向服务型政府和法治型社会管理转型,这对保障公民参与权、扩大公众参与范围、凝聚公众参与热情,最终提高公众参与城市生活垃圾管理水平产生了极大的推动作用。

公众参与城市生活垃圾管理有无制度保障,对公众参与的积极性影响深远。制度保障包括法规和政策两方面。法规对公众参与城市生活垃圾管理的权利与义务进行科学合理的分配,为公众参与城市生活垃圾管理提供了良好的权利保障;而政府的方针政策对公众参与有导向作用,只有利用政策为公众提供多样且有效的参与途径,建立完善的公众参与法律法规制度,公众才能够真正参与城市生活垃圾管理中,使城市生活垃圾管理工作更加高效。现阶段,国家日益重视公众在城市生活垃圾管理参与过程中的法律法规是否健全,各省份也通过出台相关法律法规等方式明确保护公众的参与权利,为公众积极参与城市生活垃圾管理提供了有效的制度保障。特别是,中国关于生活垃圾污染防治的相关法律法规在很大程度上推动了公众参与城市生活垃圾管理,对保护与改善中国的环境起了重要作用[179]。

(三) 社会监督力量

大数据时代公共管理活动发展的大趋势是,倾听不同群体的意见,权衡社会多方利益,并被社会各界进行全方位广泛监督,制定社会成员都满意的政策,能够最大限度地回应公众诉求[180]。大数据时代为公众参与各项公共管理活动提供了更多的机会与平台,公众作为社会组成的最基本单位参与城市生活垃圾管理,既可以通过组织化的途径,也可以以个人身份参与有关城市生活垃圾管理工作的听证会,对城市生活垃圾管理进行全程监督。与此同时,公众的城市生活垃圾管理行为也被政府所监督。政府针对城市生活垃圾的相关管理、决策行为也受到环保组织等第三方非营利组织的广泛监督[145]。各方参与主体之间相互制约,形成了稳定的社会监督制度。值得强调的是,大数据时代为城市生活垃圾管理公众参与的社会监督提供了许多便利的条件。

在大数据时代如此严密的社会监督下，若有人破坏城市生活垃圾管理或是消极待之很容易受到广大居民以及社会舆论的攻击，严重的甚至会受到法律制裁。政府对公众的监督体现在，当公众出现不利于城市生活垃圾管理的行为时，例如不按照规定将城市生活垃圾进行分类，便会受到相应的处罚，促使公众进行正确的城市生活垃圾分类，参与城市生活垃圾管理。环保组织等非盈利第三方组织对政府的监督体现在，当环保组织认为政府在城市生活垃圾管理过程中损害了社会利益或违背了公共利益原则时，它们既可以向相关机构提出申诉、控告、检举甚至诉讼来维护社会秩序，也可以利用大数据时代的新闻媒体的力量揭发、检举政府的违法行为，表达自己的愿望与要求。综上所述，种种社会监督力量都是推动城市生活垃圾公众参与的外源动力。

(四) 环保组织推动

心理学家指出，个体行为很容易受到群体行为的影响，朝着与群体大多数人一致的行为方向变化。1952 年，美国心理学家所罗门·阿希曾设计了一个试验，来研究人们会在多大程度上受到他人的影响。研究结果表明，在试验中平均有 33% 的人对问题的判断是从众的，有 76%的人至少做了一次从众的判断。阿希也曾进行过从众心理试验，结果在测试人群中有 2/3～3/4 被试者都发生过从众行为，可见从众是一种常见的现象。显然，公众参与城市生活垃圾管理也非常容易产生这种从众现象，居民很容易受到周围环保组织的影响，因此环保组织的兴起与行为会从根本上改变公众参与城市生活垃圾管理的态度。

倡导环境保护、提高全社会环境意识、开展环境宣传教育、倡导公众参与环境保护、提高全民环保意识，是我国环保组织开展的最普遍工作[145]。近 10 年来，我国环保组织通过自己的行动引导很多人走上了环境保护的道路，它们已经成为推动我国环保事业发展不可或缺的重要力量[143]。作为环保事业的一个重要组成部分，环保组织在城市生活垃圾管理上也发挥了不可或缺的作用。它们通过组织公益活动、发放宣传品、举办讲座、加强媒体报道等方式进行城市生活垃圾管理宣传教育，提高了我国公众参与城市生活垃圾管理的知识与意识。除此之外，环保组织自身的行为也深深影响着周围公众的意识，当他们以认真的态度和积极的行动参与到城市生活垃圾管理中时，也会吸引一大部分周围人的注意，并跟随他们逐渐参与城市生活垃圾管理，这无疑是一种推动城市生活垃圾管理公众参与的有效外源动力。

（五）环保设施建设

环保设施建设是大数据时代城市生活垃圾管理的基础，环保设施的完善程度可以间接引导公众参与城市生活垃圾管理。在高新科技、信息技术发展的当下，环保设施的建设就是为了以更加智能化、透明化、全面化的方式服务于公众，在公众感知到当下环保设施建设的众多便利之后，在被影响的情况下，就会慢慢和政府一起对城市生活垃圾进行管理。公众参与之后，他们对环保设施新的期望又促进了环保设施的建设，这就形成了一个从环保设施影响公众参与，再到公众参与促进环保设施建设的良性闭环。

在大数据时代，智能化的设施建设体系使得城市生活垃圾分类、收集、运输及处理更加人性化，在前端分类、中端转运、末端处理的每个环节中，环保设施的建设都吸引着各方力量参与城市生活垃圾管理。首先，在前端分类阶段，智能分类垃圾桶通过减少城市生活垃圾分类的难度能更好地吸引公众对城市生活垃圾进行分类。例如，在使用了新型的湿垃圾破袋智能垃圾桶后，会有更多的人不会将厨余垃圾进行随意倾倒，更愿意通过湿垃圾破袋智能垃圾桶对其进行破袋倾倒。在中端转运阶段，全程可控的城市生活垃圾转运过程能促进政府放心地将垃圾转运工作交由企业去处理，促使企业加大参与城市生活垃圾管理的力度。除此之外，完善的环保设施建设还可以减少企业参与城市生活垃圾管理的成本。在末端处理阶段，高端的监测设备能准确记录处理过程中的环保情况，为公众监督提供基础，让公众对城市生活垃圾处理的环保问题放心。总之，更加完善的环保设施建设体系推动了公众参与城市生活垃圾管理。

（六）信息技术发展

大数据时代，国家、地区或企业的生产力和竞争力的提升已越来越多地取决于新的信息和信息技术的管理与利用能力。互联网技术逐渐成为促进城市经济发展和产业升级的关键力量。在公共信息资源领域，凡是能提供公共信息，以提高私人福利、引导社会价值取向、实现公共利益为目标的组织都能够成为公共信息资源的提供者。在新的社会环境下，信息科技水平的提高也为公众与政府的交流沟通提供了便利条件[181]。现代科学技术与网络技术的发展加快了公共信息的传播，使公众及时准确地了解城市生活垃圾管理有关信息，意识到城市生活垃圾管理的重要性，并且信息技术大发展也能让政府更快收到公众的意见和建议，对推动公众参与城市生活垃圾管理起到了极大的驱动作用。

在信息化时代的今天，大众传播媒体迅猛发展，网络上的信息流动、信息共享越来越普遍，这既打破了信息传播的时空差距，实现了信息获取的平等性和实时性，同时也冲击了原有的信息传播模式，使政府与公众之间不再是单纯的政府发布信息、公众被动接收信息，而是政府与公众之间信息的双向互动[182]。通过对网络的合理化运用，公众也可以以更低的成本参与城市生活垃圾管理。例如，公众对城市生活垃圾政策和措施的不合理性以及自己一些好的想法通过网络传递给有关机构，从而帮助有关机构制定出更为合理的政策与行动指导，如此一来公众就更愿意主动参与城市生活垃圾管理。总的来说，大数据时代的信息技术发展解决了公众参与途径窄、政府接收信息慢、反馈机制不健全等困难，使得更多公众有机会、有能力自觉自愿地参与城市生活垃圾管理，提高了公众参与的积极性，扩大了公众参与的范围和程度，使公众更容易在城市生活垃圾管理中发挥个人作用，是推动公众参与城市生活垃圾管理不可代替的外源动力。

综上所述，我们发现城市生活垃圾管理公众参与的内源动力和外源动力都对公众参与城市生活垃圾管理产生影响，并且二者之间也是相互影响、相互作用的(图 8.1)。

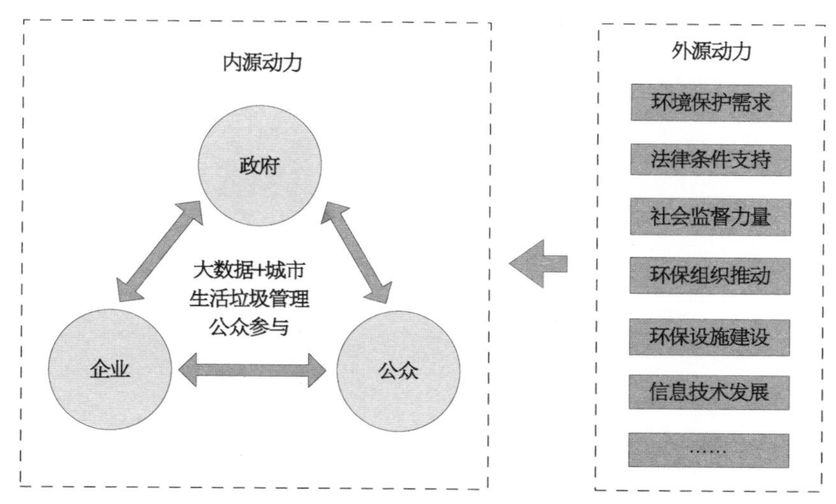

图 8.1　大数据时代城市生活垃圾管理公众参与动力图

三、基于主成分模型的公众参与动力提取

为了更科学地了解每种动力对城市生活垃圾管理公众参与的具体影响程度，

我们使用了主成分模型进行了量化研究。

(一) 指标选取与数据获得

结合前面有关大数据时代城市生活垃圾管理公众参与的内源动力和外源动力的分析,我们得到大数据时代每个主体的城市生活垃圾管理公众参与的动力指标体系。

1. 公众个人方面的动力

(1) 指标体系构建:在大数据时代,公众个人参与城市生活垃圾管理的动力主要分为内源动力和外源动力两个部分。内源动力是指公众个人由于各种因素自发地参与城市生活垃圾管理,其中包括公众个人对权利的追求(例如参与城市生活垃圾管理的环境知情权、请求权、参与权)、公众个人对物质和精神的追求,还有公众个人的环保信仰。外源动力包括环境保护需求、法律条件支持、社会监督力量、环保组织推动、环保设施建设以及信息技术的发展等。这些动力的共同作用促进了公众个人参与城市生活垃圾管理。公众个人参与城市生活垃圾管理的动力指标体系见表 8.1。

表 8.1 公众个人参与城市生活垃圾管理的动力指标体系

动力类型	动 力 细 分
内源动力(GN)	权利追求(GN_1)
	利益追求(GN_2)
	环保信仰(GN_3)
外源动力(GW)	环境保护需求(GW_1)
	法律条件支持(GW_2)
	社会监督力量(GW_3)
	环保组织推动(GW_4)
	环保设施建设(GW_5)
	信息技术发展(GW_6)

(2) 量表设计与数据收集:相关研究表明,涉及公众参与的科学研究,问卷调查能够较为真实地了解公众的想法[183]。本研究所用问卷包括基本信息、内源动力和外源动力三个部分。基本信息包含答卷者的性别、年龄段、收入以及学历等基本信息,问卷的测量指标如表 8.2 所示。为了得到更加精确的数据,针对 18 个测量

变量设置了文字化问题以从不同的角度对问卷填写者进行调查,问卷中涉及一些实际情况、个人主观意念等之类的问题。按照赞同程度从"完全不同意"到"完全同意"的变化方向分别计为1、2、3、4、5分。通过对我国北京、上海、杭州、广州、桂林等地的民众随机发放500份问卷获得数据,剔除32份无效问卷,得到468份有效问卷,有效问卷占比93.6%。

表8.2 公众个人参与城市生活垃圾管理的动力问卷测量指标

动力类型	动力细分	题 项
内源动力(GN)	权利追求(GN_1)	我有权利知道城市生活垃圾的相关处理信息(GN_{11})
		我有权利参加城市生活垃圾的管理(GN_{12})
	利益追求(GN_2)	我愿意争取城市生活垃圾管理的物质奖励(GN_{21})
		我愿意参加"环保先进个人及家庭"评选(GN_{22})
	环保信仰(GN_3)	我的环保知识很丰富(GN_{31})
		每个人都有义务参与到城市生活垃圾管理中(GN_{32})
外源动力(GW)	环境保护需求(GW_1)	现在垃圾污染严重,政府建设垃圾场是必要的(GW_{11})
		政府建设垃圾场虽有危害,但利大于弊(GW_{12})
	法律条件支持(GW_2)	我平时会关注城市生活垃圾相关法律(GW_{21})
		我觉得现在的垃圾管理相关法规很完善(GW_{22})
	社会监督力量(GW_3)	社区中经常发布环保先进个人新闻等消息(GW_{31})
		家人或朋友支持我参与城市生活垃圾管理(GW_{32})
	环保组织推动(GW_4)	我身边有非营利的环保组织NGO(GW_{41})
		非营利的环保组织NGO会发布关于垃圾的问题(GW_{42})
	环保设施建设(GW_5)	我周边的垃圾箱等分布合理(GW_{51})
		我周边的垃圾收运非常及时(GW_{52})
	信息技术发展(GW_6)	我经常在网络平台关注城市生活垃圾管理的信息(GW_{61})
		我认为政府的城市生活垃圾信息内容公开很全面(GW_{62})

(3) 信度与效度检验

① 信度检验:信度检验通常用Cronbach α系数来衡量,表8.3列出了10个Cronbach α系数以及每个测量变量删除此题项后Cronbach α系数,所有分量表的系数均大于0.8。研究表明,总量表的Cronbach α在0.8以上,就可表明问卷具有良好的可信度。从表8.3可以看出,总量表的Cronbach α为0.937,表明本研究所

使用的量表具有较高的可信度。表 8.3 中还给出了删除该题项后的 Cronbach α 系数的值，从中可以看出，删除该题项后剩余项的 Cronbach α 系数值比总量表的 Cronbach α 系数值小，表明问卷的题目设置是合理的。

表 8.3 公众个人参与城市生活垃圾管理的动力信度检验结果

动力类型	动力细分	Cronbach α	题　项	删除此题项后的 Cronbach α
内源动力（GN）	权利追求（GN_1）	0.838	GN_{11}	0.937
			GN_{12}	0.935
	利益追求（GN_2）	0.857	GN_{21}	0.934
			GN_{22}	0.935
	环保信仰（GN_3）	0.931	GN_{31}	0.933
			GN_{32}	0.934
外源动力（GW）	环境保护需求（GW_1）	0.831	GW_{11}	0.935
			GW_{12}	0.932
	法律条件支持（GW_2）	0.899	GW_{21}	0.933
			GW_{22}	0.933
	社会监督力量（GW_3）	0.902	GW_{31}	0.933
			GW_{32}	0.934
	环保组织推动（GW_4）	0.973	GW_{41}	0.933
			GW_{42}	0.933
	环保设施建设（GW_5）	0.893	GW_{51}	0.936
			GW_{52}	0.934
	信息技术发展（GW_6）	0.917	GW_{61}	0.936
			GW_{62}	0.936
总量表		0.937		

② 效度检验：因为要进行主成分分析，因此需要进行效度检验。这里主要分析问卷的结构效度，以确定其是否可以进行因子分析。本问卷的 KMO 检验和 Bartlett 球形检验的结果如表 8.4 所示，检验结果显示 KMO 系数为 0.837，Bartlett 球形检验的 χ^2 值为 1 309.754，达到显著水平（$p<0.001$）。这意味着所设计的问卷具有一定的代表性，能够对调查内容进行有效测量。在统计学中一般认为，当 Bartlett 球形检验的 sig<0.05，则说明各个数据之间呈现球形分布，也就是

说各个变量在一定程度上是相互独立的。此外，当 KMO 系数大于 0.7 时，即可进行因子分析，而本次 KMO 的检验值为 0.837，说明本调查问卷的 468 个样本数据通过了 KMO 检验和 Bartlett 球形检验，适合进行因子分析。

表 8.4　KMO 检验和 Bartlett 球形检验

KMO 系数	Bartlett 球形检验系数		
	χ^2	df	sig
0.837	1 309.754	171	0.000

2. 企业方面的动力

（1）指标体系构建与数据获取：在大数据时代，企业参与城市生活垃圾管理的动力也分为内源动力和外源动力两个部分。其中，内源动力是指企业由于各种因素自发地参与城市生活垃圾管理，包括企业的利益追求和企业环境保护的社会责任；外源动力包括环境保护需求、法律条件支持、社会监督力量、环保组织推动、环保设施建设以及信息技术发展。这些动力的共同作用促使企业参与城市生活垃圾管理。企业参与城市生活垃圾管理的动力指标体系如表 8.5 所示。

表 8.5　企业参与城市生活垃圾管理的动力指标体系

动力类型	动力细分
内源动力(QN)	利益追求(QN_1)
	企业社会责任(QN_2)
外源动力(QW)	环境保护需求(QW_1)
	法律条件支持(QW_2)
	社会监督力量(QW_3)
	环保组织(NGO)推动(QW_4)
	环保设施建设(QW_5)
	信息技术发展(QW_6)

（2）量表设计与数据收集：本研究所用问卷包括基本信息、内源动力和外源动力三个部分。基本信息包含答卷者所在企业的基本信息，问卷的测量指标如表 8.6 所示。为了得到更加精确的数据，针对 16 个测量变量设置了文字化问题从不同角度对问卷填写者进行调查，问卷中涉及一些实际情况、个人主观意念等问题。按照赞同程度从“完全不同意”到“完全同意”的变化方向分别计为 1、2、3、4、5 分。通过对我国北

京、上海、杭州、广州、桂林等城市的企业员工随机发放600份问卷进行数据获得，剔除无效问卷48份，得到有效问卷552份，有效问卷占比92%。

表8.6 企业参与城市生活垃圾管理动力问卷测量指标

动力类型	动力细分	题项
内源动力(QN)	利益追求(QN_1)	政府会对企业进行一定环保经费的补贴(QN_{11})
		企业愿意去争取“环保先进单位”荣誉(QN_{12})
	企业社会责任(QN_2)	企业有专门的环保经费(QN_{21})
		进行环境保护是企业的一种社会责任(QN_{22})
外源动力(QW)	环境保护需求(QW_1)	现在垃圾污染严重，政府建设垃圾场是必要的(QW_{11})
		政府建设垃圾场虽有危害，但利大于弊(QW_{12})
	法律条件支持(QW_2)	企业会时刻关注城市生活垃圾相关法律(QW_{21})
		我们公司现在的垃圾管理相关规范很完善(QW_{22})
	社会监督力量(QW_3)	有第三方机构对企业的垃圾管理进行评估(QW_{31})
		我们公司很在乎公民对我们公司环境的评价(QW_{32})
	环保组织推动(QW_4)	企业和非营利的环保组织NGO有相关的合作(QW_{41})
		企业会向非营利组织NGO进行环保费用捐款(QW_{42})
	环保设施建设(QW_5)	我们公司的垃圾箱等分布合理(QW_{51})
		我们公司的垃圾收运非常及时(QW_{52})
	信息技术发展(QW_6)	我们公司在网络平台关注垃圾管理的信息(QW_{61})
		我们公司会通过网络向员工传递垃圾管理的知识(QW_{62})

(3) 信度效度检验

① 信度检验：信度是反映同一变量所有问题之间的内部一致性程度，通常用Cronbach α来衡量。表8.7列出了8个分量表的Cronbach α系数，所有分量表的系数均大于0.7，且大部分变量的系数均大于0.8。相关研究表明，总量表的Cronbach α在0.8以上，就可表明问卷具有良好的可信度。从表8.7可以看出，总量表的Cronbach α为0.880，表明本研究所使用的量表具有较高的可信度。表8.7中还给出了删除该题项后的Cronbach α系数的值，从中可以看出删除该题项后剩余项的Cronbach α系数值比总量表的Cronbach α系数值小，表明问卷的题目设置是合理的。

表 8.7　企业参与城市生活垃圾管理的动力信度检验分析

动力类型	动力细分	Cronbach α	题　项	删除此题项后的 Cronbach α
内源动力(GN)	利益追求(QN_1)	0.794	QN_{11}	0.873
			QN_{12}	0.874
	企业社会责任(QN_2)	0.916	QN_{21}	0.860
			QN_{22}	0.859
外源动力(QW)	环境保护需求(QW_1)	0.888	QW_{11}	0.878
			QW_{12}	0.879
	法律条件支持(QW_2)	0.922	QW_{21}	0.864
			QW_{22}	0.860
	社会监督力量(QW_3)	0.834	QW_{31}	0.861
			QW_{32}	0.863
	环保组织推动(QW_4)	0.885	QW_{41}	0.872
			QW_{42}	0.868
	环保设施建设(QW_5)	0.774	QW_{51}	0.867
			QW_{52}	0.876
	信息技术发展(QW_6)	0.927	QW_{61}	0.878
			QW_{62}	0.872
总量表		0.880		

② 效度检验：因为要进行主成分分析，因此需要进行效度检验，这里主要分析问卷的结构效度以确定是否可以进行因子分析。本问卷的 KMO 检验和 Bartlett 球形检验的结果如表 8.8 所示，检验结果显示 KMO 系数为 0.707，Bartlett 球形检验的 χ^2 值为 1 764.054，达到显著水平($p=0.000<0.001$)。这意味着所设计的问卷具有一定的代表性，能够对调查内容进行有效测量。在统计学中一般认为，当 Bartlett 球形检验的 sig<0.05，则说明各个数据之间呈现球形分布，也就是说各个变量在一定程度上是相互独立的。此外，当 KMO 系数大于 0.7 时，即可进行因子分析，而本次 KMO 的检验值为 0.707，说明本调查问卷的 552 个样本数据通过了 KMO 检验和 Bartlett 球形检验，适合进行因子分析。

表 8.8　KMO 检验和 Bartlett 球形检验

KMO 系数	Bartlett 球形检验系数		
	χ^2	df	sig
0.707	1 764.054	120	0.000

3. 政府方面的动力

在大数据时代，政府作为城市生活垃圾管理公众参与的领导者和倡导者，对城市生活垃圾管理公众参与起到了重要的作用。政府引导城市生活垃圾管理公众参与的内源动力指政府由于各种因素自发地引导城市生活垃圾管理的公众参与，包括政府环境保护的义务和政府进行环境保护的政府公信力的提升；外源动力包括环境保护需求、社会监督力量以及大数据时代信息技术的发展。这些动力的共同作用促进政府来引导公众个人和企业参与城市生活垃圾管理。因此，政府引导城市生活垃圾管理公众参与动力指标体系见表 8.9。

表 8.9　政府引导城市生活垃圾管理公众参与的动力指标体系

动力类型	动力细分
内源动力(ZN)	政府义务(ZN_1)
	政府公信力(ZN_2)
外源动力(ZW)	环境保护需求(ZW_1)
	社会监督力量(ZW_3)
	信息技术发展(ZW_6)

通过对政府环保部门工作人员的访谈得到此部分数据，和上海市、北京市等环保部门的 30 余名政府工作人员进行访谈后，得到上述五个方面对政府引导城市生活垃圾管理公众参与的动力影响都非常重要。所以本文只给出政府引导城市生活垃圾管理公众参与的动力指标体系，并且认为每个指标的影响都很重要，不对其进行后续的分析。

(二) 主成分分析模型的构建

为了全面地对大数据时代城市生活垃圾管理公众参与动力进行分析，本研究对各主体对大数据时代城市生活垃圾管理公众参与的动力因素进行了系统分析，选取了多个指标对其进行解释。这些指标在统计学中成为影响各主体城市生活垃圾管理公众参与动力的变量，每个变量在不同程度上反映了各主体城市生活垃圾管理公众参与的动力，且每个变量之间很大程度上都存在一定的相关性，所以，这些指标在反映城市生活垃圾管理公众参与的动力时可能会有一定的重叠。在进行变量分析的过程中，变量太多可能会造成问题分析的复杂性。因此，通过减少变量的数量，提取主要的变量进行分析，可以抓住各主体城市生活垃圾管理公众参与动力的主要因素。

主成分分析法就是解决这一问题的常用方法，即通过对原始变量相关矩阵内部结构关系的研究，找出影响评价客体的几个综合指标，使综合指标为原来变量的线性组合[184]。综合指标不仅保留了原始变量的主要信息，彼此之间又不相关，又比原始变量具有某些更优越的性质，有利于解决城市生活垃圾管理各主体参与动力的主要矛盾。同时，主成分分析法也可以消除指标之间的相关性、对指标进行降维处理，近年来在管理学、经济学和社会学的评价中被广泛应用。

1. 大数据时代公众个人参与城市生活垃圾管理的动力评价模型

现有 m 个公民的 n 个城市生活垃圾管理公众个人参与指标，组成下面的矩阵。

$$A=\begin{bmatrix} a_{11} & \cdots & a_{1m} \\ \cdots & \cdots & \cdots \\ a_{n1} & \cdots & a_{nm} \end{bmatrix} \tag{8.1}$$

Step1：原始数据预处理。一般情况下，得到的每个指标数据往往存在量纲不统一、数量级不统一等问题，这种情况下是不能将这些指标数据进行运算的，所以在进行数据分析时，首先要对数据进行标准化处理，以消除数据在量纲和数量级上的差异，使其可以进行统一运算，具有可比性。对数据进行标准化处理需要经过两个步骤：一是对数据进行中心化处理；二是对数据进行标准化处理。

(1) 中心化处理。将原始数据进行转换：

$$z_{ji}=a_{ji}-\overline{a_j},\ j=1,\ \cdots,\ n,\ i=1,\ \cdots,\ m \tag{8.2}$$

其中，$\overline{a_j}=\frac{1}{m}\sum_{i=m}^{m}a_{ji}$，为每一行指标的平均值，针对变换的结果，得到新的矩阵 $Z_{n\times m}=|\ z_{ji}\ |_{n\times m}$。

(2) 标准化处理。将矩阵 $Z_{n\times m}=|\ z_{ji}\ |_{n\times m}$ 中的数据变成：

$$z_{ji}^{*}=\frac{z_{ji}}{s_j} \tag{8.3}$$

其中，$s_j=\sqrt{\dfrac{\sum_{i=1}^{m}\geqslant(a_{ji}-\overline{a_j})^2}{m-1}}$，为每一行指标值的均方差，经过中心化和标准化处理之后，得到的新矩阵为 $Z_{m\times n}=|z_{ij}|_{m\times n}$。

Step2：指标间的相关系数矩阵。根据 Step1 得到的矩阵计算样本的相关系数矩阵 $R_{m\times n}=|r_{kl}|_{m\times n}$。

$$r_{kl}=\frac{1}{n}\sum_{j=1}^{n}z_{ij}^{*}\times z_{ji}^{*},\ (k,\ l=1,\ \cdots,\ m) \tag{8.4}$$

其中，r_{kl} 为指标之间的相关系数。

Step3：主成分分析。根据样本的相关系数矩阵 R，求出 R 的特征根 $\lambda_1\geqslant\cdots\geqslant\lambda_2\geqslant 0$，以及对应的单位特征化正交向量 $[e_1,\ \cdots,\ e_m]^T$；第 j 列指标的第 p 个主成分为 $y_{pj}=e_p z_j^{*}\ (p=1,\ \cdots,\ m)$，$e_p$ 为第 p 个特征值对应的特征向量，z_j^{*} 为第一列 n 个指标组成的列向量；第 p 个主成分贡献率为 $\alpha_p=\dfrac{\lambda_p}{\sum_{i=1}^{n}\lambda_i}$，前 k 个的累积贡献率为 $\sum_{i=1}^{n}\alpha_i$。

Step4：主成分的综合排序。一般情况下，要求采用的前 k 个的主成分的贡献率要超过 80%，这样既能概括原来的大部分指标，又可以将指标进行降维，达到主要动力因素的提取。用 α_p 作为权重求得 y_{pj} 的加权和，得到第 j 列指标的综合评价值 y_i。

$$y_i=\sum_{p=1}^{k}\alpha_p y_{pj} \tag{8.5}$$

其中，α_p 为第 p 个主成分贡献率，y_{pj} 为第 j 列的第 p 个主成分。

至此，就可以得到大数据时代城市生活垃圾管理公众个人参与动力的主要指标及其贡献率。

2. 大数据时代城市生活垃圾管理企业参与的动力评价模型

主成分分析模型的原理相同，设现有 m 个企业的 n 个城市生活垃圾管理企业参与指标，组成下面的矩阵。

$$B=\begin{bmatrix} b_{11} & \cdots & b_{1m} \\ \cdots & \cdots & \cdots \\ b_{n1} & \cdots & b_{nm} \end{bmatrix} \tag{8.6}$$

通过上述的 Step1～Step4 就能对大数据时代城市生活垃圾管理企业参与动力指标进行主成分分析，并且提取出主要指标及其贡献率。

（三）利用 SPSS 进行主成分分析

1. 大数据时代公众个人参与城市生活垃圾管理动力的主成分分析

大数据时代城市生活垃圾管理公众个人参与的动力评价指标中设计 9 个自变量、18 个自变量的测量变量，为了后续进行主要动力因素的分析，采用主成分分析，也就是将测量变量通过线性变化的方式选出少数几个具有代表性的重要变量。主成分分析是研究如何从原始变量中导出少数几个主成分，使它们尽可能多地保留原始变量的信息，且彼此间互不相关。在提取主成分时，为了尽可能从 18 个测量变量中抽取完全的信息，设置特征值大于 0.8，之后运用最大方差法进行旋转，得出主成分分析具体结果如表 8.10 和表 8.11 所示。根据表 8.10 可知，一共提取了 5 个主成分。

表 8.10　解释的总方差

成分	初始特征值			提取平方和载入			旋转平方和载入		
	合计	方差的 %	累积 %	合计	方差的 %	累积 %	合计	方差的 %	累积 %
1	9.003	50.019	50.019	9.003	50.019	50.019	4.660	25.888	25.888
2	2.228	12.376	62.395	2.228	12.376	62.395	3.645	20.248	46.136
3	1.602	8.902	71.297	1.602	8.902	71.297	3.346	18.589	64.725
4	1.366	7.586	78.884	1.366	7.586	78.884	1.955	10.861	75.586
5	1.181	6.562	85.446	1.181	6.562	85.446	1.775	9.859	85.446
6	0.443	2.461	87.907						
7	0.397	2.206	90.113						
8	0.344	1.910	92.023						
9	0.281	1.559	93.582						
10	0.223	1.237	94.819						
11	0.217	1.208	96.027						
12	0.174	0.969	96.996						
13	0.136	0.754	97.750						
14	0.122	0.675	98.425						
15	0.100	0.558	98.983						
16	0.098	0.543	99.526						
17	0.052	0.290	99.816						
18	0.033	0.184	100.000						

表 8.11　旋转成分矩阵 a

	成分				
	1	2	3	4	5
ZGN_{11}	0.843	0.096	0.116	0.021	0.064
ZGN_{12}	0.846	0.104	0.203	0.114	0.065
ZGN_{21}	0.845	0.171	0.216	0.152	0.114
ZGN_{22}	0.779	0.175	0.231	0.160	0.079
ZGN_{31}	0.797	0.229	0.254	0.299	0.040
ZGN_{32}	0.806	0.257	0.225	0.166	−0.070
ZGW_{11}	0.057	0.136	0.100	0.201	0.890
ZGW_{12}	0.087	0.087	0.060	−0.023	0.920
ZGW_{21}	0.272	0.320	0.839	0.118	0.022
ZGW_{22}	0.308	0.223	0.794	0.258	0.017
ZGW_{31}	0.259	0.310	0.820	0.215	0.079
ZGW_{32}	0.257	0.227	0.857	0.048	0.162
ZGW_{41}	0.286	0.889	0.216	0.154	−0.020
ZGW_{42}	0.233	0.881	0.270	0.138	0.088
ZGW_{51}	0.103	0.867	0.218	0.083	0.152
ZGW_{52}	0.198	0.858	0.274	0.136	0.134
ZGW_{61}	0.247	0.151	0.225	0.876	0.116
ZGW_{62}	0.258	0.210	0.178	0.878	0.083

GN_{11}、GN_{12}、GN_{21}、GN_{22}、GN_{31}、GN_{32} 在主成分 1 中所占比例较大，其中 GN_{11} 和 GN_{12} 在第 1 主成分中的得分分别为 0.843 和 0.846，表示的是公众个人对权力的追求，即公众个人的城市生活垃圾管理相关信息知情权对城市生活垃圾管理公众个人参与的推动。GN_{21} 和 GN_{22} 在第 1 主成分中的得分分别为 0.845 和 0.779，体现的是政府提出的生活垃圾管理的物质奖励对城市生活垃圾管理公众个人参与的推动以及政府提出的城市生活垃圾管理的相关荣誉激励对城市生活垃圾管理公众个人参与的推动。GN_{31} 和 GN_{32} 在第 1 主成分中的得分分别为 0.797 和 0.806，体现个人所具备的环保意识、环保知识等对公众个人参与城市生活垃圾管理的推动。以上这些题项和指标都体现了公民个人的内源动力，包含个人对权力、物质、精神以及信仰的追求，将其统称为“个人利益因子”，并将其定义为 F_1。

GW_{41}、GW_{42}、GW_{51} 和 GW_{52} 在主成分 2 上所占比例较大，其中 GW_{41} 和 GW_{42}

在第2主成分上的得分分别为0.889和0.881，体现的是环保组织等对城市生活垃圾管理的公众个人参与推动。GW_{51} 和 GW_{52} 在第2主成分上的得分分别为0.867和0.858，体现的是周边的垃圾箱设置便利状况对城市生活垃圾管理公众个人参与的推动以及垃圾收运及时状况对城市生活垃圾管理公众个人参与的推动。这些题项和指标都表示的是周围的人和物对城市生活垃圾管理公众个人参与的推动，是一种弱推动。将这个因子总结为“外源弱动力因子”，并将其定义为 F_2。

GW_{21}、GW_{22}、GW_{31} 和 GW_{32} 在主成分3上所占比例较大，其中 GW_{21} 和 GW_{22} 在第3主成分上的得分分别为0.839和0.794，体现的是公众个人所掌握或是了解的城市生活垃圾相关法规制度对城市生活垃圾管理公众个人参与的推动作用。GW_{31} 和 GW_{32} 在第3主成分上的得分分别为0.820和0.857，体现的是朋友、家人以及社会媒体的宣传教育对城市生活垃圾管理公众个人参与的约束作用，较主成分2中的动力因素对公众个人的推动更大一些。将这个因子总结为“外源强动力因子”，并将其定义为 F_3。

GW_{61} 和 GW_{62} 在第4主成分中所占比重较大，其中 GW_{61} 在第4主成分上的得分为0.876，体现的是电视、网络等媒体上有关生活垃圾管理的宣传对城市生活垃圾管理公众个人参与的推动。GW_{62} 在第4主成分上的得分为0.878，体现的是城市生活垃圾项目信息内容公开的程度对城市生活垃圾管理公众个人参与的推动。将第4个主成分因子命名为“信息技术因子”，并将其定义为 F_4。

GW_{11} 和 GW_{12} 在第5主成分中所占比重较大，其中 GW_{11} 在第5主成分上的得分为0.890，体现的是政府公布的生活垃圾污染危害以及处理厂建设的必要性对城市生活垃圾管理公众个人参与的推动。GW_{12} 在第5主成分上的得分为0.920，体现的是城市生活垃圾处理厂建设的利弊分析对城市生活垃圾管理公众个人参与的推动。将第5个主成分因子命名为“环保需求因子”，并将其定义为 F_5。

最后，通过查阅成分得分系数矩阵(表8.12)，通过数据化将5个主成分用18个测量变量表示出来，其中的得分系数反映的是各个测量指标的变动能够引起的主成分的变化量。

表8.12　成分得分系数矩阵

	成分				
	1	2	3	4	5
ZGN_{11}	0.275	−0.039	−0.081	−0.129	0.023
ZGN_{12}	0.249	−0.060	−0.045	−0.070	0.013

续　表

	成　分				
	1	2	3	4	5
ZGN_{21}	0.237	−0.038	−0.057	−0.052	0.035
ZGN_{22}	0.210	−0.034	−0.040	−0.036	0.013
ZGN_{31}	0.191	−0.023	−0.056	0.063	−0.027
ZGN_{32}	0.216	0.013	−0.059	−0.030	−0.085
ZGW_{11}	−0.037	−0.035	−0.032	0.053	0.523
ZGW_{12}	0.014	−0.035	−0.023	−0.115	0.563
ZGW_{21}	−0.063	−0.049	0.359	−0.079	−0.045
ZGW_{22}	−0.057	−0.097	0.331	0.036	−0.051
ZGW_{31}	−0.078	−0.061	0.339	−0.004	−0.016
ZGW_{32}	−0.056	−0.098	0.395	−0.136	0.052
ZGW_{41}	−0.008	0.335	−0.114	−0.018	−0.090
ZGW_{42}	−0.033	0.318	−0.076	−0.037	−0.024
ZGW_{51}	−0.063	0.331	−0.079	−0.058	0.023
ZGW_{52}	−0.044	0.306	−0.065	−0.036	0.007
ZGW_{61}	−0.078	−0.068	−0.050	0.581	−0.015
ZGW_{62}	−0.071	−0.030	−0.089	0.585	−0.038

$$F_1 = 0.275ZGN_{11} + 0.249ZGN_{12} + 0.237ZGN_{21} + 0.210ZGN_{22} + 0.191ZGN_{31} + 0.216ZGN_{32} - 0.037ZGW_{11} + 0.014ZGW_{12} - 0.063ZGW_{21} - 0.057ZGW_{22} - 0.078ZGW_{31} - 0.056ZGW_{32} - 0.008ZGW_{41} - 0.033ZGW_{42} - 0.063ZGW_{51} - 0.044ZGW_{52} - 0.078ZGW_{61} - 0.071ZGW_{62}$$

$$F_2 = -0.039ZGN_{11} - 0.060ZGN_{12} - 0.038ZGN_{21} - 0.034ZGN_{22} - 0.023ZGN_{31} + 0.013ZGN_{32} - 0.035ZGW_{11} - 0.035ZGW_{12} - 0.049ZGW_{21} - 0.097ZGW_{22} - 0.061ZGW_{31} - 0.098ZGW_{32} + 0.335ZGW_{41} + 0.318ZGW_{42} + 0.331ZGW_{51} + 0.306ZGW_{52} - 0.068ZGW_{61} - 0.030ZGW_{62}$$

$$F_3 = -0.081ZGN_{11} - 0.045ZGN_{12} - 0.057ZGN_{21} - 0.040ZGN_{22} - 0.056ZGN_{31} - 0.059ZGN_{32} - 0.032ZGW_{11} - 0.023ZGW_{12} + 0.359ZGW_{21} + 0.331ZGW_{22} + 0.339ZGW_{31} + 0.395ZGW_{32} - 0.114ZGW_{41} - 0.076ZGW_{42} - 0.079ZGW_{51} - 0.065ZGW_{52} - 0.050ZGW_{61} - 0.089ZGW_{62}$$

$$F_4 = -0.129ZGN_{11} - 0.070ZGN_{12} - 0.052ZGN_{21} - 0.036ZGN_{22} + 0.063ZGN_{31} - 0.030ZGN_{32} + 0.053ZGW_{11} - 0.115ZGW_{12} - 0.079ZGW_{21} + 0.036ZGW_{22} - 0.004ZGW_{31} - 0.136ZGW_{32} - 0.018ZGW_{41} - 0.037ZGW_{42} - 0.058ZGW_{51} - 0.036ZGW_{52} + 0.581ZGW_{61} + 0.585ZGW_{62}$$

$$F_5 = +0.023ZGN_{11} + 0.013ZGN_{12} + 0.035ZGN_{21} + 0.013ZGN_{22} - 0.027ZGN_{31} - 0.085ZGN_{32} + 0.523ZGW_{11} + 0.563ZGW_{12} - 0.045ZGW_{21} - 0.051ZGW_{22} - 0.016ZGW_{31} - 0.052ZGW_{32} - 0.090ZGW_{41} - 0.024ZGW_{42} + 0.023ZGW_{51} + 0.007ZGW_{52} - 0.015ZGW_{61} - 0.038ZGW_{62}$$

2. 大数据时代城市生活垃圾管理企业参与动力的主成分分析

大数据时代城市生活垃圾管理企业参与的动力评价指标中设计了 8 个自变量、16 个自变量的测量变量，为了后续进行主要动力因素的分析，本文采用主成分分析，也就是将测量变量通过线性变化的方式选出少数几个具有代表性的重要变量。在提取主成分时，为了尽可能从 16 个测量变量中抽取完全的信息，设置特征值大于 0.8，之后运用最大方差法进行旋转，得出主成分分析具体结果如表 8.13 和表 8.14 所示。根据表 8.13 可知，一共提取了 5 个主成分。

表 8.13　解释的总方差

成分	初始特征值			提取平方和载入			旋转平方和载入		
	合计	方差的 %	累积 %	合计	方差的 %	累积 %	合计	方差的 %	累积 %
1	6.409	40.058	40.058	6.409	40.058	40.058	5.057	31.608	31.608
2	2.891	18.069	58.128	2.891	18.069	58.128	3.381	21.134	52.742
3	1.901	11.882	70.010	1.901	11.882	70.010	1.914	11.965	64.707
4	1.621	10.133	80.143	1.621	10.133	80.143	1.832	11.453	76.160
5	1.127	7.041	87.184	1.127	7.041	87.184	1.764	11.024	87.184
6	0.472	2.952	90.136						
7	0.378	2.360	92.497						
8	0.283	1.770	94.266						
9	0.228	1.428	95.695						
10	0.182	1.135	96.829						
11	0.173	1.080	97.909						
12	0.105	0.659	98.568						

续　表

成分	初始特征值			提取平方和载入			旋转平方和载入		
	合计	方差的 %	累积 %	合计	方差的 %	累积 %	合计	方差的 %	累积 %
13	0.086	0.540	99.107						
14	0.062	0.386	99.494						
15	0.057	0.357	99.850						
16	0.024	0.150	100.000						

表 8.14　旋转成分矩阵 a

	成分				
	1	2	3	4	5
ZQN_{11}	0.259	0.125	0.134	−0.108	0.824
ZQN_{12}	0.232	0.077	0.085	−0.034	0.889
ZQN_{21}	0.895	0.035	0.223	0.096	0.129
ZQN_{22}	0.893	0.305	0.040	0.003	0.126
ZQW_{11}	−0.031	0.003	0.012	0.954	−0.059
ZQW_{12}	0.138	0.173	0.053	0.924	−0.065
ZQW_{21}	0.950	0.037	0.054	0.009	0.055
ZQW_{22}	0.856	0.236	0.060	0.080	0.113
ZQW_{31}	0.832	−0.012	0.234	0.077	0.300
ZQW_{32}	0.879	0.111	0.099	−0.060	0.168
ZQW_{41}	0.068	0.932	0.032	0.097	0.034
ZQW_{42}	0.174	0.892	0.039	0.124	0.058
ZQW_{51}	0.328	0.813	0.109	0.021	−0.051
ZQW_{52}	−0.030	0.916	−0.071	−0.030	0.212
ZQW_{61}	0.165	0.037	0.966	0.010	−0.004
ZQW_{62}	0.217	0.036	0.901	0.060	0.258

QN_{21}、QN_{22}、QW_{21}、QW_{22}、QW_{31}、QW_{32} 在主成分 1 中的占比较大，其中 QN_{21} 和 QN_{22} 在第 1 主成分中的得分分别为 0.895 和 0.893，表示的是企业的社会责任，即企业受到政府关于社会责任的要求和为自身赢得公众的信任而引起的社会责任对城市生活垃圾管理企业参与的推动。QW_{21} 和 QW_{22} 在第 1 主成分中的得

分分别为 0.950 和 0.856，其体现的是企业掌握或是了解的城市生活垃圾相关法规制度对城市生活垃圾管理企业参与的推动作用。QW_{31} 和 QW_{32} 在第 1 主成分中的得分分别为 0.832 和 0.879，体现的是第三方评估机构、企业员工以及公众对城市生活垃圾管理企业参与的监督与推动。以上这些题项和指标都体现了企业受到相关的约束进而参与城市生活垃圾管理的行为，因此将其统称为“外源强动力因子”，并将其定义为 P_1。

QW_{41}、QW_{42}、QW_{51}、QW_{52} 在主成分 2 中的占比较大，其中 QW_{41} 和 QW_{42} 在第 2 主成分中的得分分别为 0.932 和 0.892，体现的是环保组织等对城市生活垃圾管理企业参与的推动。QW_{51} 和 QW_{52} 在第 2 主成分上的得分分别为 0.813 和 0.916，体现的是周边环境的垃圾箱设置便利状况对城市生活垃圾管理企业参与的推动以及垃圾收运及时状况对城市生活垃圾管理公众参与的推动。这些指标都表示的是周围的人和物对城市生活垃圾管理企业参与的推动，是一种弱推动。将这个因子总结为“外源弱动力因子”，并将其定义为 P_2。

QW_{61} 和 QW_{62} 在第 3 主成分中所占比重较大，其中 QW_{61} 在第 3 主成分上的得分为 0.966，体现的是电视、网络等媒体上有关生活垃圾管理的宣传对城市生活垃圾管理企业参与的推动。QW_{62} 在第 3 主成分上的得分为 0.901，体现的是城市生活垃圾项目信息内容公开的程度对城市生活垃圾管理企业参与的推动。将第 3 个主成分因子命名为“信息技术因子”，并将其定义为 P_3。

QW_{11} 和 QW_{12} 在第 4 主成分中所占比重较大，其中 QW_{11} 在第 4 主成分上的得分为 0.954，体现的是政府发出的生活垃圾污染危害以及处理厂建设的必要性对城市生活垃圾管理企业参与的推动。QW_{12} 在第 4 主成分上的得分为 0.924，体现的是城市生活垃圾处理厂建设的利弊分析对城市生活垃圾管理企业参与的推动。将第 4 个主成分因子命名为“环保需求因子”，并将其定义为 P_4。

QN_{11} 和 QN_{12} 在第 4 主成分中所占比重较大，其中 QN_{11} 在第 5 主成分上的得分为 0.824，体现的政府在城市生活垃圾管理中对企业的财政补贴对城市生活垃圾管理企业参与的推动。QN_{12} 在第 5 主成分上的得分为 0.889，体现的是政府提出的城市生活垃圾管理的相关荣誉激励对城市生活垃圾管理企业参与的推动。将第 5 个主成分因子命名为“利益因子”，并将其定义为 P_5。

最后，通过查阅成分得分系数矩阵（表 8.15），通过数据化将 5 个主成分用 16 个测量变量表示出来，其中的得分系数反映的是各个测量指标的变动能够引起的主成分的变化量。

表 8.15 成分得分系数矩阵

	成分				
	1	2	3	4	5
ZQN_{11}	−0.067	−0.016	−0.036	0.011	0.530
ZQN_{12}	−0.079	−0.039	−0.076	0.067	0.600
ZQN_{21}	0.196	−0.054	0.025	0.024	−0.053
ZQN_{22}	0.201	0.038	−0.078	−0.037	−0.060
ZQW_{11}	−0.036	−0.052	−0.032	0.546	0.072
ZQW_{12}	−0.003	−0.004	−0.019	0.510	0.024
ZQW_{21}	0.242	−0.050	−0.071	−0.028	−0.106
ZQW_{22}	0.192	0.014	−0.065	0.011	−0.054
ZQW_{31}	0.156	−0.075	0.018	0.038	0.080
ZQW_{32}	0.200	−0.023	−0.045	−0.059	−0.030
ZQW_{41}	−0.051	0.297	0.019	−0.001	−0.033
ZQW_{42}	−0.025	0.274	0.007	0.015	−0.026
ZQW_{51}	0.034	0.253	0.052	−0.062	−0.145
ZQW_{52}	−0.088	0.293	−0.049	−0.044	0.110
ZQW_{61}	−0.057	0.017	0.578	−0.053	−0.145
ZQW_{62}	−0.076	−0.006	0.499	0.008	0.054

$$P_1 = -0.067ZQN_{11} - 0.079ZQN_{12} + 0.196ZQN_{21} + 0.201ZQN_{22} - 0.036ZQW_{11} - 0.003ZQW_{12} + 0.242ZQW_{21} + 0.192ZQW_{22} + 0.156ZQW_{31} + 0.200ZQW_{32} - 0.051ZQW_{41} - 0.025ZQW_{42} + 0.034ZQW_{51} - 0.088ZQW_{52} - 0.057ZQW_{61} - 0.076ZQW_{62}$$

$$P_2 = -0.016ZQN_{11} - 0.039ZQN_{12} - 0.054ZQN_{21} + 0.038ZQN_{22} - 0.052ZQW_{11} - 0.004ZQW_{12} - 0.050ZQW_{21} + 0.014ZQW_{22} - 0.075ZQW_{31} - 0.023ZQW_{32} + 0.297ZQW_{41} + 0.274ZQW_{42} + 0.253ZQW_{51} + 0.293ZQW_{52} - 0.017ZQW_{61} - 0.006ZQW_{62}$$

$$P_3 = -0.0369ZQN_{11} - 0.076ZQN_{12} + 0.025ZQN_{21} - 0.078ZQN_{22} - 0.032ZQW_{11} - 0.019ZQW_{12} - 0.071ZQW_{21} - 0.065ZQW_{22} + 0.018ZQW_{31} - 0.045ZQW_{32} + 0.019ZQW_{41} + 0.007ZQW_{42} + 0.052ZQW_{51} - 0.049ZQW_{52} + 0.578ZQW_{61} + 0.499ZQW_{62}$$

$$
\begin{aligned}
P_4 = & 0.011ZQN_{11} + 0.067ZQN_{12} + 0.024ZQN_{21} - 0.037ZQN_{22} + 0.546ZQW_{11} \\
& + 0.510ZQW_{12} - 0.028ZQW_{21} + 0.011ZQW_{22} + 0.038ZQW_{31} - 0.059ZQW_{32} \\
& - 0.001ZQW_{41} + 0.015ZQW_{42} - 0.062ZQW_{51} - 0.044ZQW_{52} - 0.053ZQW_{61} \\
& + 0.008ZQW_{62}
\end{aligned}
$$

$$
\begin{aligned}
P_5 = & 0.530ZQN_{11} + 0.600ZQN_{12} - 0.053ZQN_{21} - 0.060ZQN_{22} + 0.072ZQW_{11} \\
& + 0.024ZQW_{12} - 0.106ZQW_{21} - 0.054ZQW_{22} + 0.080ZQW_{31} - 0.030ZQW_{32} \\
& - 0.033ZQW_{41} - 0.026ZQW_{42} - 0.145ZQW_{51} + 0.110ZQW_{52} - 0.145ZQW_{61} \\
& - 0.054ZQW_{62}
\end{aligned}
$$

(四) 结果分析

大数据时代城市生活垃圾管理公众参与的动力来源主要分为三个部分：一是城市生活垃圾管理公众个人参与的动力，二是城市生活垃圾管理企业参与的动力，三是政府引导公众个人和企业参与城市生活垃圾管理的动力。由这些动力形成的合力促进了城市生活垃圾管理公众参与的发展。

首先，大数据时代城市生活垃圾管理公众个人参与的动力主要来源于五个方面，分别为个人利益、外源强动力、外源弱动力、环保需求和信息技术。个人利益是指公民个人为了追求环境知情权、环保参与权、物质利益、精神利益，以及个人的环保信仰等公众个人自发产生的参与城市生活垃圾管理的动力。外源强动力是指公民在法律规范和其他机构或组织监督下参与城市生活垃圾管理的动力。这主要是外部的强推动力量。外源弱动力是指公民在其他人或组织的带动下，由于些许从众心里和内心参与的欲望所导致的参与城市生活垃圾管理的动力。这是外部的一种弱推动力量。环保需求是每个公民生活在社会中必须要考虑的环境保护问题，与每个人的生活息息相关。信息技术是大数据时代城市生活垃圾管理公民个人参与的特殊要求。大数据时代不同于传统时代，其互联网技术的发展和数据的增长直接导致了城市生活垃圾管理公众参与的便捷性和有效性，所以这是大数据时代公众个人参与城市生活垃圾管理的基本特征。

其次，大数据时代城市生活垃圾管理企业参与的动力也来源于五个方面，分别为利益追求、外源强动力、外源弱动力、环保需求和信息技术。利益追求是指企业在政府环境保护补贴和环境保护荣誉激励的推动下参与城市生活垃圾管理，是企业自发参与城市生活垃圾管理的内部动力。外源强动力是指企业在法律规范和其他机构或组织的监督之下参与城市生活垃圾管理的动力，主要是外部的强推动力量。外源弱动力是指企业在相关组织的带动下参与城市生活垃圾管理的动力，是外部的一种弱推动力量。环保需求是每个企业生活在社会中必须要考虑的环境保护问题，与每个人的生活息息相关。信息技术是大数据时代城市生活垃圾管理企业参与的特殊要求，也是大数据时代城市生活垃圾管理企业参与的基本特征。

最后，大数据时代政府引导公众个人或企业参与城市生活垃圾管理的动力一共有五个方面，分别为政府义务、政府公信力、环境保护需求、社会监督力量和信息技术发展。在对 30 余名政府工作人员进行访谈后得到，每个方面都对政府引导公众个人或企业参与城市生活垃圾管理有很强的影响，尤其是信息技术发展是大数据时代政府引导公众个人或企业参与城市生活垃圾管理的巨大推动力。

综上所述，大数据时代城市生活垃圾管理公众参与动力来源有三个方面，公众个人和企业参与城市生活垃圾管理主要来源于五个动力，分别为利益追求、外源强动力、外源弱动力、环保需求和信息技术。政府引导公众个人或企业参与城市生活垃圾管理的动力也来源于五个动力，分别为政府义务、政府公信力、环境保护需求、社会监督力量和信息技术发展。在大数据时代，单个主体参与城市生活垃圾管理都有一个重要的动力驱动，即信息技术的发展。互联网技术、信息技术的发展所引起的大数据时代让每个主体有了更加深入的了解与联系，其对城市生活垃圾管理公众参与起到了重要的推动作用。

第 9 章

大数据时代城市生活垃圾管理公众参与的实现

在大数据时代，“谁参与”、“参与什么”、“哪种程度参与”、“怎么参与”等一系列问题都是城市生活垃圾管理公众参与需要解决的基本问题，是城市生活垃圾管理公众参与研究的根本，也为城市生活垃圾管理公众参与的实现奠定了基础。在上述四个问题中，首先需要解决的是“谁参与”和“参与什么”这两个问题，也就是需要研究大数据时代城市生活垃圾管理公众参与的主体和客体，抓住大数据时代城市生活垃圾管理的主要参与者及其环境基础，以便更有效地对城市生活垃圾进行管理。因此，在大数据时代，城市生活垃圾管理公众参与的实现主要应对其主、客体关系进行研究。

一、大数据时代城市生活垃圾管理公众参与的主体与客体

清晰界定大数据时代城市生活垃圾管理公众参与的主体和客体才能直接回答城市生活垃圾管理过程中“谁参与”和“参与什么”这两个核心问题，因此对城市生活垃圾管理全过程涉及的主、客体进行研究很有必要[185]。目前，大数据时代下的城市生活垃圾管理公众参与已经渗透到我国城市生活垃圾“收集—转运—处理”管理的全过程[186]，见图 9.1。由于每个阶段涉及的参与者不同，导致各阶段城市生活垃圾管理公众参与主、客体之间的双重复杂性。因此，需要明确界定每个阶段的参与主体和参与客体，以便有针对性地对城市生活垃圾管理公众参与进行相关研究。

图9.1 城市生活垃圾管理全过程

(一) 公众参与的主体

1. 大数据时代城市生活垃圾收集公众参与主体

城市生活垃圾收集是指根据城市生活垃圾不同成分、特殊属性、特定处理性质、具体利用价值以及潜在的不同程度的环境污染等因素,对城市生活垃圾进行收集的过程[187]。城市生活垃圾由城市居民、各公共场所的自然人、各企业机构的自然人等产生,包括各种废弃物。城市生活垃圾收集需要经过两次分类过程,第一次分类是单个城市居民、商业机构的自然人和城市中的拾荒者们对原始垃圾进行分类的过程,一般情况下根据相关的规范条例将原始的城市生活垃圾分为干垃圾、湿垃圾、有害垃圾、可回收垃圾这四种垃圾。第二次分类是各场所的清洁人员、环卫工人以及垃圾处理公司等对第一次分类中未分类好的城市生活垃圾进行二次分类。上述城市生活垃圾分类收集过程中涉及的主体较多,除了在这个过程中主动参与的各类人员之外,还有政府和非政府组织(NGO)对这个过程中各参与者的引导和推动,具体如图9.2所示。

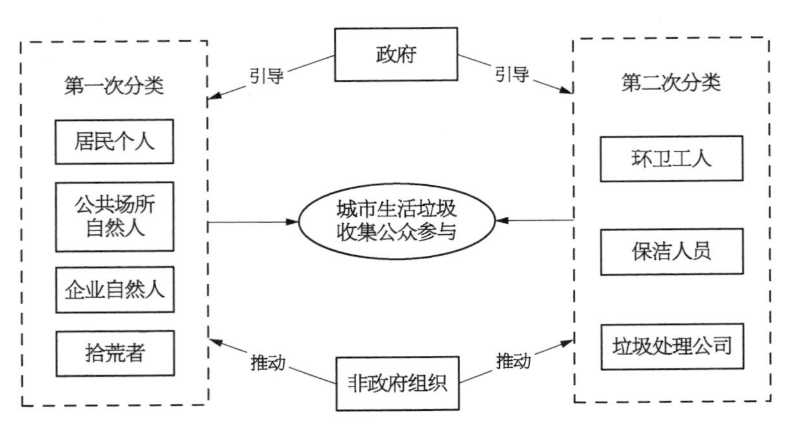

图9.2 城市生活垃圾收集公众参与的主体

根据图9.2对城市生活垃圾公众参与主体的描述可知,在城市生活垃圾收集过程中的各参与主体可以分为两类,一类是直接参与城市生活垃圾收集的直接参与者,即居民个人、企业自然人等;另一类是在这个过程中对上述主体参与城市生活垃圾收集行为起推动作用的间接参与主体,即政府相关部门和社会组织。

对于直接参与主体来讲，城市生活垃圾第一次分类的主体是居民个人、各公共场所的自然人、各企业机构的自然人、拾荒者等。其中，居民个人、各公共场所的自然人、各企业机构的自然人是城市生活垃圾收集的主体；而城市中的拾荒者则是大部分可回收资源回收的主体，城市拾荒者会在垃圾中转站将城市生活垃圾中的可回收资源（废纸、塑料瓶、啤酒瓶等）进行收集并拿去废品站进行变卖。城市生活垃圾第二次分类的主体是清洁工人、保洁人员以及垃圾处理专业公司中的工作人员。其中，清洁人员对小区或企业内垃圾桶中未进行正确分类的垃圾进行二次分类，环卫工人将公众场所垃圾桶中未进行正确分类的垃圾进行二次分类，从而方便城市生活垃圾后续的分类运输。

对于间接参与主体来讲，政府部门和非政府组织对城市生活垃圾收集提供相应的支持。其中，政府主要起引导作用，通过制定相关的法律规范来引导各类主体参与城市生活垃圾收集；而非政府组织主要起推动性作用，来倡导各类主体参与城市生活垃圾收集。例如，台湾地区的佛教慈善团体——慈济基金会在推动城市生活垃圾分类收集环节起到带头作用，在它的带领下，台湾地区的塑料瓶回收率达到50%。随着慈济基金会的推进与政府部门的协助，其他民间团体也逐渐加入城市生活垃圾管理，使得台湾地区的城市生活垃圾管理公众参与度大大提升，居民的参与意愿也随之上升。

2. 大数据时代城市生活垃圾运输公众参与主体

城市生活垃圾运输就是专业的垃圾运输车辆将小区的垃圾厢房、公共场所的垃圾桶等设备中分好类的垃圾运输至城市生活垃圾处理场的过程[188]。这一过程主要是通过政府引导各类企业来进行城市生活垃圾的运输，具体涉及的参与者如图9.3所示。城市生活垃圾运输参与主体也分为直接主体和间接主体，其中直接主体是直接参与到城市生活垃圾运输过程中的企业和人员，间接主体主要是政府相关部门。

参与城市生活垃圾运输环节的直接主体主要有三类：第一类是为我国城市生活垃圾清运过程提供经营性清扫、收集、运输服务的企业，如政府出资运营的运输公司、私人投资运营的运输公司，以及自组织的运营公司等，即环卫公司；第二类是为城市生活垃圾清运过程提供清扫、收集、运输工具的企业，如制造生产垃圾运输车辆的企业等，多为机械制造型企业；第三类就是在城市生活垃圾运输过程中进行服务的工作人员，一般包括环卫工人和垃圾运输车司机、垃圾车调度管理人员。其中，环卫工人主要是将城市生活垃圾进行装车，垃圾运输车司机负责将城市生活垃圾运输至相应的垃圾处理厂，垃圾车调度管理人员主要是对城市生活垃圾的运输

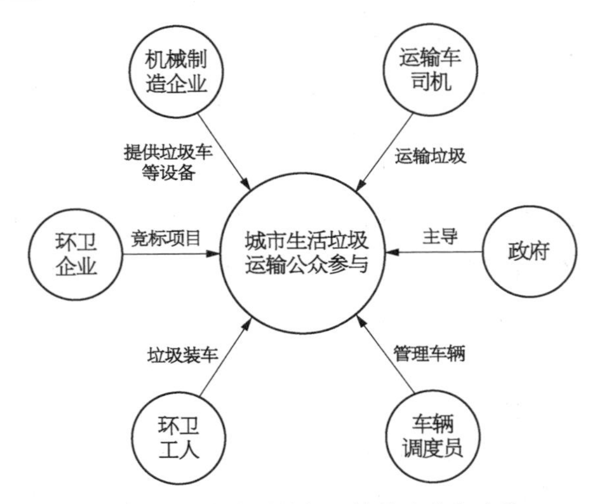

图 9.3　城市生活垃圾运输公众参与主体

车辆进行合理分配以保证城市生活垃圾能在有效的时间内全部被清运。

我国城市生活垃圾清运的全过程基本由一家完成，城市生活垃圾管理的相关费用大部分都是靠政府财政拨款，公众个人很难参与，一般是以企业为单位在取得城市生活垃圾经营性服务许可证情况下，从事城市生活垃圾相关管理活动。各地政府相关部门通过招标的方式吸引私营企业对城市生活垃圾的管理工作进行竞标。为垃圾清运处置过程提供清扫、收集、运输工具的企业主要是指制造生产垃圾运输车的企业。目前，我国有 30 家左右的机械制造企业有生产垃圾车的业务，其中最有代表性的有长沙中联重工科技发展股份有限公司、郑州宇通重工有限公司、徐州工程机械集团有限公司等。

参与城市生活垃圾运输环节的间接主体是政府相关部门。政府相关部门通过主导作用来推动城市生活垃圾运输公众参与。第一，通过招标方式对环卫公司城市生活垃圾运输项目进行筛选；第二，对参与城市生活垃圾运输的各企业给予一定的补贴来吸引企业参与到城市生活垃圾运输；第三，通过制定相关的法律规范来约束企业和个人在城市生活垃圾运输过程中的各种行为。

3. 大数据时代城市生活垃圾处理公众参与主体

广义上讲，城市生活垃圾处理是指将各类垃圾进行无害化处理或者回收利用的过程。狭义上讲，应该以城市生活垃圾处理设施建设运营的全过程来对城市生活垃圾处理进行定义，包括城市生活垃圾处理设施的选址、城市生活垃圾处理设施的建设、城市生活垃圾处理设施的运营这三个阶段[189][190]。这三个阶段涉及的参与者各有不同，其中在城市生活垃圾处理设施的规划选址阶段，需要政府对处理设施项目进行规划与招标、企业对其进行竞标、公众和非政府组织(NGO)对选址设施的建设地点进行监督与建议;在城市生活垃圾处理设施的建设阶段,需要政府相关部门对其进行补贴、城市生活垃圾处理企业进行建设控制、施工单位对其进行建设、第三方企业对其进行评估、公众对其进行监督;在城市生活垃圾处理设施的运营阶段,需要政府对其进行规范与财政补贴、垃圾处理企业对处理技术进行把控、设备制造企业为其提供城市生活垃圾处理设施(如垃圾焚烧炉等)、第三方企业对其进行监督与评估、公众对其环境污染问题进行监督。整个过程如图 9.4 所示。由于每个阶段需要解决的社会问题都有差异,所以城市生活垃圾处理公众参与每个阶段所涉及的参与主体各有不同,根据图 9.4 可以清晰地得到城市生活垃圾处理每个阶段公众参与的主体。

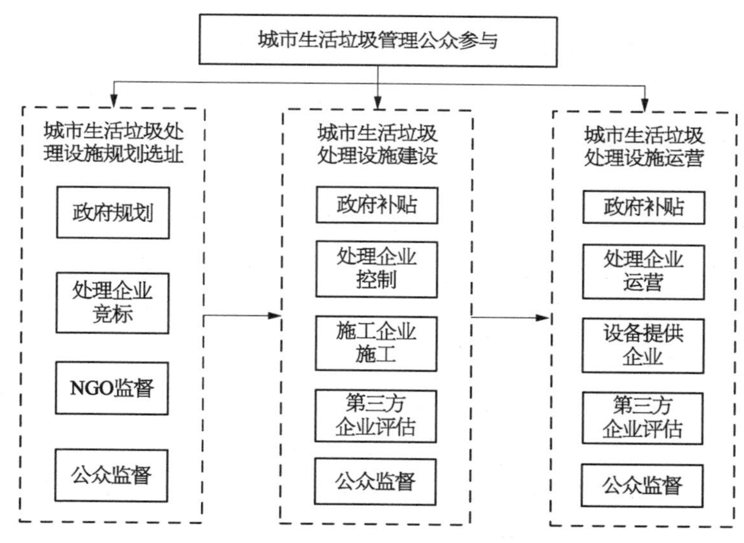

图 9.4 城市生活垃圾处理公众参与过程

首先,在城市生活垃圾处理设施选址阶段,城市生活垃圾处理的公众参与主体主要涉及政府、城市生活垃圾处理企业、非政府组织(NGO)以及公众。第一,政府站在所有公众的角度为每个人提供较好的生活环境,针对城市生活垃圾管理来讲,最重要的就是要建设可以容纳一定体量的城市生活垃圾无害化处理设施,又因为城市生活垃圾处理属于“邻避”设施,会对其周围的居民造成一定的影响,所以政府对其选址必须经过严格的规划论证,才能在保证多方利益的情况下,确定最终的地址。因此,政府必须以主导者的身份对这一事件进行控制,来保证社会收益的最大化。第二,垃圾处理企业需要从政府手中对已经规划好的城市生活垃圾处理项目进行竞标，争取城市生活垃圾处理项目的运营权，为日后处理城市生活垃圾做准备。第三，在城市生活垃圾处理设施项目规划阶段，非政府组织站在公众的角度，也会对规划方案及选址地点进行监督，以保证设施的规划选址不会影响到部分公众的利益。第四，城市生活垃圾的选址关系到选址地点周围民众的切身利益，因此周围的居民是该阶段公众参与的主要力量。在草案报送相关部门进行审批前，通过举行听证会或者采取其他形式征求相关单位、专家和公众对环境影响报告书的意见。2007 年北京市六里屯垃圾发电厂事件以及随后的江苏吴江、广东番禺、深圳平湖等城市生活垃圾处理相关公众参与事件，均体现了公众参与城市生活垃圾处理设施规划选址的意愿。

其次，在城市生活垃圾处理设施建设阶段，城市生活垃圾处理的公众参与主体主要涉及政府、城市生活垃圾处理企业、施工单位、第三方企业以及公众等。第一，在完成竞标工作后，政府将之前规划的城市生活垃圾处理设施的建设工作转交到城市生活垃圾处理企业。由于该类型的设施属于公共设施，一般情况下盈利困难，所以政府会对城市生活垃圾处理企业进行一定的补贴，具体的项目形式主要以 BOT、PPP 等为主。第二，一般情况下，在城市生活垃圾处理设施建设阶段，垃圾处理企业和政府属于项目建设的甲方，对城市生活垃圾处理设施的建设实行管控与管理，以保证项目的正常施工进度与项目的成本控制。第三，施工企业作为乙方对城市生活垃圾处理设施进行建设。由于城市生活垃圾处理项目的特殊要求，需要专业的施工单位进行建设，以保证后续的正常运作。第四，在城市生活垃圾处理设施建设过程中，第三方企业需要对其进行监督与评估，一方面评估其是否满足建设要求；另一方面监督其是否满足环境要求。第三方评估企业一般包括咨询公司、科研院所和高校。第五，在建设地点周围的公众需要时刻关注城市生活垃圾处理设施的建设情况，了解最新的建设动态，以防止建设过程中出现任何问题。

最后，在城市生活垃圾处理设施运营阶段，城市生活垃圾处理公众参与的主体主要涉及政府、城市生活垃圾处理企业、城市生活垃圾处理设备提供单位、第三方企业以及公众。第一，在城市生活垃圾运营阶段，由于处理设施属于公共设施的原因，其盈利模式不同于一般的企业，往往存在亏损的情况，所以政府会对城市生活垃圾处理企业给予一定的运营补贴，以保证企业有进行城市生活垃圾处理的动力。第二，城市生活垃圾处理企业在进行垃圾处理时，需要考虑垃圾处理的效率和质量问题，所以，在这一阶段，企业需要对城市生活垃圾处理的相关技术进行攻破，以提升企业自身的能力。第三，城市生活垃圾处理相关设备的提供企业在项目正式运作时，需要向垃圾处理企业提供新型的设备，以保证垃圾处理的质量。第四，第三方企业需要对其进行监督与评估，一方面评估其是否满足垃圾处理的标准，另一方面监督其是否满足环境要求。第三方评估企业一般包括咨询公司、科研院所和高校。第五，公众参与城市生活垃圾处理项目的环境影响评价，其中的主要利益相关者包括项目建设地附近可能受到污染影响的居民、对该项目承担相关责任与风险的企业，以及管理该项目各环节的政府相关负责人。

（二）公众参与的客体

针对大数据时代城市生活垃圾管理“前端收集—中端转运—末端处理”各具体过程来讲，城市生活垃圾管理公众参与的客体不尽相同。由于主体和客体是相互对应的关系，所以根据上述对大数据时代城市生活垃圾管理各阶段参与主体的界定，得到城市生活垃圾管理公众参与的客体。

1. 大数据时代城市生活垃圾收集公众参与客体

大数据时代城市生活垃圾收集的客体分为两个部分：第一部分是指城市生活垃圾第一阶段分类时的客体，即城市居民个人、企业机构各自然人、城市中的拾荒者对原始垃圾进行第一次分类时所涉及的未分类的垃圾和垃圾收集设备；第二部分是城市生活垃圾第二阶段分类时的客体，即保洁人员、环卫工人以及处理城市生活垃圾专业公司的人员对垃圾进行二次分类时所涉及的已分类的垃圾。

在城市生活垃圾进行第一阶段分类时，公众参与城市生活垃圾收集的客体指原始未分类的垃圾、垃圾收集设备和互联网平台。原始未分类的城市生活垃圾包括居民城市生活垃圾、清扫垃圾以及社会团体垃圾。城市生活垃圾收集设备主要针对城市生活垃圾智能分类收集设备(图 9.5)。其主要是通过互联网平台将智能

图 9.5　城市生活垃圾智能分类设备

垃圾桶的相关数据进行存储与共享，不仅实现了城市生活垃圾的智能回收，还为我国城市生活垃圾管理提供相应的数据资料。互联网平台是大数据时代城市生活垃圾收集过程中的基础。总体来说，城市生活垃圾智能收集设备主要以智能垃圾桶为主，可以对垃圾进行智能分类，并且能为已经装满城市生活垃圾的垃圾桶进行报警，方便清洁工人及时运输垃圾。

在大数据时代，人们生活水平和方式的改变也引起了城市生活垃圾构成的变化，特别是近几年来科技的发展，电子产品大量被作为垃圾抛弃。总体来看，城市生活垃圾中的可回收利用物、可燃物、有机物含量明显增加。除此之外，城市生活垃圾的组成随着季节的更替会发生相应的变化，如夏季由于水果众多导致果蔬类的湿垃圾明显增加，从而增加城市生活垃圾收集过程中主体们对于湿垃圾的收集。城市生活垃圾的组成也因为地域的不同而有所差异，如南方的城市生活垃圾中的易腐有机物相对北方较多，这说明不同地区城市生活垃圾收集过程中主体的垃圾收集的侧重点也会稍有不同。城市生活垃圾的组成也随各地人们生活习惯的不同而不同。

2. 大数据时代城市生活垃圾运输公众参与客体

大数据时代城市生活垃圾运输公众参与客体主要指已经进行分类的垃圾、城市生活垃圾运输工具、城市生活垃圾中转站以及互联网平台。

已经分类的垃圾属于城市生活垃圾运输公众参与的主要客体，一般情况下主要指干垃圾、湿垃圾、可回收垃圾以及有害垃圾(表 9.1)。市政环卫运输各种垃圾使用的垃圾运输车也属于城市生活垃圾运输公众参与的客体(图 9.6)。垃圾运输车在运输小区垃圾以及公共场所垃圾方面应用率较高，垃圾运输车还可将装入的垃圾压缩、压碎，使其密度增大、体积缩小，提高垃圾收集和运输的效率。城市生活垃圾运输车辆有多种类型(表 9.2)，我国使用最多的垃圾车类型是自卸式垃圾车，这类垃圾车在运输中并没有对垃圾进行分类，是混合运输。在城市生活垃圾运输阶段，互联网平台可以记录各种类型垃圾的清运数量，并且可以对垃圾运输车进行智能化的调度与安排，以满足城市生活垃圾的正常收集和运输。

表 9.1 城市生活垃圾的四分类表

垃圾类别	特征
干垃圾	废弃的纸张、塑料、玻璃、金属、织物等，还包括报废车辆、家电、家具、装修废弃物等大型的垃圾。绝大多数的干垃圾均可分类回收后加以利用
湿垃圾	在自然条件下易分解的垃圾，包括食物残渣、菜根、菜叶、瓜皮、果屑、蛋壳、鱼鳞、毛发、植物枝干、树叶、杂草、动物尸体、牲畜粪便等

续　表

垃圾类别	特　　征
可回收垃圾	本身或材质可再利用的纸类、硬纸板、玻璃、塑料、金属、塑料包装，与这些材质有关的如报纸、杂志、广告单及其他干净的纸类等皆可回收
有害垃圾	指废旧电池、荧光灯管、水银温度计、废油漆桶、腐蚀性洗涤剂、医疗垃圾、过期药品、含辐射性废弃物等

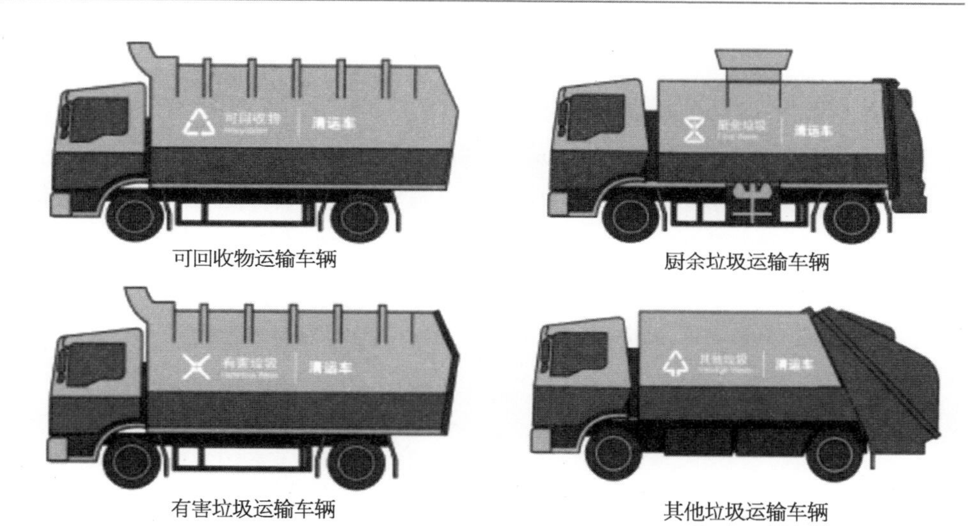

图 9.6　城市生活垃圾运输车辆

表 9.2　城市生活垃圾运输车辆分类

分类依据	分　　类
品牌	东风系列垃圾车、解放系列垃圾车、北汽福田系列垃圾车、江铃系列垃圾车等
品种	小霸王垃圾车、多利卡垃圾车、三平柴垃圾车、145 垃圾车、153 垃圾车、1208 垃圾车、长安微型垃圾车等
用途	自卸式垃圾车、摆臂式(地坑地面两用型)垃圾车、密封式垃圾车、挂桶式垃圾车、拉臂式垃圾车、压缩式垃圾车、车厢可卸式垃圾车、后装卸式垃圾车等
垃圾车底盘	垃圾车可采用东风底盘、解放底盘、福田底盘、重汽底盘
运输垃圾种类	可回收运输车辆、有害垃圾运输车辆、厨余垃圾运输车辆、其他垃圾运输车辆

3. 大数据时代城市生活垃圾处理公众参与客体

根据城市生活垃圾处理公众参与的过程，总结出城市生活垃圾处理设施是从规划到建设再到运营过程中的客体，其不仅涉及城市生活垃圾处理的技术、不同类型的垃圾处理设施，还涉及相应的互联网平台。

首先，随着科技的发展，我国城市生活垃圾处理技术水平稳步提高。目前我国城市生活垃圾主要处理方式有填埋和焚烧处理两种方式（图 9.7）。目前，城市生活垃圾焚烧是我国各地区垃圾处理的主要方式。焚烧技术是从发达国家引进的。对城市生活垃圾进行科学焚烧主要是能对垃圾进行彻底的无害化处理，并且城市生活垃圾在焚烧过程中产生的热能也能被加以利用，这种方式是目前最好的城市生活垃圾处理技术。

其次，我国大部分地区的城市生活垃圾处理设施建设已经基本完善，仅有个别地区没有规范的垃圾处理设施，造成城市生活垃圾堆放。截至 2018 年，我国城市中共有无害化处理场（厂）1 091 座，无害化处理能力达到 766 194.98 吨/日，其中填埋场 663 座，处理能力为 373 498.44 吨/日，约占总量的 62.9%；焚烧厂 331 座，处理能力为 364 594.67 吨/日，约占总量的 34.9%；其他无害化处理厂 97 座，处理能力为 28 101.87 吨/日，约占总量的 2.3%。

图 9.7　城市生活垃圾处理设施（左：填埋；右：焚烧）

二、大数据时代城市生活垃圾管理公众参与的层次与方式

对大数据时代城市生活垃圾管理公众参与的层次与方式进行深入研究，可以知道“谁参与”和“参与什么”，并在此基础上正确地回答“哪种程度参与”和“怎么参与”这两个重要问题。最主要的目的是通过对参与层次的正确划分，为后面的参与方式提供基础，这两个问题是相互依赖、相辅相成的关系，只有在明确有哪些参与形式的基础上，才能正确地选择参与的方式。

(一) 公众参与的层次

1. Amstein公众参与模型

美国的Amstein认为,任何领域的公众参与都可分为八个层次、三个阶段(图9.8)。最低层次表示公众没有渠道参与;最高层次表示公众不仅可以参与,而且在决策中处于支配地位,具有决策否决权;中间层次的公众参与仅仅是象征性行为。公众参与要想发挥作用,首先必须满足低层次的公众参与要求。

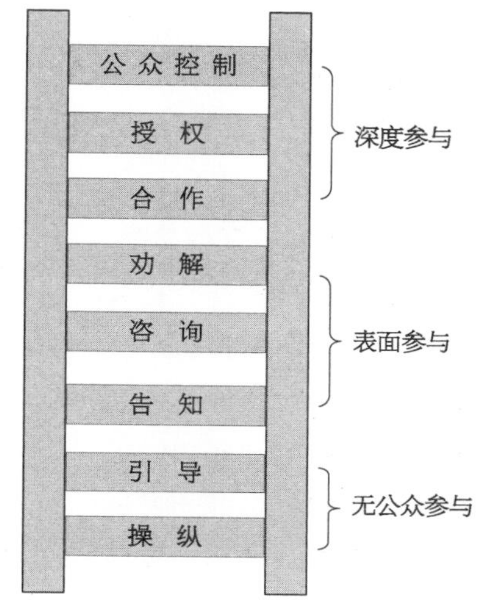

图9.8　公众参与层次

公众参与的程度分别为操纵、引导、告知、咨询、劝解、合作、授权、公众控制八个层次。这八个层次从下往上体现了公众参与城市生活垃圾管理的程度,越往上公众的参与层次和参与度越深入。

(1) 操纵:操纵是政府按照自己的目的和意思组织并操纵公众参与的过程。这是公众参与的最低层次,政府通过强制性的手段让公众接受和执行相关的政府决策。这其实是一种彻底的假参与形式,公众实际根本没有参与相关的事务。

(2) 引导:引导就是政府以公众参与的形式达到让公众支持自己的目的。这一参与形式有时候也称为治疗,是一种被动参与的形式。在这种参与形式下,政府将公众当作"病患",通过公众参与的形式向其传播相关的价值观以实现对公众的"救治",使其认可政府的价值和适应当今的社会。这也是一种彻底的假参与形式。

(3) 告知:告知是政府把信息通知给参与者,使参与者了解情况。这种参与其实就是信息从政府到公众的单向流动,公众只是站在一个被告知的角度来吸收信息,不能发表自己的看法。这是公众参与的一种表面参与形式。

(4) 咨询:咨询是政府提供信息,公开听取参与者的意见,通过咨询获得公众的意见与态度。这同上面的告知相同,在信息单向流动的基础上,公民没有任何反馈的渠道以及与政府谈判的权利,特别是当信息在规划的较晚阶段被提供时,公民几乎没有机会去对规划产生影响。这样的参与也只是表面参与。

(5) 劝解:劝解是公众参与的重要阶段,其包含着伟大的妥协精神。相对于告知和咨询,首先从受众来讲,是更加广泛的公众,而不仅仅限于参与者。政府与参与者之间形成了交流互动，参与者介入的时间比之前的四种类型都要提前，但因政府仍然有着最终决定权，所以也只是比较深层次的表面参与。

（6）合作：合作是指政府和公众对相关的事务进行协商，以达到双方都满意的结果，这时候是权利真正意义上的重新分配。在这一过程中，公众可以取得相关的权利，对相关的事情有一定的话语权。这是公众深度参与的开始，也是权利性参与的开始。

（7）授权：授权是参与者在相关的事物之中取得了一定的主动权，这个时候政府需要和参与者进行相关的谈判。参与者在知情权得到保障的情况下，全程参与，发表看法，就参与内容与政府共同决策。这属于公众参与的权利参与阶段。

（8）公众控制：公众控制是指公众全部掌管相关的事物，即政府和公众之间的关系是被雇用和雇用的关系，公众全部控制相关的事务，成为政府的主人，和政府共同决策相关事务的进展。这是最高层次的公众参与。这种公众参与形式对公民的基本素养和社会的发展程度要求很高，一般较难达到。

由上述八种参与层次得到公众参与的三个阶段。公众参与的第一阶段是无公众参与阶段，包括操纵和引导；第二阶段是表面参与阶段，包括告知、咨询和劝解；第三阶段是深度参与阶段，包括合作授权、公众控制。这三个阶段公众的参与程度依次增加。

2. 大数据时代城市生活垃圾管理公众参与的三个层次

根据 Amstein 公众参与模型中公众参与的三个阶段，给出大数据时代城市生活垃圾管理公众参与的三个层次，分别为无公众参与阶段、表面参与阶段、深度参与阶段（图 9.9）。

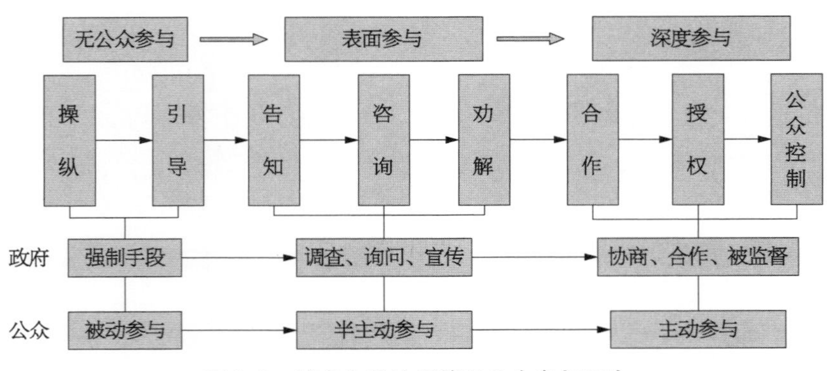

图 9.9　城市生活垃圾管理公众参与层次

(1) 无公众参与阶段：政府通过强制性的手段对城市生活垃圾管理公众参与进行要求。在这种情况下，公众参与属于被动参与的阶段。例如：《上海市城市生活垃圾管理条例》第九章的法律责任中就规定了个人和企业等未按要求处理城市生活垃圾时的相关处罚条款。这就是以强制性的手段来要求公众参与城市生活垃圾管理。

(2) 表面参与阶段：政府通过相关的行为来引导公众参与城市生活垃圾管理。例如：通过社区对城市生活垃圾分类进行宣传，以提高公民进行城市生活垃圾分类的意愿。随后再通过和公众进行交流，发现现有的城市生活垃圾管理还有什么不足，并加以改进。该阶段属于公众的表面参与阶段，也就是半主动参与阶段，这一阶段不像公众参与的被动阶段不能表达对城市生活垃圾管理的相关看法，也不像主动参与阶段公众在城市生活垃圾管理中有一定的权利，所以称为半自主参与阶段。目前，随着大数据时代的到来，我国政府正在进行大力改革，城市生活垃圾管理，职能得到重新界定，地方自主权的提升给公众参与提供了发展空间，为扩大公众的半自主参与提供了条件。

(3) 深度参与阶段：公众和政府就城市生活垃圾管理的相关问题进行讨论，共同进行决策的情况。这种情况是公众参与的高级阶段，由政府主动发起的利用电视、广播、宣传车等舆论工具引导城市生活垃圾管理公众参与的行动，培养一代人良好的文明习惯、公共意识和公民意识；开展青年志愿活动，鼓励和引导青少年积极参与生活垃圾管理；动员家庭积极参与，大力传播生态文明思想和理念，引导家庭成员从自身做起，自觉成为生活垃圾管理的参与者、践行者、推动者。以街道为单元，开展生活垃圾分类示范片区建设，实现生活垃圾管理主体全覆盖，生活垃圾投放、收集、运输、处理系统全覆盖。公众全过程参与城市生活垃圾管理，公众可以充分利用自己的权利来对城市生活垃圾管理提供相关的建议。比如在城市生活垃圾处理设施建设过程中，拟建地点的公民有权利提出相关的意见来保证自己的权利。这一阶段就是公众的主动参与阶段。

目前，我国以公众表面参与为主，无公众参与为辅，较少有公众的深度参与，即多数情况下公众通过政府引导及咨询的形式来进行参与，这主要是受制于我国国情和社会发展。在日后的发展过程中，应该充分利用互联网平台实现公众对城市生活垃圾管理的深度参与。

(二) 公众参与的方式

大数据时代城市生活垃圾管理公众参与的方式很多，没有一个统一的标准。

下面从城市生活垃圾管理公众参与的层次和城市生活垃圾管理全过程两个角度来对大数据时代城市生活垃圾管理公众参与的方式进行划分。

1. 城市生活垃圾管理公众参与各层次的公众参与方式

最常见的公众参与方式与公众参与的层次是对应的关系。大数据时代城市生活垃圾管理公众参与一共有三个层次，每个层次都对应着不同的城市生活垃圾管理公众参与的方式。

(1) *强制参与方式*：这种方式主要用在强制参与阶段，公众被要求遵守法律规范以及政府的相关要求。公众作为被动接受者来遵守和执行政府关于城市生活垃圾管理的要求，例如政府出台关于城市生活垃圾分类的相关规范，那么就必须强制性要求公民执行城市生活垃圾的分类。

(2) *半强制参与方式*：这种参与方式主要用在表面参与阶段，即政府通过一定的方式引导公众参与城市生活垃圾管理，具体的参与方式有信息交流、咨询。咨询通常针对更加具体的计划和政策，让公民参与其中、各抒己见，而不是像调查一样做各种选择题。咨询的方法包括研究、问卷、民意调查、公共会议、焦点小组、居民评审团等。

(3) *自愿参与方式*：这种方式主要用在深度参与阶段，即公众自发参与城市生活垃圾管理，公众可以发表相关的看法，并且影响相关的决策，具体的参与方式为协作、授权决策。其中，协作是公众积极参加、同意分享资源并做出决定，协作参与的方法有顾问小组(Advisory Panels)、地方战略伙伴和地方管理组织等。授权决策是参与的最高阶段，是一种权力从其掌控者手中转移的合作参与形式。决策者与参与者交换各自资源和意见，使原本的参与变成了由决策者与参与者共同作出决策。参与的方法有地方社团组织、地区座谈小组、社区合作伙伴。

2. 城市生活垃圾管理全过程的公众参与方式

在城市生活垃圾管理的全过程中，公众参与的方式包括预案参与、过程参与以及末端参与[191]。预案参与是指公众在城市生活垃圾管理法规、政策、规定制定过程中和开发建设项目实施之前的参与，是事前参与。过程参与则是城市生活垃圾管理有关项目实施过程中的参与，是监督性参与。末端参与与过程参与并无严格的界限，是指一种把关性的参与[192]。预案参与使得政府将公众智慧运用到城市生活垃圾管理有关项目中，把好源头控制关。主要形式有专家会议、问卷调查、公众座谈会议等。预案参与城市生活垃圾管理主要在两个方面：一是在城市生活垃圾管理方案出台之前，政府对潜在的危害以及环境影响进行分析并公之于众，广泛征询公众对技术可行性、社会可接受性以及公平性等全方位的意见；二是在参与环评，在城市生活垃圾管理有关项目规划、送审之前，将对项目进行的评价进行跟踪报道，使得公众参与到整个项目建设过程中。

过程参与主要是依靠公众力量构建城市生活垃圾监管新格局，通过预案参与公众对城市生活垃圾管理有关项目准备以及企划有一定了解。但仅仅预案参与是不够的，在城市生活垃圾管理有关项目实施过程中，公众有权利跟踪了解城市生活垃圾管理的实际流程与操作。过程参与不足常常会导致预案参与前功尽弃。事中把关，有利于构建环保部门与公众之间相互信任、上下联动、协同配合的新型环境监管机制[193]。末端参与主要发挥保障作用，发挥公众代表的力量，共同构筑污染防火墙。为此，政府应当邀请与此项目有利害关系的单位和群众代表参加污染案例听证会，环境污染案件的评估要广泛收集公众的意见，必要时可进行问卷调查；同时，对环境经济纠纷的处理，也应该听取公众代表的意见，并且将最终决定告知公众。

以上各种参与方式虽然大致上和传统的公众参与接近，但是，在大数据时代，信息技术和互联网的繁荣给上述城市生活垃圾管理公众参与方式的实现提供了新的方向，并保证了其实现的准确性和快速性。

三、大数据时代城市生活垃圾管理公众参与的模式

在大数据时代，城市生活垃圾管理公众参与主要包括政府、公众以及企业三个主体[194]。这三个主体之间存在着多层委托代理关系，如图 9.10 所示。一层是政府、公众和企业之间的委托代理关系，另一层是政府和公众之间的委托代理关系[195]。在政府、公众和企业之间的委托代理关系中，公众和政府的角度相同。一般情况下，企业比政府和公众更了解城市生活垃圾管理的实际情况，所以政府与公众和企业得到的信息是不对称的，这就存在企业为了追求自身的经济利益，做出有损政府和公众利益的不良行为[195]。为了避免企业可能存在的不良行为，政府与公众之间出现了另一种委托代理关系，即政府委托公众对企业在城市生活垃圾管理中的相关行为进行监督和管理，此时委托方（政府）的利益与被委托方（公众）的行为密切相关。政府和公众可以通过自己的监察工作，使城市生活垃圾管理达

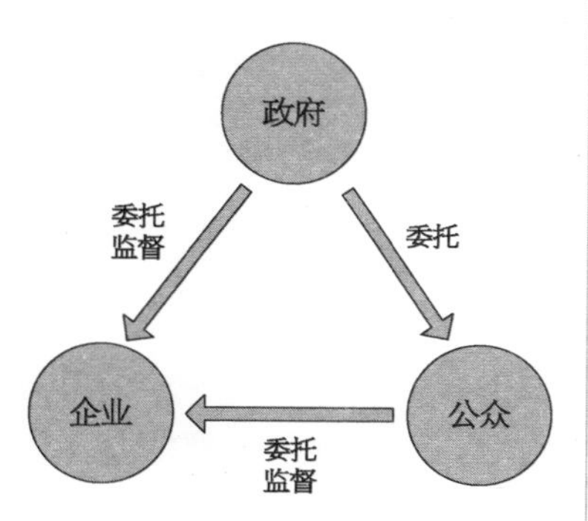

图 9.10　城市生活垃圾管理公众参与模式

到要求，降低成本，实现政府利益最大化。

针对上述描述的城市生活垃圾管理公众参与的模式，以政府和公众—企业委托代理关系、企业参与利润分配、公众与企业契约不完全性为三个逻辑基点，并考虑公众作为监督和行动联合主体的特征，提出一种城市生活垃圾管理中的 P(委托人：政府、公众)—S(监察者：政府、公众)—A(代理人：私营企业)三层委托代理公众参与模式，从而达到政府—公众—企业参与的地位一致性目的。

(一) 委托代理模型

假设企业在城市生活垃圾管理中存在两项任务目标：经济效益最大化和环境保护。$e=(e_1, e_2)$ 表示企业在每项任务上付出的投入向量，其中 e_1 是在经济效益目标上的投入，e_2 是在环境保护目标上的投入；$B=(e_1, e_2)$ 表示企业投入带来的收益，$C=(e_1, e_2)$ 表示企业的投入成本。$B=(e_1, e_2)$ 和 $C=(e_1, e_2)$ 都是严格递增的凸函数，即 $B'(e_1, e_2)>0$，$C'(e_1, e_2)>0$。不妨设企业的努力成本函数为 $C(e_i)=\sum_{i=1}^{2} b_i e_i^2/2$，式中 $b_i(b_i>0)$ 为投入成本系数。

政府和公众无法观察到企业在城市生活垃圾管理过程中的投入程度，然而政府可以通过监督得到企业投入所产生的经济绩效信息，而公众可以通过评价得到企业投入所产生的环境绩效信息。经济绩效信息和环境绩效信息的实现由企业的投入程度 e_1 和 e_2 决定，k 为与企业投入向量 e_1 有关的经济效益产出因子，$k \in R$，$k \geqslant 0$；l 为与企业投入向量 e_2 有关的环境效益产出因子，$l \in R$，$l \geqslant 0$；π_1 为经济效益产出函数，π_2 为环境效益产出函数。假设效益产出函数是线性函数，显然有 $\pi_1=ke_1+\theta_1$，$\pi_2=le_2+\theta_2$，其中 θ_1 和 θ_2 是均值为 0、方差为 σ^2 的随机变量，表示影响企业绩效的外生变量，假定 $Cov(\theta_1, \theta_2)=0$，即两者相互独立。

假设企业的利益分成两部分：一部分是政府向企业支付的固定收益 α，一部分是根据其工作绩效确定的激励收益 $\beta_i \pi_i$，故企业的相关利益可以表示为 $w=\alpha+\sum_{i=1}^{2}\beta_i\pi_i$，其中 β_i 表示激励系数，如 $\beta_i=0$ 意味着企业不需要承担任何风险，而 $\beta_i=1$ 意味着企业需要承担全部风险。

设 $p_1 \in [0, 1]$ 表示政府对企业的监察水平，即可理解为政府发现企业的经济绩效未达到预定标准的概率。相应地，监察成本 $M(p_1)$ 及其边际成本 $M'(p_1)$ 会随着监察水平 p_1 的提高而增加，即满足 $M'(p_1)>0$，$M''(p_1)>0$。不妨设监察成本函数为 $M=M_1 p_1^2/2$，其中 M_1 是成本系数，如当 $p_1=1$，$M=M_1/2$ 表示政府投入监察成本的上限。如果政府监察企业的经济绩效 π_1 达到或超出预期标准 π_{01}，企业将不受任何惩罚；反之，政府将会对其进行相应惩罚以弥补损失。不妨设惩罚值为 $(\pi_{01}-\pi_1)F$，从而政府对企业的惩罚函数可表示为：

$$F(\pi_1)=\begin{cases}0 & \pi_1 \geqslant \pi_{01} \\ (\pi_{01}-\pi_1)F_1 & \pi_1 < \pi_{01}\end{cases} \tag{9.1}$$

其中，π_{01} 表示为了实现城市生活垃圾管理的经济预期目标，π_1 为政府希望企业的经济绩效能够达到的预期标准；而 F_1 表示相应的惩罚系数。这样，企业受到政府惩罚的期望值可表示为：

$$E[F(\pi_1)]=E[(1-p_1)\times 0+p_1(\pi_{01}-\pi_1)F_1]=p_1(\pi_{01}-e_1)F_1 \tag{9.2}$$

同理得，公众对企业的惩罚函数为：

$$F(\pi_2)=\begin{cases}0 & \pi_2 \geqslant \pi_{02} \\ (\pi_{02}-\pi_2)F_2 & \pi_2 < \pi_{02}\end{cases} \tag{9.3}$$

企业受到公众惩罚的期望值为：

$$E[F(\pi_2)]=E[(1-p_2)\times 0+p_2(\pi_{02}-\pi_2)F_2]=p_2(\pi_{02}-e_2)F_2 \tag{9.4}$$

在城市生活垃圾管理公众参与的委托代理模式下，企业具有保留效用 $\bar{w}$，完全理性的企业接受该模式的参与约束条件是当且仅当其预期效用不小于其保留效用 $\bar{w}$。为此，企业必将根据其预期效用最大化地来选择相应的努力水平。政府和公众根据预计到的企业努力水平，确定其相应的监察水平，这样就形成了政府与公众和企业之间的动态博弈，即：

$$\begin{aligned} & \max_{\alpha,\,\beta,\,\rho}\ E(u) \\ st \quad & (IR)\quad E(v)\geqslant \bar{w} \\ & (IC)\quad \max,\ E(v) \end{aligned} \tag{9.5}$$

其中，$E(u)$ 和 $E(v)$ 分别表示政府与公众的期望效用和企业的期望效用。为了良好的生活环境，在城市生活垃圾管理过程中，公众必定是风险规避的。另一方面，政府委托企业进行城市生活垃圾管理，其最根本的动机是有效地运行城市生活垃圾系统，保证政府职能的正常运转，维护政府的威信，为此，政府也是风险规避的。根据 Arrow - Pratt 测度，ρ 表示绝对风险规避度量，$\sum_{i=1}^{2}\frac{1}{2}\rho(1-\beta_i)^2\sigma^2$ 表示政府和公众的风险成本，根据确定性等价收入的相关理论，政府和公众的期望效用可为：

$$E(u)=e-E(w)-M(p)+E[F(\pi)]-\sum_{i=1}^{2}\frac{1}{2}\rho(1-\beta_i)^2\sigma^2 \tag{9.6}$$

企业作为代理方，具有不变的绝对风险规避特性，$\sum_{i=1}^{2}\frac{1}{2}\rho\beta_i^2\sigma^2$ 表示其风险成本，企业的期望效用为：

$$E(v)=E(w)-C(e)-E[F(\pi)]-\sum_{i=1}^{2}\frac{1}{2}\rho\beta_i^2\sigma^2 \tag{9.7}$$

（二）委托代理模型的博弈分析

在城市生活垃圾管理公众参与中，委托代理模型中的三方——公众、企业和政府之间的激励和监察是否有效取决于企业的城市生活垃圾管理行为信息是否可观测。如果企业的行为信息不可观测，说明企业有意或者无意地向政府和公众隐瞒了其行为，这就可能存在企业的道德风险行为。为了降低企业隐藏行为的道德风险行为的发生概率，政府和公众通过观测企业的工作绩效来间接分析其行为信息，即通过相关绩效变量（e_1 和 e_2）衡量企业的努力水平，根据其努力水平来进行激励和监察。

1. 当 e_1 和 e_2 都可观测时，委托代理模型的求解

在城市生活垃圾管理公众参与中，如果政府与公众可以观测到企业的努力水平 $e=(e_1, e_2)$，此时意味着政府对企业的经济绩效的监察和公众对企业的环境绩效的监察是建立在信息对称的基础上的，即 e_1 和 e_2 是可观测变量，此时动态博弈模型中的监察相容约束多余，只有参与约束起作用，问题转化为求解下列优化问题：

$$\max_{\alpha,\beta_i,e_i}E(u)=\sum_{i=1}^{2}e_i-\alpha-\sum_{i=1}^{2}\beta_i\pi_i-\sum_{i=1}^{2}\frac{1}{2}\rho(1-\beta_i)^2\sigma^2 \tag{9.8}$$

$$st\quad (IR)E(\nu)=\alpha+\sum_{i=1}^{2}\beta_i\pi_i-\sum_{i=1}^{2}\frac{be_i{}^2}{2}-\sum_{i=1}^{2}\frac{1}{2}\rho\beta_i^2\sigma^2\geqslant\bar{w} \tag{9.9}$$

在最优情况下，约束的等式成立，即：

$$-\alpha=\sum_{i=1}^{2}\beta_i\pi_i-\sum_{i=1}^{2}\frac{be_i^2}{2}-\sum_{i=1}^{2}\frac{1}{2}\rho\beta_i^2\sigma^2-\bar{w} \tag{9.10}$$

将 $-\alpha$ 代入目标函数,得到最优化问题的目标函数:

$$\max_{\alpha,\beta_i,e_i}\left(\sum_{i=1}^{2}e_i-\sum_{i=1}^{2}\frac{be_i^2}{2}-\sum_{i=1}^{2}\frac{1}{2}\rho(1-\beta_i)^2\sigma^2-\sum_{i=1}^{2}\frac{1}{2}\rho\beta_i^2\sigma^2-\bar{w}\right) \tag{9.11}$$

对目标函数进行求导,得:$e_1^*=\frac{1}{b}$;$e_2^*=\frac{1}{b}$;$\beta_1^*=\frac{1}{2}$;$\beta_2^*=\frac{1}{2}$。其中,$\beta_1^*=\frac{1}{2}$,$\beta_2^*=\frac{1}{2}$,表示政府和公众对企业的经济绩效和环境绩效的激励达到了最优,企业承担的经济风险成本和环境风险成本各占其风险成本总值的一半。$e_1^*=\frac{1}{b}$;$e_2^*=\frac{1}{b}$ 表示企业在经济效益目标和环境效益目标两个方面实现了最优的投入水平,即 $1=e_1^*b$;$1=e_2^*b$(企业在经济效益和环境效益方面的最优投入水平要求努力的边际期望利润等于努力的边际成本)。

2. 当 e_1 不可观测而 e_2 可观测,或者 e_1 可观测而 e_2 不可观测时,委托代理模型的求解

在城市生活垃圾管理公众参与中,企业追求经济效益目标所付出的努力水平 e_1 和追求环境效益目标所付出的努力水平 e_2 都可以观测只是一种理想情况。通常情况下,e_1 和 e_2 不是能够同时直接观测的,这就存在两种情况:一种情况是 e_1 不可观测而 e_2 是可以观测;另一种情况就是 e_1 可以观测而 e_2 不可观测。下面以第一种情况为例进行分析。

当 e_1 为不可观测变量而 e_2 为可观测变量时,意味着动态委托代理博弈模型中对企业的环境绩效监察相容约束多余,只有参与约束起作用。根据监察效用最大化原则求解式(9.7)得出 $e_1=\frac{k\beta_1+p_1F_1}{b}$,政府和公众的策略转化为求解下面的优化问题:

$$\max_{\alpha,\beta_i,e_i}E(u)=\sum_{i=1}^{2}e_i-\alpha-\sum_{i=1}^{2}\beta_i\pi_i+p_1(\pi_{01}-e_1)F_1-\sum_{i=1}^{2}\frac{1}{2}\rho(1-\beta_i)^2\sigma^2 \tag{9.12}$$

$$st\quad (IR)E(\nu)=\alpha+\sum_{i=1}^{2}\beta_i\pi_i-\sum_{i=1}^{2}\frac{be_i^2}{2}-p_1(\pi_{01}-e_1)F_1-\sum_{i=1}^{2}\frac{1}{2}\rho\beta_i^2\sigma^2\geqslant\bar{w} \tag{9.13}$$

$$(IC)e_1=\frac{k\beta_1+p_1F_1}{b} \tag{9.14}$$

对目标函数进行求解，得 $\beta_1^*=\frac{k+b\rho\sigma^2-kp_1F_1}{k^2+2b\rho\sigma^2}$；$\beta_2^*=\frac{1}{2}$；$e_2^*=\frac{1}{b}$。

由此可以得出：当 e_1 不可观测而 e_2 可观测时，企业的环境绩效达到最优，即 $\beta_2^*=\frac{1}{2}$；$e_2^*=\frac{1}{b}$。企业追求经济效益目标的投入水平 $e_1^*=\frac{k\beta_1+p_1F_1}{b}>\frac{k\beta_1}{b}$，表示企业在经济绩效方面付出了更高的努力水平。当 $\frac{\partial e_1^*}{\partial\beta_1}=\frac{k}{b}>0$ 表示激励系数越大，企业获得经济绩效的投入水平越高，企业工作越努力；$\frac{\partial e_1^*}{\partial b}<0$ 表示企业投入成本系数越大，企业越害怕投入，其应该承担的风险越小；$\frac{\partial e_1^*}{\partial p_1}>0$ 表示政府对企业的监察水平越高，企业为达到经济效益目标而付出的投入水平越高；$\frac{\partial e_1^*}{\partial F_1}>0$ 表示政府对企业的惩罚强度越大，企业为达到经济效益目标而付出的投入水平越高。

对于激励系数 $\beta_1^*=\frac{k+b\rho\sigma^2-kp_1F_1}{k^2+2b\rho\sigma^2}$，分析发现 β_1^* 与 b、ρ、σ^2 正相关，与 p_1、F_1 负相关。b、ρ、σ^2 表示企业的本质特征，σ^2 越大，企业的经济生产能力越强；ρ 越小，企业越具有冒险精神；b 越小，企业越具有奉献精神。$\frac{\partial\beta_1^*}{\partial_1 p_1}<0$ 表示政府对企业经济绩效的监察水平越高、激励系数越小，说明企业愿意承担的经济风险变小，企业更加倾向于获取政府给予的固定收益。这就要求政府必须要选择具有丰富经验、敢于承担风险并附有奉献精神的企业从事城市生活垃圾管理事务。

3. 当 e_1 和 e_2 都不可观测时，委托代理模型的求解

企业为了保持其自身利益最大化，往往既要对政府隐瞒城市生活垃圾管理过程中获得的经济绩效信息，同时也会对公众隐瞒城市生活垃圾管理不到位而导致的环境损害信息，这就导致 e_1 和 e_2 同时不可观测。当 e_1 和 e_2 作为不可观测变量时，根据监察效用最大化原则求解(9.7)式得：$e_1^*=\frac{k\beta_1+p_1F_1}{b}$，$e_2^*=\frac{l\beta_2+p_2F_2}{b}$。

政府和公众的策略转化为求解下面的优化问题：

$$\max_{\alpha,\beta_i,e_i} E(u)=\sum_{i=1}^{2}e_i-\alpha-\sum_{i=1}^{2}\beta_i\pi_i+p_1(\pi_{01}-e_1)F_1-\sum_{i=1}^{2}\frac{1}{2}\rho(1-\beta_i)^2\sigma^2 \tag{9.15}$$

$$st\quad (IR)E(\nu)=\alpha+\sum_{i=1}^{2}\beta_i\pi_i-\sum_{i=1}^{2}\frac{be_i^2}{2}-p_1(\pi_{01}-e_1)F_1-\sum_{i=1}^{2}\frac{1}{2}\rho\beta_i^2\sigma^2\geqslant\bar{w} \tag{9.16}$$

$$(IC)e_1^*=\frac{k\beta_1+p_1F_1}{b} \tag{9.17}$$

$$(IC)e_2^*=\frac{l\beta_2+p_2F_2}{b} \tag{9.18}$$

对目标函数进行求解，得 $\beta_1^*=\frac{k+b\rho\sigma^2-kp_1F_1}{k^2+2b\rho\sigma^2}$；$\beta_2^*=\frac{l+b\rho\sigma^2-lp_2F_2}{l+2b\rho\sigma^2}$。由此可得出，企业在面临经济效益目标和环境效益目标双重任务同时难以取舍时，通常会对经济效益目标的产出和环境效益目标的产出进行初步评价，从而努力集中投入到容易被评价的任务中，导致激励效能被弱化，这就需要对监察水平 p_1^* 和 p_2^* 进行分析。

对式(9.18)求解得：$p_1^*=\frac{b\pi_{01}-k\beta_1}{2F_1}$；$p_2^*=\frac{b\pi_{02}-l\beta_2}{2F_2}$。$\frac{\partial p_1^*}{\partial F_1}<0$ 和 $\frac{\partial p_2^*}{\partial F_2}<0$ 表明监察水平是惩罚函数的递减函数，这说明严厉的惩罚会降低政府和公众对企业的监察积极性。当 $\frac{\partial p_1^*}{\partial F_1}>\frac{\partial p_2^*}{\partial F_2}$ 时，表示政府对企业经济绩效的惩罚小于公众对企业环境绩效的惩罚，这表明政府对企业经济的监察水平要高于公众对企业环境的监察水平；反之亦然。$\frac{\partial p_1^*}{\partial \beta_1}<0$；$\frac{\partial p_2^*}{\partial \beta_1}<0$。当 $\frac{\partial p_1^*}{\partial \beta_1}>\frac{\partial p_2^*}{\partial \beta_1}$ 时，表示企业越是经济效益目标风险偏好型，公众越是需要加强对企业环境效益目标的监察。当 $\frac{\partial p_1^*}{\partial \beta_1}<\frac{\partial p_2^*}{\partial \beta_1}$ 时，表示企业越是环境效益目标风险偏好型，政府越是需要加强对企业经济效益目标的监察。$\frac{\partial p_1^*}{\partial \pi_{01}}>0$；$\frac{\partial p_2^*}{\partial \pi_{02}}>0$ 表示监察水平是预期目标的增函数，说明较高的效益预期目标会增加政府和公众对企业的监察积极性。当 $\frac{\partial p_1^*}{\partial \pi_{01}}>$

$\frac{\partial p_2^*}{\partial \pi_{02}}$时，表示政府对企业经济效益预期目标大于公众对企业环境效益预期目标，则政府对企业经济绩效的监察水平就高于公众对企业环境绩效的监察水平。当$\frac{\partial p_1^*}{\partial \pi_{01}} < \frac{\partial p_2^*}{\partial \pi_{02}}$时，表示政府对企业经济效益预期目标小于公众对企业环境效益预期目标，则政府对企业经济绩效的监察水平就低于公众对企业环境绩效的监察水平。

第 10 章

大数据时代城市生活垃圾管理公众参与的保障

一、大数据时代城市生活垃圾管理公众参与的制度保障

（一）监督管理制度

大数据时代城市生活垃圾管理公众参与正在我国各个城市逐步推进，建立完善的公众参与体系十分必要，这不仅要健全城市生活垃圾管理公众参与运行体系，优化管理体制，更要强化公众参与的监督机制。政府秉持着重要的大数据时代城市生活垃圾管理公众参与监督原则，加强大数据时代城市生活垃圾管理公众参与全社会监督，坚持专项、有效的大数据时代城市生活垃圾管理公众参与监督，加强对大数据时代城市生活垃圾管理公众参与法律法规实施的监督。对于大数据时代城市生活垃圾管理公众参与的部分监管难题进行创新，利用智能化大数据平台推动大数据时代城市生活垃圾管理公众参与的高效运行。例如，2019 年初，上海市人大表决通过的《上海市生活垃圾管理条例》，并启动专项监督，确保《上海市生活垃圾管理条例》的实施。监督分为监督准备工作以及正式开展工作两个阶段，监督重点也转移到大数据时代城市生活垃圾管理公众参与相关部门职责履行情况等方面。在强化大数据时代城市生活垃圾管理公众参与监督机制方面，上海市黄浦区采用“科技＋管理”双向监督，整合大数据时代城市生活垃圾管理公众参与的各方面资源，在源头分类投放及收集、分类运输及中转、末端分类处置过程中建立了全程监管体系。

大数据时代城市生活垃圾管理公众参与监督是由公众或其他组织对行政机关

及其工作人员的城市生活垃圾管理行政行为进行的监督，如社会舆论监督、新闻媒体监督、信访、申诉等[142][143]。大数据时代城市生活垃圾管理公众参与监督主要包括三种形式，即公众监督、社会团体监督以及舆论监督。这三种社会监督渗透于各种公共事务管理之中，城市生活垃圾管理也不例外。

1. 公众监督

大数据时代城市生活垃圾管理公众参与的公众监督，主要指公众通过建议、批评、揭发、检举、申诉、控告等基本方式对城市生活垃圾产生者投放垃圾的合法性、城市生活垃圾管理工作中行为的合理性等进行监督。公众监管可以通过网络媒体等途径进行操作[196]。公众监督可以加强公众对自我行为的约束，减少垃圾随意投递现象的发生，提高城市生活垃圾管理者行为的有效性。同时，也吸引公众参与到监督工作中，以不同的形式参与城市生活垃圾管理。

2. 社会团体监督

大数据时代城市生活垃圾管理公众参与的社会团体监督，主要指各种社会组织和利益集团对城市生活垃圾的产生者或垃圾管理者的监督。社会团体利用大数据通过选举和对话等形式，有效地对大数据时代城市生活垃圾管理活动进行监督。社会团体通过合理的宣传引导公众意识到城市生活垃圾管理工作的重要性及具体工作状况来激发公众的参与热情，提高公众参与城市生活垃圾管理的积极性。

3. 舆论监督

大数据时代城市生活垃圾管理公众参与的舆论监督，主要指针对特定的现实客体，通过大数据分析等方式保障一定范围内的“多数人”基于一定的需要和利益，利用各种传播媒介和通过言语、非言语形式公开表达和传导有一定倾向的议论、意见及看法，以实现对大数据时代城市生活垃圾管理公众参与偏差行为的矫正和制约。媒介的影响能力巨大、传播范围广泛，在这种监督下，广大公众都会约束自己的行为，避免随意投放垃圾等破坏城市生活垃圾管理行为的产生。同时，也会配合媒介向导，在公众参与城市生活垃圾管理这一主流趋势下，热切关注并参与城市生活垃圾管理活动。

（二）激励约束制度

在大数据时代，我国进行城市生活垃圾管理时，有效促进公众参与的重要方法之一是采用激励约束措施，用经济手段、法律手段和教育手段推动公众参与城市生活垃圾管理。激励约束措施的有效推行，是大数据时代城市生活垃圾管理相关政策能够在社区内部长期、有效执行的基本保障，是符合我国国情和大数据时代城市生活垃圾管理公众参与现实情况的有效举措。目前总体来讲，给予公众激励的情况非常少，应该加强激励约束制度的制定与推行，以促进公众有效参与城市生活垃圾管理。

1. 经济手段

（1）城市生活垃圾分类计量收费制度：大数据时代城市生活垃圾管理公众参与的垃圾处理费用可按照垃圾的类型和产生量来收缴。对于纸张、玻璃、轻质包装物、有机垃圾这些有回收价值的垃圾，公众不必为其缴纳处理费。但对于处理成本高且没有回收价值的其他垃圾，公众则要向处理企业缴纳垃圾处理费。通过差异化的垃圾分类计量收费制度，促使公众尽可能将有价值的垃圾从其他垃圾里面分选出来，以减少国家每年生活垃圾处理开支。同样，所有的企事业单位也都要对自己产生的生活垃圾付费。

（2）城市生活垃圾回收经济激励制度：城市生活垃圾回收经济激励主要针对主动回收和分拣有回收价值垃圾的企业，政府充分给予其信用贷款，鼓励和刺激这些企业实现产业化发展，更主要的就是经营策略优化升级；对于收集和运输企业、资源化回收再利用企业、焚烧厂等环保企业，政府采用税收减免等方式，鼓励环境友好生产行为、技术及新能源的利用，促进其发展[197]。

（3）城市生活垃圾押金制度：在超市购买饮料时，除了饮料价格外还要按照包装上标签标识的押金额支付押金，饮用完后将饮料瓶投入超市门口的专用回收机器，凭收条可到超市购物或兑换现金。押金制度是对具有潜在污染产品在销售时增加一定额外费用，促使企业在生产时避免生产潜在污染产品，是我国《生产者责任延伸制度》的重要组成部分[198]。

2. 法律手段

（1）完善立法：近年来，全国大范围逐渐开展城市生活垃圾管理公众参与工作，但是并未达到最理想的效果，原因之一是城市生活垃圾管理公众参与层面的法律不完善，且在执行过程中存在不足，出现执行力度不够等问题。通过对发达国家的了解，我们不难发现城市生活垃圾管理公众参与做得好的国家，除了良好的宣传教育外，一般都有严格的法律，通过法律这一重要手段推动垃圾管理工作。为此，我国要加快法治政府建设、发挥立法保障作用、重视立法的重要性、规定公众的权利和义务，让公众认识到法律既是维护自身权利的重要工具，也是要求自身必须履行义务的规范。

（2）严格执法：在敦促实施城市生活垃圾管理公众参与方面，必要的情况下可采取“连坐式”的惩罚措施。通过特定人员每天巡逻进行监督，只要发现某些公众不按照要求参与的现象出现，特定人员就会对其发放警告信，如果违反规定的公众没有及时悔改，他们将会被发放罚单；屡教不改者，将提高其城市生活垃圾管理的各项费用，甚至要将整个小区住户的城市生活垃圾管理费用提高，这不仅会引来邻居的谴责，甚至有被管理员赶出公寓的风险[199]。同样，如果某一处城市生活垃圾被垃圾回收公司的工作人员发现习惯性不遵循规定而随意投放，工作人员会给邻近社区的相关管理员以及全体公众发放警告信。如果警告后仍未改善，公司就会提高该区的垃圾清理费。一般情况下收到警告，物业与公众自管会将组织人员进行逐一排查，找到“罪魁祸首”，要求其立即整改。

3. 教育手段

德国、瑞典等国家都十分重视城市生活垃圾管理公众参与的社会宣传和儿童教育，使社会形成遵守城市生活垃圾管理公众参与制度的良好氛围。所以，我国也应该通过宣传教育提高城市生活垃圾管理公众参与的意识。从幼儿园开始就对孩子进行城市生活垃圾管理公众参与的教育，比如引导孩子每日写城市生活垃圾管理日记，了解大数据对城市生活垃圾管理的便利之处，记录孩子每天垃圾产生量与垃圾分类情况，孩子们在日记中记录的就是他们参与城市生活垃圾管理活动的故事。职业学校可把城市生活垃圾管理公众参与作为必修实践课程，每年应有志愿者义务宣传垃圾管理的知识。大学里也要设立城市生活垃圾管理公众参与的相关课程或相关专业，同时还要提供城市生活垃圾管理相关的培训项目，培养我国需要的专业人才。

（三）信息共享制度

在当今大数据时代，网络、广播、报纸等多种传播媒体迅速发展。互联网信息流动与共享在人们生活中占据越来越重要的地位，它不仅破壁信息传播的时空间隔，也为实时获取城市生活垃圾管理公众参与信息提供了公平、公正的平台。与此同时，对传统的城市生活垃圾管理公众参与信息传播模式也产生了很大冲击，提升了城市生活垃圾管理公众参与信息的传播速度，使公众及时、准确地知晓城市生活垃圾管理有关信息，意识到城市生活垃圾管理公众参与的重要性，增强公众参与城市生活垃圾管理的主动性。同时，大数据时代城市生活垃圾管理公众参与的信息共享制度，为公众与政府进行交流、沟通提供了便利条件，使政府制定的城市生活垃圾管理公众参与决策更加合理化。

1. 建设信息共享平台

大数据时代城市生活垃圾管理公众参与的信息不对称是城市生活垃圾管理公

众参与一直存在的问题。大数据时代城市生活垃圾管理相关部门很难完全掌握公众的所有信息与想法。公众参与感薄弱，对信息了解甚少的现象普遍存在。大数据时代城市生活垃圾管理公众参与信息共享能够很好地解决信息不对称的问题，通过公众各种想法的共享，城市生活垃圾管理部门能够及时了解公众的状况，并通过对数据的分析、对比和研究，全方位掌握城市生活垃圾管理情况，督促公众履行管理义务，减少公众参与感薄弱、对信息了解不足等情况的发生。为提高大数据时代城市生活垃圾管理公众参与的信息共享程度，应该以市为单位建立城市生活垃圾综合信息共享平台，从法律法规政策信息、城市生活垃圾污染治理规划信息和城市生活垃圾污染检测监测数据等方面，构建城市生活垃圾信息共享信息管理系统，为城市生活垃圾管理提供科学、高效、及时的高质量数据和信息支持，进而推进公众参与城市生活垃圾管理。

2. 收录相关信息

城市生活垃圾管理公众参与涉及多种相关信息，对于法律法规政策信息来讲，需要各类型的城市生活垃圾管理公众参与相关法律进行收录和定期更改，以方便相关人员进行查看。对于城市生活垃圾污染检测监测数据来讲，其中涵盖不遵守城市生活垃圾管理公众参与相关规定的公众与组织名单、城市生活垃圾管理公众参与监测点的分布形式与城市生活垃圾管理公众参与积极性有关的数据等相关的信息。大数据时代城市生活垃圾管理公众参与数据库的建设、城市生活垃圾管理公众参与信息分析与处理软件、城市生活垃圾管理公众参与信息交流平台等都是为城市生活垃圾管理公众参与信息化建设的重要方向。美国从20世纪60年代起便开始建设信息化体系，英国也于2010年建成了互联的信息系统。随着科学技术的不断更新换代，大数据时代城市生活垃圾管理公众参与的信息化建设也应加快进程，紧跟高科技的步伐，建设更加完善、智能的城市生活垃圾公众参与体系，更全面地收录城市生活垃圾管理公众参与的相关数据信息，为城市生活垃圾管理公众参与的数据分析、决策等提供更有效的支持。通过不断尝试城市生活垃圾管理公众参与的新技术再应用，提高城市生活垃圾管理公众参与的信息化水平，建设与时俱进的现代化城市生活垃圾管理公众参与体系。

3. 各主体共同分享信息

在大数据时代，城市生活垃圾管理公众参与各主体之间可以共享以下信息。① 各城市生活垃圾管理公众参与状况统计公报；② 随着互联网的高速发展，通过网络获取城市生活垃圾管理公众参与的共享信息既方便又快捷，公众可以通过城市生活垃圾管理公众参与政府门户网站，进入政府专门建立的城市生活垃圾管理公众参与板块听取公众意见建议，将有关政策措施及进展公开，接受社会实时监督[200]；③ 通过微博或微信等新兴媒体了解城市生活垃圾管理公众参与的信息[200]。

二、大数据时代城市生活垃圾管理公众参与的组织保障

（一）宏观组织保障

1. 制定专项法律和相关法规，完善城市生活垃圾管理公众参与监管体系

在大数据时代，我国每年产生数亿吨的城市生活垃圾，数量这么庞大的城市生活垃圾若处置不当，会造成严重的环境污染，极大地危害公众健康，影响我国社会的可持续发展。最有效解决这些问题的方法就是引导公众通过大数据手段参与城市生活垃圾管理。但由于公众素质高低不一，公众习惯各不相同，而素质和习惯往往是人们很难改变的东西，需要一种法律强制力来改变公众行为，即需要法律层面的约束。另外，大数据时代城市生活垃圾管理公众参与是一个持久的过程，公众参与需要有法律作保障，从鼓励引导到强制约束转变，由理念转化为行动，督促各方尽职尽责，履行义务，破解城市生活垃圾管理公众参与难的困境。

一方面，大数据时代虽然信息的爆炸式增长给人们带来了许多好处，但是信息的真实性、可靠性、安全性却更加值得我们重视。因此，应该制定大数据时代城市生活垃圾管理公众参与的专项法律法规，加强法律引导。由国家有关部委牵头制定城市生活垃圾管理公众参与的专项法律，明确城市生活垃圾的产生、分类、运输、资源化利用及工程应用等各环节、各主体的法律责任及义务。另一方面，以“互联网＋”战略为突破口，利用大数据平台建立城市生活垃圾收集、运输、处理的全过程监管体系，规范市场秩序，为大数据时代城市生活垃圾管理公众参与营造健康的宏观环境，也就是将信息技术融合至垃圾的产生到分类收集、运输、收纳、再生处理和再生产品推广利用整个过程的程序规定、监管范围和政策体系之中，完善城市生活垃圾管理公众参与法律法规体系。

2. 建立人才培训体系和技术创新机构，加快城市生活垃圾管理公众参与创新步伐

在大数据时代，政府应该高度重视建立人才培养和技术创新机构对城市生活垃圾管理公众参与的推动作用。首先，人才培训机构对原有的和城市生活垃圾管理相关的工作人员进行相关培训，向其讲解大数据时代城市生活垃圾管理的变化，

以及信息技术、互联网在城市生活垃圾管理中的应用,以便其更好地进行服务。其次,建立创新机构,培养新型的掌握大数据知识、城市生活垃圾管理的专业人才,为城市生活垃圾管理公众参与的高层次复合型人才提供保障,也为城市生活垃圾管理公众参与的转变打好基础。最后,建立公众为主体、城市生活垃圾管理为导向的城市生活垃圾管理公众参与体系。政府应从我国城市生活垃圾管理的基本情况入手,坚持以市场需求为导向,以培育骨干企业为关键,探索以企业作为创新主体的基本路径,构建产学研协同创新协调机制,建立起城市生活垃圾管理产业技术创新体系,加速提升产业自主创新能力。

(二) 中观组织保障

1. 明确部门职能,方便城市生活垃圾管理公众参与工作

明确城市生活垃圾管理公众参与中各个政府部门的主要职能,是推进城市生活垃圾管理公众参与的有效保障。首先,对城市生活垃圾管理公众参与的相关部门进行规划整合,重构市、区、街镇的城市生活垃圾管理公众参与工作联席会,组织协调好城市生活垃圾管理公众参与工作。各级政府落实属地责任,负责相关管理规划与行动计划的编制和实施,各行政部门各司其职开展管理工作,加强街镇层面管理力量,开展城市生活垃圾管理公众参与评比和示范乡镇、街道创建活动。其次,形成社区党组织、居委、物业、业委“四位一体”的基层城市生活垃圾管理公众参与工作联席会。将城市生活垃圾管理公众参与工作纳入全市基层尤其是公众区党组织管理工作职责,特别是落实公众参与城市生活垃圾管理工作的自治功能,充分调动公众积极性和主动性。还要加强城市生活垃圾管理公众参与听证工作,完善城市生活垃圾管理公众参与信息公开工作和城市生活垃圾管理公众参与民意调查工作。

2. 建立领导机构,保证城市生活垃圾管理公众参与的权威性和高效性

由于大数据时代城市生活垃圾管理公众参与涉及政府、环保企业和社区公众等多方利益相关者,所以为了确保政府在城市生活垃圾管理公众参与中的权威性和高效性,建立在中央统一领导下的城市生活垃圾分级管理公众参与体制和领导机构是十分必要的[201]。另外我国城市生活垃圾管理公众参与范围广泛,层次复杂,凭借中央一级城市生活垃圾管理机构难以进行以战略管理为核心的综合管理。因此,分级建立省、地、县各级地方管理机构,深入发挥其管理与协调潜能,通过深化城市生活垃圾管理公众参与体制改革,具体落实城市垃圾管理公众参与工作责任制和问责制。同时,分层领导机构通过一级抓一级,层层抓落实,不仅有利于保

证国家发展城市生活垃圾管理的有效实施，有效保障公众及相关组织的合法权益，而且还有利于实现城市生活垃圾管理公众参与工作的权威性和高效性。

（三）微观组织保障

1. 健全基层工作机构，贯彻执行城市生活垃圾管理公众参与领导机构决策

大数据时代城市生活垃圾管理公众参与的工作机构是保障城市生活垃圾管理公众参与顺利推进的重要机构，其主要职责是贯彻执行领导机构关于加强城市生活垃圾管理公众参与的决议、决定。拟订并组织实施城市生活垃圾管理公众参与的政策与具体措施，建立和健全各项工作制度；整合社会工作各有关部门的职能，理顺城市生活垃圾管理公众参与工作管理体制；负责对相关部门或公众进行城市生活垃圾管理公众参与的考核，维护城市生活垃圾管理公众参与的有效运行。

2. 成立宣传机构，有效指导大数据时代城市生活垃圾管理公众参与方向

宣传大数据时代城市生活垃圾管理公众参与的发起者需要成立特定的宣传机构，创新城市生活垃圾管理的宣传形式，并因地制宜地开展城市生活垃圾管理公众参与的宣传教育。这主要是因为宣传具有激励、鼓舞、劝服和引导等多种功能，对城市生活垃圾管理公众参与进行大力宣传是城市生活垃圾管理公众参与中最为基础的、不可或缺的重要环节。有效运用大数据对城市生活垃圾管理公众参与进行宣传，不仅能够更好地指导公众认识城市生活垃圾分类收集的相关知识，还能让公众认识到城市生活垃圾管理公众参与不足可能会带来的不良后果，从而使公众能够积极、主动地参与城市生活管理。同时，政府新闻宣传主管部门在组织、管理和新闻媒体方面也要发挥重要作用。综上所述，在政府有关部门的支持下，成立大数据时代城市生活垃圾管理公众参与的专业宣传机构是非常必要的。

三、大数据时代城市生活垃圾管理公众参与的资源保障

（一）人力资源保障

对于大数据时代城市生活垃圾管理公众参与来讲，人力资源保障是至关重要的。大数据时代城市生活垃圾管理公众参与系统所需要的人才，要在拥有技术的同时，熟练掌握扎实的城市生活垃圾管理公众参与相关理论知识，与传统的人才培养模式相比，大数据时代对人才培养的要求更高。特别是因为在大数据时代城市生活垃圾管理公众参与的人才供需矛盾较大，所以优化人才配置是提高城市生活垃

圾管理公众参与人力资源管理效果、实现人力资源价值最大化的重要手段，更是关系到城市生活垃圾管理公众参与发展速度与发展效果的重要因素。为此，这就要求有关部门建立更适合大数据时代城市生活垃圾管理公众参与的人才培养体系。

首先，建立多种形式的城市生活垃圾管理公众参与人才培养模式，将企业、高校以及社会资源协调整合，形成科学的城市生活垃圾管理公众参与人才培养体系，尤其是城市生活垃圾公众参与督查部门和高校的联合培养模式。这种模式通过双方的深度合作，既能培养出城市生活垃圾管理公众参与复合型人才，又能为这些联合培养的人才提供实践和实习的机会，使他们在毕业之后就可以在第一时间参加工作并发挥作用。其次，建立完整的人才评价标准体系，使真正具备城市生活垃圾管理公众参与技能的人才得到社会的认可，并为公众参与人才的培养指明方向。

（二）财力资源保障

大数据时代城市生活垃圾管理公众参与日趋完善。在这一过程中，还需要政府提供一定的资金支持，为城市生活垃圾管理公众参与提供财力保障。也就是说，只有当宽松的、有的放矢的、均衡的城市生活垃圾管理公众参与与适当的、正常增长的财政投入相匹配，城市生活垃圾管理公众参与才能顺利进行。近年来，在落实国家城市生活垃圾管理公众参与政策过程中，部分政府财政支出明显上升。随着城市生活垃圾管理公众参与范围的扩大，参与程度的深化，财政投入还将不断提高。为此，必须加大财政资源保障。

首先，提供专项资金补助。有条件的地方设立大数据发展专项基金，支持大数据基础技术在城市生活垃圾管理公众参与管理领域的应用。同时，相关政府部门也应该把城市生活垃圾管理公众参与列入重点工作内容，并拿出相当比例的专项资金来提供支持。鼓励围绕城市生活垃圾管理公众参与的重大国家目标开展持续、稳定的研究。其次，加大对城市生活垃圾管理企业的优惠扶持力度。在城市生活垃圾管理公众参与中，企业是城市生活垃圾管理公众参与最为核心的推动力量，相关政府部门可以鼓励信贷和创投机构加大对企业的资金扶持力度，通过政府调节的方式减免优秀企业的税收负担，并为这些优秀的企业提供宽松的金融环境，鼓励它们走进资本市场，更好地为城市生活垃圾管理服务。

（三）物力资源保障

物力资源是资源中的有形硬件是其他资源释放的功能、实现价值的物质后盾与保障;是城市生活垃圾管理公众参与的物质基础;也是各项工作顺利开展的必要条件。大数据时代城市生活垃圾管理公众参与的物力资源,可理解为在城市生活垃圾管理公众参与过程中所涉及的、能被使用的设施、设备、材料等物资的总称,包括拥有的物质数量和利用物质的程度。物资供应在很大程度上决定着公众参与的水平,推动城市生活垃圾管理公众参与的实效和发展。实践证明,一个“善治”的政府必定是一个善于开发和利用公共资源的“专家”,建设好一项公共管理活动,必须提供好这项活动的各类所需资源。大数据时代城市生活垃圾管理公众参与的存在和发展也同样离不开必要的物资支撑。随着大数据时代的到来,城市生活垃圾管理公众参与对各种设备、设施等物力资源的要求也越来越高,为了匹配城市生活垃圾管理公众参与的物力需求,需要从以下两个方面着手。

首先,完善城市生活垃圾管理公众参与的物力资源管理体系。为实现大数据时代城市生活垃圾管理公众参与物力资源管理体系“有调有控、账物相符”,必须要建立职能部门、使用部门、使用人的三级物力资源管理体系,抓紧制定城市生活垃圾管理公众参与物力资源预算管理、财务管理、绩效评价等管理制度,抓好管理机构和管理队伍的建设;完善城市生活垃圾管理公众参与资产管理机构;建立科学、完善的物力资源管理内部制度;加强城市生活垃圾管理公众参与资产管理的信息化建设;强化业务培训,既要加强对现有人员的培训,使他们能够适应大数据时代物力资源的需要,也要注意吸收新鲜血液,培养城市生活垃圾管理公众参与资产管理队伍的新生力量,这也是加强物力资源管理工作的根本。其次,建立专门的大数据时代城市生活垃圾管理公众参与领域的物力研发实验室。城市生活垃圾管理公众参与系统的完善,需要研发许多先进的配套设备、设施等物力资源。因此,可以考虑在国家层面建立专门的研究实验室,破解系统中许多城市生活垃圾管理公众参与的配套设施、设备等方面的技术问题,研发出关于城市生活垃圾管理公众参与的数据采集、数据分析、数据反馈等处理设施,打造先进的硬件、设备、设施等物力资源,为城市生活垃圾管理公众参与夯实硬件基础。

第 11 章

大数据时代城市生活垃圾管理公众参与的反馈

目前学界对大数据时代城市生活垃圾管理公众参与的反馈研究较少，我们试图从系统论的角度入手来填补这方面的研究空白。

大数据时代城市生活垃圾管理公众参与的反馈系统是利用大数据技术对公众海量意见和建议进行数据分析和处理，对处理和筛选后的参与意见和建议进行评估、反馈，寻找出有效信息，调整城市生活垃圾管理方案，获得最优的城市生活垃圾管理策略，使得公众参与效果最好的一个修正工作疏漏的系统。

一、大数据时代城市生活垃圾管理公众参与的反馈要素识别

（一）反馈主体

在大数据时代，城市生活垃圾管理公众参与的反馈主体主要包括两个方面，分别为政府和公众[202]。

1．政府

在大数据时代，公众的行为会留下各种各样的数据。政府部门在制定政策时，要取得较高的公众满意度，收获有担当、负责任的政府形象，就要实现“公开”、“善治”，即必须建立一个在公众心中积极参与城市生活垃圾管理的政府，并积极地将政策和统计资料公布到互联网等公众容易看到的地方，以供公众监督。城市生活垃圾管理公众参与制度的完善，需要政府在城市生活垃圾管理决策中发挥主导作用，实现信息透明，公众才能积极参与城市生活垃圾管理相关决策，

并发表意见和建议。伴随着政府的积极引导和大数据技术的不断发展，公众对城市生活垃圾管理的参与意识和程度也在逐渐提高，公众希望获得更多关于城市生活垃圾管理的决策信息，从而更好地指导城市生活垃圾管理公众参与。尤其是公众需要中央政府和地方政府及时对其意见和建议做出反应，积极主动地加强城市生活垃圾管理公众参与的积极性。所以，政府有关部门在城市生活垃圾管理中推行公众参与反馈制度，积极回应公众参与的内容，对于城市生活垃圾管理公众参与体系的长期有效运行至关重要。

要建立健全大数据时代城市生活垃圾公共参与的反馈系统，政府部门应考虑从以下两方面入手。一是要树立政府积极响应公众参与城市生活垃圾管理的理念。建立城市生活垃圾管理公众参与反馈系统是新时期我国建设服务型政府的重要内容，其基本理念是“服务”[203]，即将政府与公众的关系转变为服务提供者与消费者的关系，针对公众对城市生活垃圾管理通过不同渠道提出的意见和建议进行及时反馈，并利用大数据时代的便利条件做好信息的保存和统计，切实做好城市生活垃圾管理公众参与反馈后的判定。二是建立完善的城市生活垃圾管理公众参与的响应机制。具体办法：在网上建立答复机构制度，形成答复网络，收到公众的质疑和质询时，通过信息筛选确定接受公众质疑和质询的部门，并将其直接发送给相应的部门，同时也要做好内部组织的协调工作。同时，建立答复时间制度，确定答复时限以外的答复事项。

2. 公众

在大数据时代，对公众参与城市生活垃圾管理的意见和建议是否进行及时、充分的反馈是评估公众参与是否有效的最直接和最重要的标准[204]。大数据时代城市生活垃圾管理相关信息多且传递速度快，城市生活垃圾管理公众参与的直接目的是希望所提供的建议能够被采纳，若没有被采纳，也希望及时了解没有被采纳的原因。公众只有在感觉自身提出的意见和建议得到尊重的前提下，才愿意持续地参与城市生活垃圾管理。否则，他们会认为自身的意见和建议是微不足道、可有可无的，产生即便参与也无用的错觉，从而影响其参与的积极性。

为了获悉城市生活垃圾管理公众参与的反馈情况，我们提出了一个问题：“您对大数据时代参与城市生活垃圾管理的反馈是否满意?”并设置了五个选项，即非常满意、满意、一般、不满意和极其不满意，并要求对各选择提供可能性原因。对大数据时代公众参与城市生活垃圾管理的反馈满意度调查结果发现：大约90%的公众对此表示不满意和极其不满意，其原因主要是在大数据时代信息传递以及筛查如此便利的条件下，没有收到过任何反馈通知，未能获悉自身提出的意见和建议是否被采纳；大约 7%的公众回复的结果是一般，其给出的理由是尽管自身未收到任何反馈信息通知，但根据发布的相关政策，发现自身的意见和建议存在被采纳的情况；大约 3%的公众认为非常满意和满意，其理由是自身的意见和建议得到了很好的反馈，并且十分及时。经过进一步分析这 3%群体的特点，我们发现其主要是行业领域的专家、学者。城市生活垃圾管理公众参与强调公众参与群体的普遍性，各个群体的意见和建议都被重视才能更好地发挥公众参与城市生活垃圾管理的作用。因此，在大数据时代建立城市生活垃圾管理公众参与反馈系统时应把公众参与群体纳入其中。

(二) 反馈方法

在大数据时代，城市生活垃圾管理公众参与的反馈方法主要包括以下两种，分别为正反馈和负反馈[205]。

1. 正反馈

正反馈(positive feedback)是指受控制的部分发出反馈信息，其与控制信息的方向保持一致，能够促进或加强控制部分的活动[206]。在大数据时代城市生活垃圾管理公众参与反馈系统中，存在这种反馈关系。例如，公众因提出的城市生活垃圾管理意见或建议得以采纳，并得到相应的奖励，并释放出对应信息，部分公众会被这样的信息吸引而朝着提供有建设性的城市生活垃圾管理公众参与意见方向行动，这样会吸引更多的公众参与其中，同时释放出越来越多这样的信息。反馈信息影响城市生活垃圾管理系统再输出的结果，使系统趋向于不稳定状态，而正是这种不稳定的状态推动着城市生活垃圾管理公众参与往好的方向转变，这样整个运作过程就是正反馈方法。

2. 负反馈

负反馈(negative feedback)也是一种典型的控制方法，其利用输出与输入相反的作用，使系统输出与系统目标的误差减小，最终让系统达到或基本达到平衡和稳态[206]。在大数据时代城市生活垃圾管理公众参与反馈系统中，这种反馈关系表现得尤为明显。例如，若是公众参与城市生活垃圾管理的意见得不到及时、有效的反馈，公众参与的积极性就会降低，相应地公众参与到城市生活垃圾管理活动中的人也越来越少。但是，由于大数据时代对信息排查的特点，越来越多的信息会被有效利用，并自动获得相应的反馈。这在一定程度上也使得负反馈方法帮助整个系统处于平衡或稳定状态。

(三) 反馈渠道

在大数据时代,城市生活垃圾管理公众参与的反馈渠道主要有以下四种方式,分别为网络、信件、电话和面谈[207]。

1. 网络

大数据时代城市生活垃圾管理公众参与的信息反馈最主要的渠道就是网络。根据建立公众委员会议事平台,将城市生活垃圾管理的难点、热点问题放到平台上理性讨论、平等沟通,让公众从源头上表达诉求、参与决策,并相应地通过数据挖掘将公众意见的采纳情况反馈给公众。其要求经办人撰写专门的意见,在网上征询意见,平台予以刊载,接受公众监督。经办人员还要撰写吸收采纳情况,分别寄送相关部门,将具体情况予以反映。

2. 信件

在大数据时代,通过信件将意见和建议的采纳情况反馈给公众,仍是不可或缺的一种反馈渠道。对于采用传统的纸质信件方式对城市生活垃圾管理提出意见和建议的公众,采用同样的方式给予反馈,可以避免其因为网络等原因不能得到反馈信息的情况发生。我们不能因为网络信息平台的完善而忽略传统的信件方式,要充分考虑各部分公众群体的特点,加强城市生活垃圾管理公众参与反馈环节的人文关怀。

3. 电话

在大数据时代,部分公众对网络信息平台和信件等方式给予的反馈心存疑问的现象时有发生,这就需要城市生活垃圾管理公众参与意见反馈主管部门提供主动的电话咨询服务,对这部分公众进行详细的电话反馈,确保公众充分理解相关意见和建议采纳的理由。同时,也包括通过网络信息平台公布文字解释公众仍然提问,且提问同一问题达 3 次及以上的,主管部门也要主动提供电话反馈服务,使这部分特殊公众真正明白意见和建议采纳的原因。

4. 面谈

在大数据时代,以上几种方式仍不能达到城市生活垃圾管理公众参与的反馈的满意效果,政府应通过面谈将意见和建议的采纳情况反馈给公众。举行座谈会,做关于城市生活垃圾管理公众参与意见采纳情况的报告,给公众现场解释采纳意见和未采纳意见的原因,并设置现场答疑环节,解决公众对城市生活垃圾管理相关问题可能存在的疑惑。特别是对提出优秀意见并被采纳的公众,给予现场颁发奖状和物质奖励,激发公众参与城市生活垃圾管理的热情和信心。

二、大数据时代城市生活垃圾管理公众参与的反馈系统构建

（一）反馈系统的构建原则

在大数据时代，城市生活垃圾管理公众参与反馈系统构建主要依据以下四个原则，分别为包容性原则、及时性原则、可达性原则和透明性原则[208]。

1．包容性原则

在大数据时代，相关的政府部门向公众反馈城市生活垃圾管理的意见和建议时，应充分考虑公众专业素质和文化程度的差异，客观充分地分析存在这种现象的原因并提出解决办法，对公众因意见和建议未被采纳可能产生的过激反应予以理解。在对参与城市生活垃圾管理的公众进行反馈时，可以利用大数据的特点对公众的教育水平、文化程度、年龄等易于产生差异的因素进行分析、归纳和分类，并对不同类型的公众实行不同的反馈方式，避免公众因提供的建议和意见未被采纳等原因产生不满。

2．及时性原则

在大数据时代，政府应充分利用大数据技术及时处理公众的意见和建议，迅速回应公众，并适时将反馈信息处理结果体现在相关决策中。若公众提出的问题得不到及时、有效的解决，甚至得不到相关政府部门的回应，会极大地挫伤公众参与城市生活垃圾管理的积极性，增加问题的解决成本，甚至会引发社会矛盾，影响社会稳定。因此，若要真正地坚持及时性原则，不仅要从思想上认识到公众对获得反馈意见的紧迫性需求，还要从客观现实入手，利用先进的大数据技术建立快速反应的反馈系统。

3．可达性原则

在大数据时代，城市生活垃圾管理公众参与反馈系统应做到“上传下达”，保障城市生活垃圾管理公众参与信息传递的畅通性。公众需要向政府上传城市生活垃圾管理意见和建议的有效途径，政府也需要将公众意见和建议的处理结果精准地传递给公众。这就要求相关政府部门基于城市生活垃圾管理的目标，依托大数据技术深入剖析城市生活垃圾管理公众参与反馈系统的特点，建立高效的“上传下达”通道，保证信息的双向流动，以避免出现“听而不证，证而不用”的问题和城市生活垃圾管理公众参与流于形式的情况。

4．透明性原则

在大数据时代，城市生活垃圾管理公众参与整个过程应尽可能保持公开、透

明，以提高公众参与的信服力。具体是，政府应明确城市生活垃圾管理公众参与的程序规定，对诸如城市生活垃圾管理公众参与的范围、方式、步骤、意见采纳的标准、意见反馈的时限和答疑要求等都附有具体细则并采用各种可行方式公之于众。因为只有城市生活垃圾管理公众参与的程序做到细致化，城市生活垃圾管理公众参与的过程和范围得以明确化，才能让公众感到自己能够真正参与城市生活垃圾管理。

（二）反馈系统的构建内容

1. 城市生活垃圾管理公众参与意见反馈系统

在大数据时代，城市生活垃圾管理公众参与意见反馈系统的具体内容：公众通过各种参与渠道将城市生活垃圾管理的提议传达至相关的政府部门。政府对公众提出的意见进行审核、分析和讨论，将可采纳的意见编写为采纳报告书，详细论述意见采纳的原因，并对提议的公众给予奖励；对于未采纳的意见，及时以未采纳说明的形式反馈至提议者，告知其不予采纳的原因、理由、事实依据等。同时，对于已经采纳的城市生活垃圾管理意见，政府设立专门部门追踪采纳建议后的执行情况；对于未执行的，予以责任追究，具体如图 11.1 所示。可见，公众参与意见反馈激励体系和公众参与意见反馈监督体系共同组成公众参与意见反馈系统。需要特别指出的是，反馈征求意见采纳情况原则上由发布征求意见草案的部门和单位负责：规章由法制办负责反馈；人民政府规范性文件和重大行政决策由起草单位负责反馈；部门规范性文件和部门重大行政决策由制定机关负责反馈，由部门联合制定的，由牵头部门负责集中反馈，有关单位予以配合。

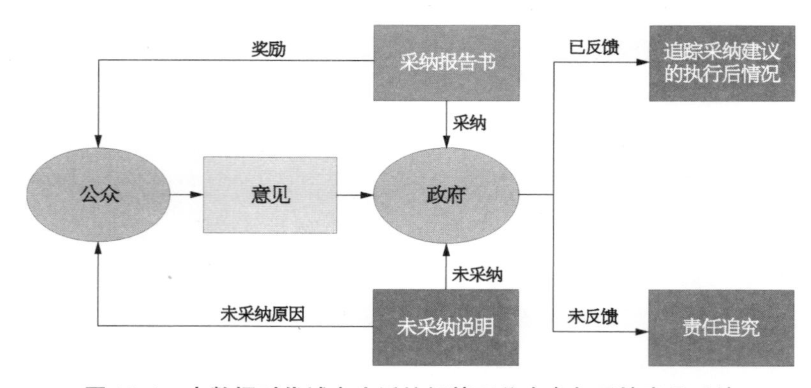

图 11.1　大数据时代城市生活垃圾管理公众参与反馈意见系统

2. 城市生活垃圾管理公众参与实践反馈系统

在大数据时代，城市生活垃圾管理公众参与实践反馈系统中存在两个反馈过程，即正向反馈过程和负向反馈过程，具体如图 11.2 所示。城市生活垃圾管理公众参与的反馈效果好，公众满意度高，公众愿意参与城市生活垃圾管理实践，即公众积极参与城市生活垃圾的分类、收集、运输和处理等过程，城市生活垃圾总体管理效果好。另外，城市生活垃圾管理的效果好，也会增加公众对城市生活垃圾管理的满意度，提高了公众参与影响度，这是一个正向的反馈过程。反之，若公众参与城市生活垃圾管理的反馈效果差，公众对政府的城市生活垃圾管理过程不满意，这必然会导致公众不愿意参与城市生活垃圾分类、收集、运输和处理等过程，整个城市生活垃圾管理效果不理想，从而公众对城市生活垃圾管理实践过程体验感差，更不愿意参与到城市生活垃圾管理中，形成了一个负向反馈过程。

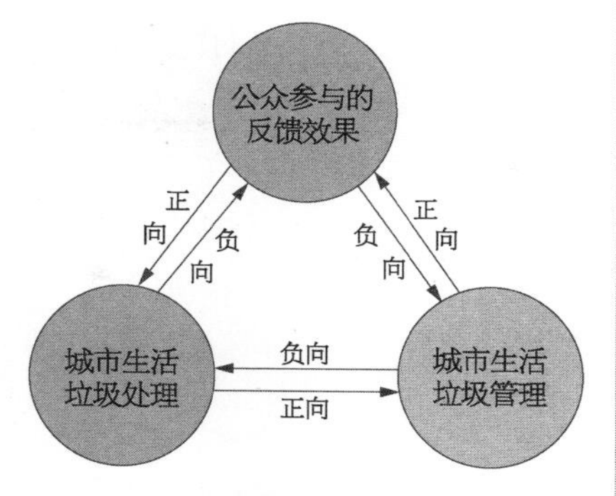

图 11.2　大数据时代城市生活垃圾管理公众参与实践反馈系统

三、大数据时代城市生活垃圾管理公众参与的反馈机理分析

（一）反馈机理的总体分析

1. “零废弃”是城市生活垃圾管理公众参与反馈的根本目标

“零废弃”是指运用可持续发展原则来管理生产生活中产生的各种废弃物，将废弃物作为其他产业的原料加以循环再利用，从而消除废弃物及有毒物质排放，减少所需资源，实现城市生活垃圾循环再利用的最大化[209]~[211]。城市生活垃圾“零废弃”概念的提出，是建立在城市生活垃圾分类回收基础上，并且有所深入和提高。城市生活垃圾分类回收无法避免废弃和毒害，并且只强调增加回收。“零废弃”旨在减少废弃生产，避免生产毒害，强调物尽其用。因此，有必要对城市生活垃圾“零废弃”的概念进行延伸。

基于循环经济理论，按照源头减量、重复利用、回收循环和无害化处理的倒金字塔式等级优先次序（图 11.3），在无害化处理的基础上，全面引入回收循环，有机结合源头减量和重复利用，对可回收垃圾、厨余垃圾、有害垃圾和其他垃圾四种类型的城市生活垃圾进行管理，以使城市生活垃圾量得到最大程度减少，城市生活垃圾利用得到最大程度资源化，城市生活垃圾处理最大程度无害化，从而真正实现我

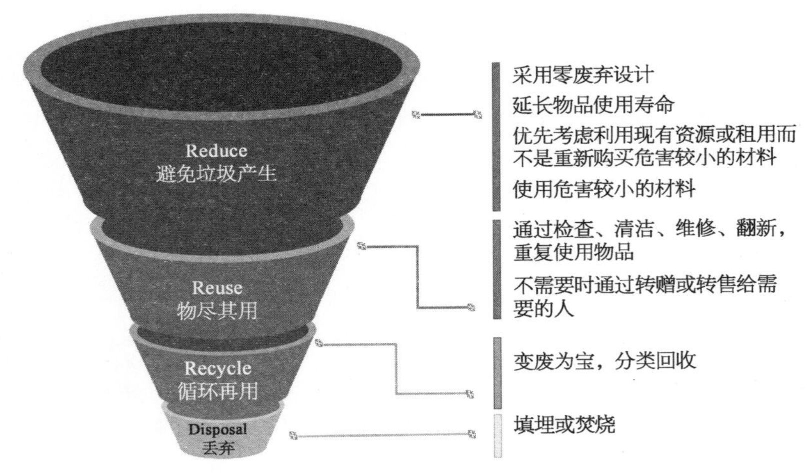

图 11.3　城市生活垃圾的“零废弃”结构图

国城市生活垃圾的“零废弃”。

在大数据时代，城市生活垃圾的“零废弃”为我国城市生活垃圾管理公众参与的根本目标。因此，在对城市生活垃圾管理公众参与反馈机制进行分析的时候，包含了城市生活垃圾“零废弃”的基本思想。城市生活垃圾管理公众参与系统评价环节按时间先后形成一个事件序列：目标控制是城市生活垃圾管理公众参与系统的价值定位；测量评估是利用大数据等工具收集价值判断的依据；信息加工是对所获取的城市生活垃圾管理公众参与反馈信息进行进一步的解释、判定和价值诊断；信息反馈是评价公众参与城市生活垃圾管理目标实现程度的依据。也就是说，在一次具体的城市生活垃圾管理公众参与反馈系统评价活动中，各个环节是承前启后的。在这个过程中，信息反馈同时受到目标控制和信息加工的控制，间接受到测量评估影响[212]，具体如图 11.4 所示。

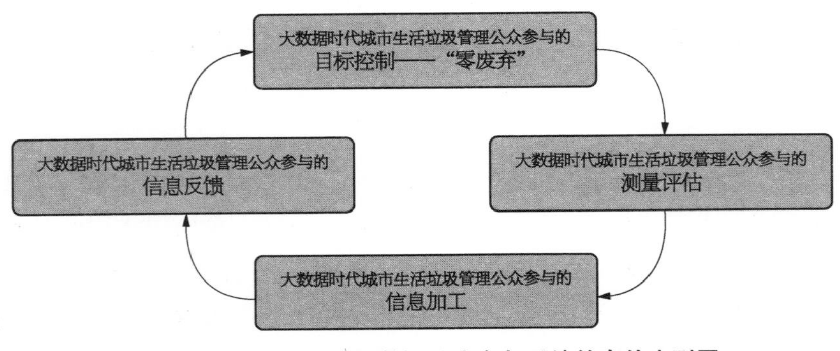

图 11.4　城市生活垃圾管理公众参与系统的事件序列图

2. “大数据”是城市生活垃圾管理公众参与反馈实现的有力工具

在大数据时代，信息加工充分利用“由事而普”，能在最短时间发挥最大效果的特点，是理解人们需求和偏好的工具，引导公众让反馈和互动率上升[213]。大数据分析注重用户行为的分析和反馈，通过网上办事、区域联动、资源共享的城市生活垃圾管理平台，促进政府和公众互动。政府部门也能够更好地采集大量社会公众需求信息，收集大量民意、诉求信息。这些信息将与在线公众参与城市生活垃圾管理过程中产生的数据和环境保护部门的数据相结合，形成环保大数据。通过对环保大数据进行分析，揭示数据之间的关联，发现现象背后的规律，帮助政府更好地了解哪些刺激行为、什么样的环境、政策和监管的改变会更加现实、合法和有效。同时可转变政府应对城市生活垃圾管理公众参与模式的变化，使得政府主动发现问题和解决问题，提高城市生活垃圾管理的精准性和有效性。

政府在城市生活垃圾管理过程中建立通畅的民意反馈渠道不仅是科学决策的重要路径，还是充分发挥民主决策和规范决策程序的重要内容，具有重大意义。因此，“大数据”作为城市生活垃圾管理公众参与反馈实现的有力工具，政府在城市生活垃圾管理过程中应充分运用大数据技术分析公众对政府决策的关注程度、意见表达、利益诉求以及公众的情绪变化等引导和控制好公众舆情走向，提高决策的客观性和科学性。利用好大数据技术优势还可以使公众通过城市生活垃圾管理信息化平台与政府进行沟通互动，尤其是新媒体如微博、微信、电子邮件、论坛留言等为公众参与城市生活垃圾管理提供互动空间，开拓了更为广泛的民意反馈途径，打破传统的书信反馈和面对面座谈方式的制约，这不仅可以节约决策成本，还可以提高决策效率。

（二）基于系统动力学模型的反馈分析

1. 理论基础与研究假设

（1）*理论基础*：系统动力学（system dynamics, SD）由美国麻省理工学院 Forrester 教授于 1965 年创建，是一种以计算机模拟技术为主要手段，分析、研究和解决复杂动态反馈性系统问题的方法。系统动力学最初被称为工业动态学，由回馈控制理论（feedback control theory）到产业系统建立的初始构想，为分析生产及库存管理等企业问题而提出的系统仿真方法。1969 年系统动力学被应用于美国城市发展规划问题的系列研究，并由此被广泛应用于环境可持续化、地域可持续发展等社会科学等领域[214]。随着技术的进步和理论的完善，系统动力学发展为研究信息反馈、分析系统问题和解决系统问题的综合性交叉学科，并构建了成熟的系统动力学知识体系。

在大数据时代，城市生活垃圾管理公众参与反馈系统是一个典型的复杂系统。城市生活垃圾管理公众参与反馈实质上是输入到政府在城市生活垃圾管理公众参与中的社会多元建议诉求转化为具体城市生活垃圾管理措施输出的过程。作为城市生活垃圾管理公众参与的核心要素，城市生活垃圾管理质量、公众参与度、公众满意度、城市生活垃圾处置效果彼此相互联系和相互制约，符合复杂系统的特征，可以用系统动力学方法进行研究。

(2) 研究假设：在大数据时代，城市生活垃圾管理与公众参与通过耦合形成典型的复杂系统以达到“零废弃”的目标，具有非线性和复杂性的特点。根据系统动力学和公众参与理论等相关文献整理，大数据时代下城市生活垃圾管理公众参与存在几个基本假设条件：① 城市生活垃圾管理是一个连续、渐进的行为过程；② 大数据时代我国城市生活垃圾管理公众参与的反馈主体主要包括政府和公众两大方面。

2. 城市生活垃圾管理公众参与的系统动力学分析

(1) 城市生活垃圾管理公众参与的良性循环：在大数据时代城市生活垃圾管理过程中，公众作为利益相关者的参与主体，其参与的价值不仅在于提高城市生活垃圾管理的科学性和可行性，更是为了在城市生活垃圾管理过程中获得公众认可，从而对城市生活垃圾管理效果产生非常积极的影响。公众参与城市生活垃圾管理的过程会对城市生活垃圾管理的具体工作有一定的认同感，因此，城市生活垃圾管理较易得到公众的广泛认可，从而使城市生活垃圾管理的阻力变小，监督成本降低[43]。从公众参与度、公众影响度、城市生活垃圾管理相关措施执行等方面来分析公众参与和城市生活垃圾管理之间的关系，进而建立城市生活垃圾管理公众参与的基模。

因果链：① 城市生活垃圾管理→＋城市生活垃圾管理效果→＋公众满意度→＋公众参与度→＋公众影响度→＋政府采纳度→＋城市生活垃圾管理；② 城市生活垃圾管理→＋公众影响度→＋政府采纳度→＋城市生活垃圾管理；③ 城市生活垃圾处置效果→＋公众满意度→＋公众参与度→＋城市生活垃圾处置效果。

由上述三条因果链的链接力作用产生整体结构因果关系图，即城市生活垃圾管理公众参与的良性循环基模(图 11.5)。

该基模由三个正反馈环构成，表明城市生活垃圾管理与公众参与之间存在一种良性循环关系。第一，在大数据时代，随着城市生活垃圾管理效率的提高，城市

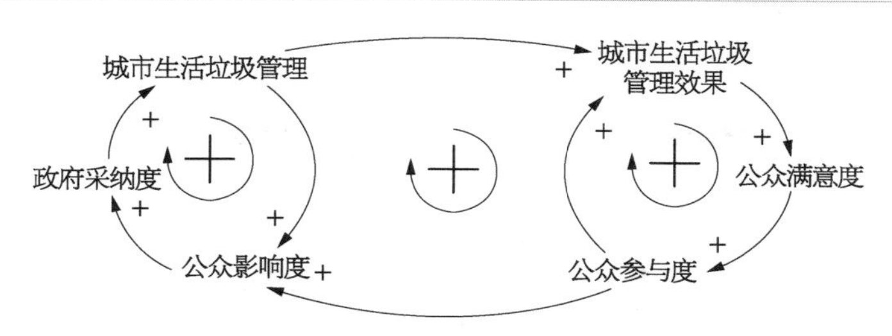

图 11.5　城市生活垃圾管理公众参与的良性循环基模

生活垃圾管理效果越来越接近公众的预期，从而公众满意度不断提高。第二，对于公众而言，通过有序参与方式可以表达意见，并可能对城市生活垃圾管理产生影响，不仅增强了公众的社会责任感，还可以提高公众参与的理性程度，从而在一定程度内缓解公众和政府之间的矛盾，维护社会稳定。随着公众参与度的提高，政府在城市生活垃圾管理过程中会越来越多地将公众意见纳入重要参照指标体系，城市生活垃圾管理效率得以进一步提高。

（2）公众参与的成长上限：公众参与和城市生活垃圾管理之间存在良性循环关系。在大数据时代，随着公众参与的提高，其建议能够更好地表达；而政府也会根据公众的建议采取更加符合民意的城市生活垃圾管理措施，以提高城市生活垃圾管理水平。但是，公众参与并不可以无限提高。第一，在大数据时代，公众参与在我国得到了较快的发展。这是市场经济发展的必然要求，也是政治上广泛认同并在实践中得到了较为广泛推动的[95]。但是因为受传统政治、文化因素的影响，公众普遍认为个人参与无法对城市生活垃圾管理产生实质影响，甚至有可能得罪政府。同时，政府有时认为公众理应接受和服从政府所采取的城市生活垃圾管理措施，在城市生活垃圾管理过程中忽视了公众应有的政治权利。第二，我国公众参与渠道不畅通的现象仍时有发生。当前公众参与方式比较多地集中在听证等方面，而官方网站、热线电话、以微博为代表的新型社交平台等渠道尚未充分发挥效用[215]。例如，有一些城市虽然已建立城市生活垃圾管理信息平台，但总体上还存在着一定的问题：有的政府网站形同虚设，网上咨询或建议如石沉大海，不见回复；对外公布的政府热线电话无人值守或无人接听、民意调查选题脱离城市生活垃圾管理实际、回答选项设计不够合理、样本数量太小等。城市生活垃圾管理公众参与难以真正落地。为此，我们从公众参与度、公众参与热情、公众参与渠道等来分析城市生活垃圾管理公众参与的受限现象，构建城市生活垃圾管理公众参与的成长上限基模[216]。

因果链：① 公众参与度→+建议表达→+社会和谐→+公众参与度；② 公众

参与度→+参与热情→+与传统政治文化差异→−公众参与度；③ 公众参与度→+参与人数→+参与渠道差→−公众参与度。

由上述三条因果链的链接力作用构建公众参与的成长上限基模(图 11.6)。该基模由两部分构成：左边部分是显示城市生活垃圾管理公众参与的正反馈环；右边部分是抑制成长的两个负反馈环，城市生活垃圾管理公众参与受到制约。

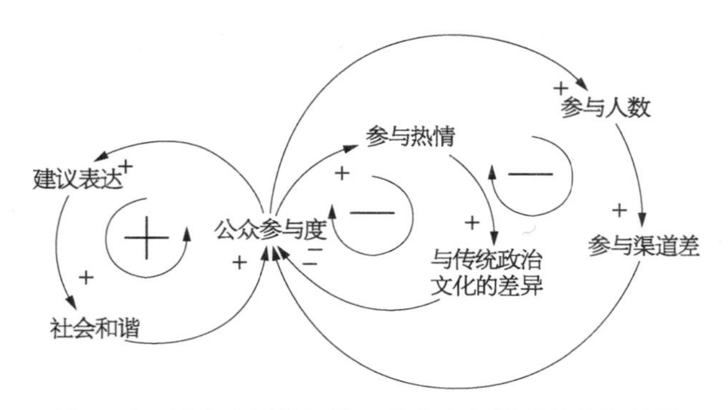

图 11.6　城市生活垃圾管理公众参与的成长上限基模

在大数据时代，城市生活垃圾管理公众参与成长上限基模揭示传统政治文化差异和公众参与渠道因素是提高公众参与度的重要因素。要解决大数据时代城市生活垃圾管理公众参与成长上限的问题，首先要营造参与型的文化理念。“大政府、小社会”历史传统政治文化理念对城市生活垃圾管理公众参与产生一定的影响，为此政府应积极构建参与型的城市生活垃圾管理理念，逐渐削弱传统政治文化对公众参与的影响力，制约城市生活垃圾管理公众参与负反馈环的发展。一方面，政府应积极主动地与公众进行交流，注重公众反馈意见，积极回应公众对城市生活垃圾管理的建议，切实将公众参与作为优化城市生活垃圾管理的重要途径；另一方面，公众应树立参与型文化理念，增强参与城市生活垃圾管理的责任感，积极主动地对城市生活垃圾管理过程中存在的问题进行必要的信息反馈。公众参与城市生活垃圾管理的意识越高，公众的参与行为才能越深入，确保政府采取的城市生活垃圾管理措施越能体现公众的意愿。

其次，拓宽公众参与的渠道，为公众参与城市生活垃圾管理提供便捷、畅通的渠道，使城市生活垃圾管理公众参与成长上限的负反馈环逐渐减弱，推动正反馈环的发展。结合我国的实际情况，城市生活垃圾管理公众参与渠道可以采用以下形式。一是民意调查。通过定期的民意调查，宣传政府的城市生活垃圾管理的政策，获取公众的理解和支持，掌握公众对城市生活垃圾管理相关措施执行的满意程度[217]。二是公开听证。公众可以充分表达对城市生活垃圾管理方案的意见，平等参与城市生活垃圾管理，推进城市生活垃圾管理民主化进程。三是利用微博等网络信息平台。在城市生活垃圾管理的官方微博上公开管理程序及理由，特别是涉及公众切身利益的诸多城市生活垃圾管理领域问题，为政府和公众沟通互动搭起桥梁，推动大数据时代城市生活垃圾管理协商模式的完善。

第 12 章

大数据时代提高城市生活垃圾管理公众参与的策略

一、积极发挥大数据优势，夯实公众参与基础

（一）发挥大数据优势，建立公众参与平台

城市生活垃圾管理公众参与的效果如何，很大程度上取决于公众的参与意识、相关的政策环境、信息开放程度、参与渠道以及参与反馈等多个因素。对于我国的城市生活垃圾管理公众参与问题，传统的公众参与渠道比较单一，表达诉求的渠道主要有行政复议、向法院起诉、信访、向立法机关反映、向纪检监察机关投诉、向媒体反映环境群体性事件等，公众能够参与的城市生活垃圾管理内容也是非常有限的，并且缺乏互动性。在大数据时代，信息技术高速发展以及移动终端的广泛普及，使得互联网成了公众表达利益诉求与发表意见和建议的重要平台，公众接收与传播消息的手段多、速度快、范围广，且不受时间、空间的限制，强化了以大数据为基础、以网络为主体的非制度化参与[216]。因此，应积极发挥大数据优势，建立公众参与城市生活垃圾管理的大数据平台，具体步骤如下。

第一步要在全国范围内建设分布合理的云数据中心基础设施，通过云管理平台为城市生活垃圾管理公众参与提供弹性并且可扩展的计算、存储以及网络资源。

第二步要大范围投入全国统一进行规划的高速无线网络基础设施，为各种接入终端、传感器、监控设备提供随时随地、支持任何装备的全天候的网络接入。

第三步要利用大数据的优势，建设一个城市生活垃圾管理公众参与的统一数据库，并结合不同的数据空间产生的抛面生成不同的业务系统，使数据抛面交叉的

业务系统能共同维护统一的数据表。

第四步建设一个统一的用户认证和安全管理模型。在安全的前提下，用户通过一次登录就可以使用城市生活垃圾管理公众参与的各种功能。

第五步建设或选择一个统一的地理信息空间服务平台，为一定范围内的城市生活垃圾管理公众参与提供统一的位置服务。如此，我国可以借助大数据技术实现"线上＋线下"多主体、多渠道互动模式，不断扩大城市生活垃圾管理公众参与的大数据平台的数据资源，提高公众参与质量，形成公众参与的良性循环。

（二）利用大数据分析，优化公众参与方式

优化城市生活垃圾管理公众参与方式，需综合考虑公众的参与热情和城市生活垃圾管理质量两个因素。一般而言，恰当的公众参与方式能实现公众的参与热情和城市生活垃圾管理质量之间的有机平衡。具体来说，应利用大数据分析的优势，寻求多种成本低、效率高、公众满意的城市生活垃圾管理公众参与方式[217]。就我国而言，听证制度、公示制度等常规参与方式必须要进行完善，除让专家及代表参与制定外，还应面向更广范围的公众。此外，在大数据时代，应利用其优势，创新公众参与方式。按照相关程序，允许公众旁听或参与电视、网络直播、在网站上开设"办公博客"，就城市生活垃圾管理问题加强与公众适时交流。具体步骤如下：

第一步，利用大数据分析技术，基于统一的云管理平台搭建城市生活垃圾管理服务内网云、外网云、灾备云，建设基于云计算技术的城市生活垃圾管理公众参与的基础支撑数据库。第二步，基于用户上下文的授信模型、大数据资源统一注册框架、大数据统一访问接口、大数据统一管理框架、大数据统一业务框架等技术，建设大数据统一驱动及管理引擎，为上层应用提供城市生活垃圾管理公众参与大数据支撑服务，然后，基于大数据引擎采集的数据构建城市生活垃圾管理公众参与公开信息大数据库、政企业务信息大数据库以及城市生活垃圾行业领域大数据库等三大主题库。第三步，建设一个服务可信的、经过授权及验证的应用门户。为用户提供安全的应用下载机制，用户对应用的评价机制，然后通过市场机制促进应用的优胜劣汰，通过应用门户提供围绕城市生活垃圾管理公众参与的信息公开服务，以此优化城市生活垃圾管理公众参与方式[218]。

（三）利用互联网普及，提高公众参与效果

在第 44 次《中国互联网络发展状况统计报告》中显示，"我国手机网民规模达 8.47 亿，较 2018 年底增长 2 984 万，网民使用手机上网的比例达 99.1%。"这一系列

数据显示，使用以手机为代表的移动终端上网日益成为公众的主要选择。因此，有效利用移动智能终端是地方政府提高城市生活垃圾管理公众参与效果的一大方向。近年来，各地、市政府及企业均陆续推出各类有关城市生活垃圾管理 App，这项指尖上的公众参与，让居民可以方便、简洁、快速地了解自己所在城市生活垃圾管理，让居民以一种更能接受和易懂的、更加普遍的方式参与城市生活垃圾管理。

基于我国互联网及移动终端的普及，可在相关 App 中设立意见栏或交流模块。借助该功能，公众能够有途径、有方法主动关注周边城市生活垃圾管理的讨论议题，针对内容发表自身的建议或意见；同时，也能够反映在城市城市生活垃圾管理政策实施过程中公众参与存在的问题，为自己发声。另外，全方位的互联网在很大程度上也会提高公众参与的积极性，让公众对城市生活垃圾管理由刚开始的“随手一点，随便看看”，逐渐培养成为一种日常的生活习惯，在潜移默化中参与其中，最终实现公众主动参与、全面参与。应用社交网络、智能终端等传输的数据实时分析公众参与的效果，提高了政府事中感知和事后反馈的能力，将决策输出端从“谋而后动”转向“随动而谋”，从执行力转向学习力，从静态管理转向动态管理。这极大地提高了城市生活垃圾管理公众参与的效果[219]。

二、积极建立数据管理机制，丰富公众参与数据

（一）建立数据采集制度，明确数据采集责任

大数据时代的城市生活垃圾管理公众参与的一个特点无疑就是“大数据”，但是大数据只有在数据量足够大时才能显示优势。原有的大数据采集制度，面对城市生活垃圾管理公众参与的海量数据收集和分析都相对较为困难，因此原有的信息采集技术和资源构架都需要作出调整[220]。各级政府部门以及城市生活垃圾管理相关企业，需要探索建立政策评估大数据采集责任制度，明确各部门和支撑机构城市生活垃圾管理公众参与信息采集责任，依法、及时、准确、规范、完整地记录和采集城市生活垃圾管理过程中各级履职及公众参与的数据。

数据采集制度的建设必须从以下几个方面着手。

首先，建立数据采集责任制度，也称为数据采集工作实施工作责任制。单位负责人是数据采集第一责任人，单位内部设置数据采集联络员负责数据采集工作，负责单位内部数据采集的分工和协调；建立数据采集责任追究和考核制度，其结果纳入单位目标绩效考核，并对严重失职行为追究责任。数据采集责任制度要求数据

从源头采集，确保数据的准确、规范。同时，将数据采集平台中的所有数据表，按照政府部门各单位的工作职能划分到对应单位，要求其审核把关[221]。

其次，完善数据采集方式。在数据采集时，一要求分阶段采集，先采集源头数据，再采集其他数据；二要求实时采集，真实采集数据，防止代填、乱填情况出现；三要求能选择的数据不能直接填报，需填报的数据不能空缺。

最后，建立数据平台，实行多级审核制度。各数据采集人是采集数据的第一审核人，各单位负责人是本单位数据的最终审核人，收集到的数据要经过初审、复审、协调和终审等多级审核[222]。数据平台以大数据的方式反映城市生活垃圾管理公众参与状态，通过对数据的统计分析，能够全面、准确地认识自己，及时发现和诊断城市生活垃圾管理公众参与的优势和薄弱环节，有效推动城市生活垃圾管理公众参与。

（二）建立数据共享机制，明确数据共享原则

随着互联网、云计算、人工智能等技术的广泛应用，大数据在城市生活垃圾管理公众参与中面临的环境更加复杂多变，大数据信息共享已成为影响城市生活垃圾管理公众参与的重要因素。因此，政府及相关企业除了要建立大数据思维外，还要突破“信息孤岛”（数据处理能力不对称）、“数据小农思维”等大数据在城市生活垃圾管理应用中的困境[233]。为此，我们要建立统一、高效的大数据共享机制，消除部门间管理机制的碎片化，统一规划、统一管理，促进数据资源跨部门自由流通，增强政府在大数据应用中的顶层设计与协调统筹推进能力。为此，建议成立城市生活垃圾管理公众参与数据管理委员会，作为数据资源共享管理工作的领导机构，负责统筹规划、协调推进城市生活垃圾管理公众参与中各个环节数据共享的重大事项，以及组织、实施相关管理及改进办法。

我们还要明确数据共享原则，加强各部门之间横向联系，推动信息的无缝衔接与整合。大数据技术可以帮助政府建立通达的可视化城市生活垃圾管理公众参与数据交互平台，实现数据资源的交流共享，更大限度地实现信息的搜集、研判（研判数据价值密度、挖掘成本与预期收益之间的比值）、分析、筛选、整合甚至到最终的可视化。为此，明确公开、安全、高质量和权责统一的数据共享原则，能够帮助政府制定统一规范的城市生活垃圾管理数据应用技术标准，加强部门、企业及公众间数据处理能力的匹配对接，解决部门及企业间数据“黑箱”和处理能力不对称等问题。

在大数据时代，开放政府数据无疑也是城市生活垃圾管理公众参与的有效方向之一。开放促改革是我国在长期工作建设中总结出来的一条重要经验，政府是

推动大数据应用与城市生活垃圾管理公众参与的最关键力量，政府数据共享能推动大数据在城市生活垃圾管理公众参与乃至全社会的广泛应用。美国、英国、加拿大、新西兰等国在2009年之后都建立起了政府数据共享平台，将提供数据作为一项基本的公共服务。其中，美国联邦政府开放了农业、商业、气候等10多个领域的13万个数据集。我国的香港、上海、北京、武汉等地也在2011年后陆续开放了数据共享平台。在政府共享平台的推动下，相关应用增多了，这也反过来推动政府数据平台的发展，推进政府数据的标准化、格式化工作。最重要的是，数据共享也意味着政府在对城市生活垃圾管理决策时必须将数据分析、公众参与等作为决策过程的重要部分，这将会使城市生活垃圾管理公众参与的决策方式发生质的改变。

（三）建立数据评级制度，满足公众应用需要

大数据时代城市生活垃圾管理公众参与可基于的数据范围被不断扩大，但数据并不是越多越好，也并不是所有的数据都与城市生活垃圾管理公众参与相关，盲目地扩张数据应用范围，不仅会带来成本的急剧增长，也会带来数据浪费，因此应在经济成本可控的情况下有效地管理并使用城市生活垃圾管理公众参与相关大数据。这就要求明确大数据在城市生活垃圾管理公众参与中的应用边界。在此基础上，根据我国实践情况，针对不同类型的大数据设定合理的数据等级，以备政府、企业、公众参与城市生活垃圾管理之用。通常情况下，数据至少要分成两个等级。最高等级的数据要提供给城市生活垃圾管理的核心职能部门及专业人士用于顶层设计及宏观管理，特别是风险管理。最低等级的数据是提供给公众进行实践参与参考的数据。这一等级的数据应简单、明了，更容易使公众对城市生活垃圾管理产生理性认识。

三、高度重视大数据人才，解决核心技术问题

（一）重视大数据人才，优化人才培养模式

随着大数据技术的兴起与发展，海量数据信息正在加剧膨胀，如何更好地利用大数据为城市生活垃圾管理公众参与服务，成为这个时代最为火热的研究课题之一。在这样的背景下对大数据人才提出了更高的要求。高校作为大数据人才培养的摇篮，必须要顺应时代发展，及时调整人才培养方案，提高大数据人才培养质量，为社会输送所需要的大数据人才。为此，高校需从以下几方面着手。

1. 对课程设置进行创新改革

目前,我国大数据人才主要来自高校计算机专业。而高校的计算机专业具有非常强的工具性,与城市生活垃圾管理公众参与的实践性需求有很大距离。为此,高校一方面要考虑自身的优势、学科特点及学生层次,制定适应大数据技术人才培养方案,满足社会对大数据人才的基本需求;然后再根据学校其他专业的特点,选取特色突出专业,特别是与城市生活垃圾管理公众参与相关的管理学、化学、社会学和法学等专业对大数据人才进行强化培养,以便学生更早将大数据技术落地。另一方面要邀请政府、企业、公众等了解城市生活垃圾管理公众参与工作的组织和个人进校深入交流,根据实际工作需要,订单式制定培养计划,提高学生的专业素质和能力,为城市生活垃圾管理公众参与提供专业化人才[225]。

2. 完善实践条件,提升大数据技能

进行大数据教学创新改革时,不仅需要对教学模式及内容进行改革,还要积极搭建学生实验平台,提升和强化学校与城市生活垃圾管理中企业和政府等环节的合作力度。高校人才的培养需要具备对城市生活垃圾管理行业情况敏锐的感知力,熟悉大数据时代行业现代化知识及前沿技术,综合学校自身实际情况,加快构建关于城市生活垃圾管理方向的实验操作平台。同时,在实践教学过程中应采用团队协作等方式来强化和提升学生的主观能动性,制定相应的实验方案,要求学生对实验结果进行深入分析,编写实验报告,对问题进行更深入的探究。

教师扩充课程实践内容时应围绕培养应用型人才开展,制定合适的教学方案,增加专业课程教学中实践课程比例,有意识地开展实践活动。将部分理论授课内容改成实践教学时,重点在于让学生尽可能多地掌握实践技能,并通过实践课程激发学生对专业课程学习的兴趣,逐步提高课堂学习质量。同时,学校根据实际教学情况调整实践课程体系,提高学生职业能力与职业素养,发挥实践教学的作用,提升学生实践动手能力,为后期走上城市生活垃圾管理相关工作岗位奠定基础。一般情况下,在普通高等学校的人才培养中,要培养出实用的大数据分析人才是很困难的,这主要是因为很难让学生真正接触到实际环境下的大数据。因此,高校要建设大数据分析实验室,将大数据方向的本科学生安排进入实验室,真正与大数据"共舞",在实战中学习,在实战中成长[226]。

3. 提升师资力量,满足教学要求

城市生活垃圾管理公众参与对学生实践能力有更高的要求。为此,教师应及时综合理论知识及实际应用的要求,以后期的实践操作来巩固理论知识,让学生在实践教学中对理论知识有更加深入的理解,便于专业技术实际运用的掌握和提高。

具体来说，首先教师可制定与城市生活垃圾管理相关的主题大纲，为学生提出可选择的研究方向，学生可参照内容进行自主地设计与开发。其次教师在实践及设计中要加大互动和交流，尽快地让学生能够解决遇到的问题，掌握专业的知识及技能。最后教师要重视教学内容与模式，以及学生在城市生活垃圾管理公众参与理念层面的指导及培养，为城市生活垃圾管理的各环节提供优质的大数据人才。

教师作为学生的引领者，只有存在“卓越”的教师队伍，才可能培养出“卓越”的人才[225]。在教学任务分配中，每门核心课程应安排一名骨干教师负责，并有一名企业工程师具体指导，其他人员参与，形成一支水平高、工作能力强、具有良好协作精神的课程建设团队。另外，高校也要从课程定位与教学目标、教学设计与教学条件要求出发，科学合理地设计学时、学分分配与考核方法，督促教师在课程内容注重引入城市生活垃圾相关行业标准和职业技术标准以及前沿技术，按照行业标准及人才培养目标进行专业建设与课程改革，提高师资力量[226]。

（二）加速大数据研发，解决核心技术问题

大数据技术虽然已经在我国发展多年，并且在许多领域取得了进展，其相应的分析与预测技术也在不断地提高，但是当前的大数据技术仍然无法满足如城市生活垃圾管理公众参与等复杂的公共管理研究的需要。为此，大数据技术还需要从以下四个方面突破瓶颈。

1. 大数据采集技术

开发城市生活垃圾管理公众参与的大数据采集技术，尤其是面向互联网对公众的全网数据获取技术。从本质上说，网络只是数据采集、储存的媒介，互联网即大数据之网。当前的互联网数据，特别是基于搜索引擎和社交媒体的数据是研究的热点。在城市生活垃圾管理公众参与中，互联网已经成了公众了解政策、表达意见的平台，一些不起眼的城市生活垃圾小事也有可能在网络的推动下变成热议的大事件。但是，互联网的数据杂乱、假的问题比较突出。为此，在城市生活垃圾管理的众多数据源中，互联网数据无疑是最容易获得、范围最广也是最见成效的。在城市生活垃圾管理公众参与的大数据采集技术方面，要研发出能筛选无效数据的采集技术，并且能从论坛、博客、微信等平台获取所需的真实数据用于城市生活垃圾管理公众参与，做到数据收集精准化。

2. 探索数据预测技术

在大数据时代，应努力探索城市生活垃圾管理公众参与的数据预测技术，提高城市生活垃圾管理公众参与的前瞻性。大数据时代城市生活垃圾管理公众参与的

重点是预测。利用大数据技术建立的仿真模型，可以对所实施的公众参与制度进行预演，从而减少城市生活垃圾管理政策实施及未来发展的“不可预知性”，从一定概率上避免城市生活垃圾管理公共事故及公众抗议事件的发生。与需要通过追溯过往相关事件的历史数据来预测公众参与趋势的传统预测方式不同，大数据预测技术要能够把数学算法运用到海量的城市生活垃圾管理数据分析之中，将其与不同阶段的公众参与数据进行叠加和对比，得到城市生活垃圾管理公众参与的变化趋势及发展规律，并通过可视化的形式模拟出预期的公众参与情况，进而预测或推断其未来走向，为政府创造性地预测问题和解决问题提供参考依据。

3. 大数据挖掘技术

提高城市生活垃圾管理大数据挖掘技术，加大公众参与过程中网络自然语言处理的技术瓶颈突破力度。关于城市生活垃圾管理公众参与的大数据挖掘技术主要应用在两个方面：第一个方面是围绕城市生活垃圾管理政策的公众态度倾向性分析，如文本清洗、情感信息分类、情感信息抽取等分析，同时对公众参与态度的倾向性和态度的强度进行量化分析；第二个方面是关于城市生活垃圾管理政策的公众自我诉求与核心观点的自动识别，如各主体识别、话题检测与追踪、话题自动分类等方面的工作，针对公众所表达的各种诉求、观点和建议等相关信息能做到自动选取。

4. 大数据运行存储技术

提高城市生活垃圾管理大数据的存储和运行技术，优化城市生活垃圾管理公众参与的大数据运行存储平台架构。数据运行存储平台是城市生活垃圾管理公众参与数据管理中的关键组成部分，其几乎涵盖了传统数据处理中的数据捕获、存储、计算、分析应用等内容。大数据时代的城市生活垃圾管理公众参与数据的运行存储平台架构应具备支持多源数据集成；支持分布式并行处理；支持非结构化和半结构化数据处理；离线批量和在线实时数据处理；支持平台内数据压缩和数据存档；支持广泛的数据源类型和算法以及数据分析模型的统一管理等功能。同时，对于城市生活垃圾管理公众参与的大数据运行存储平台还应综合考虑当前的技术改进策略及其他新兴大数据技术融合共存战略，避免数据运行存储过程中的技术冲突和技术浪费。

主要参考文献

[1] WHAT A WASTE 2.0[DB/OL] http://datatopics.worldbank.org/what-a-waste/.

[2] 大数据[DB/OL] https://baike.baidu.com/item/大数据/1356941.

[3] 中华人民共和国统计局.中国统计年鉴[M].北京：中国统计出版社，2018.

[4] 国务院办公厅.生活垃圾分类制度实施方案.2017-03-30. https://baike.baidu.com/item/生活垃圾分类制度实施方案/20592065.

[5] 国务院第十六次常务会议.中国21世纪议程[Z].1994-03-25.

[6] 赵志磊.公众参与制度与公众参与效果[J].信阳师范学院学报(哲学社会科学版)，2020，40(01)：16-22.

[7] 曾正茂.城市环境管理的公众参与机制研究[D].吉林大学，2013.

[8] 大数据[DB/OL] https://baike.sogou.com/v59756418.htm?fromTitle=%E5%A4%A7%E6%95%B0%E6%8D%AE.

[9] 刘晓茜.基于大数据技术的济南市数字化城市管理研究[D].西北大学，2017.

[10] 杨佶.政府信息公开法律规范必须转变视角——以保障公民知情权为宗旨[J].政治与法律，2013(02)：116-124.

[11] 赵鹏飞.信息时代下大数据对城市精细化管理理念的创新[J].产业与科技论坛，2017，16(22)：194-195.

[12] 臧超，于平.以大数据提升城市管理水平[J].长春市委党校学报，2018(05)：19-23.

[13] 蔡若佳，易钢，李坚."智慧城管"初探：大数据时代的城市管理创新[J].学理论，2015(13)：28-29.

[14] 宋敏.大数据技术在智慧城市管理中的价值及应用[J].环渤海经济瞭望，2020(01)：105-106.

[15] 任志孟.大数据技术在智慧城市管理中的应用探究[J].信息系统工程，2019(11)：42-43.

[16] 李富.大数据时代商业模式变革契机[J].开放导报，2014(06)：107-109.

[17] 谢卫红,樊炳东,董策.国内外大数据产业发展比较分析[J].现代情报,2018,38(09):113-121.
[18] 刘丹,曹建彤,王璐.基于大数据的商业模式创新研究——以国家电网为例[J].当代经济管理,2014,36(06):20-26.
[19] 汪涛武,王燕.基于大数据的制造业与零售业融合发展:机理与路径[J].中国流通经济,2018,32(01):20-26.
[20] 邵鹏,胡平,齐杰.大数据时代产业发展与社会管理问题研究前瞻[J].科技进步与对策,2014,31(12):154-160.
[21] 蒋洁,陈芳,何亮亮.大数据预测的伦理困境与出路[J].图书与情报,2014(05):61-64+124.
[22] 王茹.基于大数据的环境监测与治理研究[J].南方农机,2019,50(11):78.
[23] 郑石明,刘佳俊.基于大数据的空气污染治理与政府决策[J].华南师范大学学报(社会科学版),2017(04):105-111+191.
[24] 谭娟,谷红,谭琼.大数据时代政府环境治理路径创新[J].中国环境管理,2018,10(01):60-64.
[25] 魏斌.大数据与环境"智"理[J].中国环境管理,2015,7(06):1.
[26] 中华人民共和国统计局.中国统计年鉴[M].北京:中国统计出版社,2015.
[27] 中华人民共和国建设部.城市生活垃圾管理办法[G].2007-07-01.
[28] 江伟钰,陈方林.资源环境法词典[M].北京:清华大学出版社,2005.
[29] 范文宇.公共治理视角下的城市生活垃圾管理研究[D].天津商业大学,2017.
[30] 孙佑海,王甜甜.解决生活垃圾处理难题的根本之策是完善循环经济法制[J].环境保护,2019,47(16):33-36.
[31] 乔永平.生态文明建设协同系统的构成研究[J].生态经济,2015,31(11):180-184.
[32] 公众参与[DB/OL] https://baike.baidu.com/item/公众参与/8579134.
[33] 王群."互联网+"背景下公众参与公共治理:文献综述与前瞻[J].湖北行政学院学报,2019(05):90-96.
[34] 王金水.网络政治参与视角下的政治稳定研究[J].江海学刊,2012(05):215-220.
[35] 郝慧.福建省公众参与生态文明建设的法律机制研究[J].环境与可持续发展,2019,44(04):22-26.
[36] 周鑫.构建现代环境治理体系视域下的公众参与问题[J].哈尔滨工业大学学报(社会科学版),2020,22(02):133-139.
[37] 李兵华,朱德米.环境保护公共参与的影响因素研究——基于环保举报热线相关数据的分析[J].上海大学学报(社会科学版),2020,37(01):118-128.
[38] 毛晓红.浅谈环境影响评价中的公众参与机制[J].科技与创新,2016(06):67-71.

[39] 维基百科[DB/OL]https://zh. m. wikipedia. org/zh-%E5%85%AC%E7%9C%BE%E5%8F%83%E8%88%87.

[40] 大数据战略迫在眉睫? [EB/OL]https:www. jianshu. com/plafde37f10987.

[41] 王忠,安智慧. 国外城市管理大数据应用典型案例及启示[J]. 现代情报,2016,36(09):168-172.

[42] 宋国君,代兴良. 基于源头分类和资源回收的城市生活垃圾管理政策框架设计[J/OL]. 新疆师范大学学报(哲学社会科学版),2020(04):1-16[2020-06-02]. https://doi-org-443. wvpn. hrbeu. edu. cn/10. 14100/j. cnki. 65-1039/g4. 20200123. 001.

[43] 王盼盼. 哈尔滨市公众参与城市生活垃圾管理动力研究[D]. 哈尔滨工程大学,2017.

[44] 马彩华,游奎. 环境管理的公众参与:途径与机制保障[M]. 北京:中国海洋出版社,2009.

[45] 狄凡,周霞. 超大城市治理公众参与演变历程与现状分析——基于国内外比较的视角[J]. 上海城市管理,2019,28(06):4-14.

[46] 维基百科统计学[DB/OL]https://zh. m. wikipedia. org/zh-ans/%E7%BB%9F%E8%AE%A1%E5%AD%A6.

[47] 统计学[DB/OL]https://wiki. mbalib. com/wiki/统计学.

[48] 郭胜川. 基于大数据思维的统计学相关理论研究[J]. 计算机产品与流通,2018(07):110.

[49] 李智明. 浅谈大数据时代统计学的挑战与机遇[J]. 教育教学论坛,2020(13):95-96.

[50] 王贺超. 统计学在大数据领域发展思考[J]. 电脑知识与技术,2020,16(03):7-8.

[51] 李俊锋. 大数据背景下的统计学发展方向分析[J]. 中外企业家,2020(05):110.

[52] 徐琬舒. 大数据背景下统计学问题分析[J]. 科教文汇(下旬刊),2020(03):56-57.

[53] 挖掘(计算机科学)[DB/OL] https://baike. baidu. com/item/数据挖掘/216477.

[54] 汪晓青. 大数据视野下的数据挖掘技术应用分析[J]. 信息与电脑(理论版),2019,31(19):143-145.

[55] 大数据和数据挖掘的概念是什么,两者之间存在什么样的区别和关系![EB/OL] https:// www. sohu. com/a/301450471_99911609.

[56] 宋欣燃. 大数据时代的数据挖掘技术与应用探析[J]. 中国新通信,2020,22(05):109.

[57] 数据可视化(数据视觉表现形式的科技研究)[DB/OL]https://baike. baidu. com/item/数据可视化/1252367.

[58] 左圆圆,王媛媛,蒋珊珊,徐榕荟. 数据可视化分析综述[J]. 科技与创新,2019(11):82-83.

[59] 沈恩亚. 大数据可视化技术及应用[J]. 科技导报,2020,38(03):68-83.

[60] 治理理论[DB/OL] https://baike. baidu. com/item/治理理论/7671508.

[61] 刘宗超. 生态文明:中国的系统创新[J]. 中国生态文明,2020(02):47-49.

[62] 张津嘉. 中国共产党生态文明理论发展及其时代价值研究[D]. 云南师范大学,2019.
[63] 何波. 实现城市垃圾资源化,推进生态文明建设[J]. 西南民族大学学报(人文社科版),2009,30(04):227-230.
[64] 新公共行政学[DB/OL] https://wiki. mbalib. com/wiki/新公共行政学.
[65] 卫欢. 公众参与:基本内涵及理论基础[J]. 农村经济与科技,2016,27(12):238-239+241.
[66] 武小川. 论公众参与社会治理的法治化[D]. 武汉大学,2014.
[67] 何雪松,侯秋平. 城市社区的居民参与:一个本土的阶梯模型[J]. 华东师范大学(哲学社会科学版),2019(5):33-42.
[68] 王宏. 我国环境行政公众参与权的规范完善[D]. 西南政法大学,2018.
[69] 李开明. 基于利益相关者的公众参与特征研究——以上海市嘉定区控规编制为例[J]. 规划师,2016,32(S2):36-43.
[70] 利益相关者理论[DB/OL] https://baike. baidu. com/item/利益相关者理论.
[71] 杨加猛,叶佳蓉,王虹,张智光,刘璨. 生态文明建设中的利益相关者博弈研究[J]. 林业经济,2018,40(11):9-14+19.
[72] 崔涤尘,郝旭东. 基于利益相关者理论对环评公众参与方法的研究[J]. 环境保护科学,2015,41(03):71-74+102.
[73] 完善重大行政决策公众参与制度[EB/OL]http://politics. people. com. cn/n/2014/0224/c70731-24443060. html.
[74] 王德宝,胡莹. 我国生活垃圾组成成分及处理方法分析[J]. 环境卫生工程,2010,18(01):40-41.
[75] 王建壹,刘德军. 城市生活垃圾厌氧消化技术进展[J]. 北京水务,2011(05):15-17.
[76] 柴凯东. 城市生活垃圾处置技术方案优选的研究[D]. 浙江工业大学,2013.
[77] 不仅仅垃圾分类,收集都如此高科技,这才是未来城市的样子! [EB/OL]http://www. shengshisiyuan. com/h-nd-184. html.
[78] 盛金良,杨云. 我国城市生活垃圾收集模式综述与展望[J]. 科技资讯,2008(10):145-146.
[79] 顾旺. 我国城市垃圾分类处理问题研究[D]. 南京理工大学,2015.
[80] 水泥窑协同处置城市生活垃圾技术介绍[EB/OL] https://mp. weixin. qq. com/s? src=11&time stamp=1594041300&ver=2444&signature=T2sWxabGXrm16nLSpLUr3Il2eZIWAnIo3abefkR2Fn2pmrL2HZF2k51BYluahzWD7Rh36cq4nDYXrt7nFaSedf*5U5dps6Uji4hREkhph*wGJb-vcxZyCATrRY5UJFV8&new=1.
[81] 董桢. 水泥窑协同处理城市生活垃圾系统研究[D]. 郑州大学,2016.
[82] 李丹. 城市生活垃圾不同处理方式的模糊综合评价[D]. 清华大学,2014.

[83] 张仲恺. 水泥窑协同处理城市生活垃圾技术[J]. 四川水泥,2018(09): 2.

[84] 刘典福,谢军,孙雍春,周超群. 我国水泥窑协同处置城市生活垃圾技术进展[J]. 能源研究与利用,2019(01): 32-35+46.

[85] 陈晓东. 生活垃圾处理方案优选及实例分析[D]. 中国科学院大学(工程管理与信息技术学院),2015.

[86] 黄蔼霞. 城市生活垃圾收费管制研究[D]. 广东财经大学,2014.

[87] 褚祝杰,西宝. 城市生活垃圾按排计费研究[J]. 软科学,2011(25): 16-25.

[88] 褚祝杰,西宝. 基于按排计费费用核算的城市生活垃圾付费模式研究[J]. 大连理工大学学报·社会科学版,2012(33): 84-89.

[89] 李小波. 城市生活垃圾处理的难点和解决对策[J]. 中外企业家,2019(34): 224.

[90] 胡瑞君. 从跟进到引导: 城市生活垃圾分类中的管理[J]. 现代企业,2019(11): 21-22.

[91] 孙可. 城市生活垃圾第三方治理法律问题研究[D]. 中国地质大学(北京),2019.

[92] 政府部门间协调机制不畅北京垃圾分类处理六大难[EB/OL] http://www.fcfcxx.com/2020 /0507/11377.html.

[93] 陈文林. 垃圾焚烧发电厂维修管理创新研究[D]. 华南理工大学,2011.

[94] 王树文,文学娜,秦龙. 中国城市生活垃圾公众参与管理与政府管制互动模型构建[J]. 中国人口·资源与环境,2014,24(04): 142-148.

[95] 秦龙. 我国城市生活垃圾管理公众自主性参与模式研究[D]. 中国海洋大学,2013.

[96] 陈云俊,石磊. 论我国城市生活垃圾治理中的公众参与制度[J]. 科技视界,2014,000(020): 35-36.

[97] 姜朝阳,周育红. 论城市生活垃圾分类收集中的公众参与[J]. 环境科学与管理,2009,034(012): 18-21.

[98] 张培. 中国城市生活垃圾管理中的公众参与及政府角色[J]. 山西青年,2016,000(004): P.45-46.

[99] 刘琪. 垃圾分类新时尚,固废产业新格局[J]. 企业观察家,2019(12): 50-52.

[100] 王子田. 城市垃圾分类中的社区 NGO 参与研究[D]. 南昌大学,2018.

[101] 柳平. 上海市城市生活垃圾分类政策执行研究[D]. 哈尔滨商业大学,2018.

[102] 杭州市城市管理局. 杭州市普遍推行生活垃圾分类制度的探索与实践[J]. 政策瞭望,2019(08): 25-29.

[103] 黄彬. 杭州市垃圾分类处理现状与对策研究[J]. 现代城市,2012(3): 38-41.

[104] 陆栋岳. 杭州生活垃圾分类治理的多元共治模式: 现状、问题与对策[J]. 环境保护与循环经济,2020(3): 16-20.

[105] 陆峻岭,罗莹华,谢泽莹,陈曼春,谢思敏. 新加坡生活垃圾分类收集处理对我国的启示[J]. 再生资源与循环经济,2016,9(02): 41-44.

[106] 杨艳梅. 新加坡如何推动垃圾分类回收[J]. 智慧中国,2020(01): 80 - 81.

[107] 杨光,刘懿颉,周传斌. 生活垃圾资源化管理的国际实践及对我国的经验借鉴[J]. 环境保护,2019,47(12): 56 - 61.

[108] 高燕,陈灏,赵玉柱. 国内外生活垃圾分类方法及其分类原则分析[C]. 环境工程 2017 增刊 2. 2017: 247 - 250+254.

[109] 高娓娓. 美国人如何倒垃圾[J]. 思维与智慧,2019(20): 18 - 19.

[110] 薛立强. 居民参与生活垃圾分类的经验及启示——以日本、德国为例[J]. 上海城市管理,2019,28(06): 52 - 58.

[111] 孔维琛. 赋权理论视角下的邻避运动与抗争传播[D]. 中国青年政治学院,2015.

[112] 张黎. 生活垃圾分类的国内外对比与分析[J]. 环境卫生工程,2019,27(05): 8 - 12.

[113] 邹琴琴. 大数据技术及其在教育领域的应用管窥[J]. 时代农机,2018,45(03): 42 - 44.

[114] 伯运鹤. 大数据技术在电力行业的应用研究[J]. 科技创新与应用,2017(11): 177 - 178.

[115] 陈桂香. 大数据对我国高校教育管理的影响及对策研究[D]. 武汉大学,2017.

[116] 朱淑华. 暨南大学公开课: 开启"智慧生活"的大数据[EB/OL]. http://www. icourses. cn/ viewVCourse. action?course Code=10559V003.

[117] 韩永涛,叶彪,李大鹏,陈启良,龙腾腾,单保君,王秋华,李世友. 大数据技术在林火预测预报中的应用初探[J]. 森林防火,2018(04): 34 - 36.

[118] 郭帅. 浅析大数据特点及发展趋势[J]. 信息与电脑(理论版),2016(02): 25 - 26.

[119] 吴昊,彭正洪. 城市规划中的大数据应用构想[J]. 城市规划,2015,39(09): 93 - 99.

[120] 付佳美. 大数据研究特征分析[D]. 哈尔滨工业大学,2016.

[121] 胡顺奇. 统计调查员工作误区探讨[J]. 统计与决策,2014(6): 2 - 3.

[122] 王军,刘艳房. 民意测验与 2004 年美国总统大选的变量分析——以盖洛普(Gallup)民意测验为例[J]. 河北师范大学学报·哲学社会科学版,2005(02).

[123] 钟智,尹云飞. 数据挖掘与人工智能技术[J]. 河南科技大学学报(自然科学版),2004(25): 44 - 47.

[124] 刘冬冬. 基于 P2P 的物联网信息发现服务的研究[D]. 郑州大学,2011.

[125] 刘舒翔. 基于云计算的计算机与软件实验资源管理[J]. 信息与电脑: 理论版,2015,000(019): 52 - 53.

[126] 西姆森·L·加芬克尔. 历史性转变: 云计算公用事业化[J]. 科技创业,2011,(12): 74 - 75. DOI: 10. 3969/j. issn. 1671 - 3265. 2011. 12. 013.

[127] 张春蓉. 探究计算机软件技术在大数据时代的应用[J]. 数字通信世界,2017(5): 200 - 201.

[128] 张妮,徐文尚,王文文. 人工智能技术发展及应用研究综述[J]. 煤矿机械,2009,30(2): 4 - 7.

[129] 王喜文. 人工智能与大数据怎样结合？[N]. 中国电子报，2014(3)，7-17.
[130] 蒋丹，张宇燕，李军，韩丹. 大数据在城市生活垃圾智能分类管理中的应用研究[J]. 绿色环保建材，2020(01)：36-37.
[131] 徐凯. 构建垃圾分类回收智能化系统，提升城市绿色发展水平——以宿迁市为例[J]. 广西质量监督导报，2019(03)：74+68.
[132] 徐正虹. 管窥世界智慧城市的建设方略[J]. 资源再生，2013.
[133] 孔云茹. 基于大数据的广州城市生活垃圾治理研究[D]. 华南理工大学，2018.
[134] 彭斌. 浦东新区生活垃圾分类收运体系与信息化监管技术应用试点研究[J]. 环境卫生工程，2013，21(01)：30-34.
[135] 梁玄晔. 城市生活垃圾收运智能管理研究[D]. 大连理工大学，2015.
[136] 何晟，洪毅，干磊. 苏州市建筑垃圾智能化监管平台设计[J]. 环境卫生工程，2018，26(01)：77-79.
[137] 高青松，邓俊平，傅磊，宋丹. 生活垃圾卫生填埋场运营项目智能化管理平台的研究[J]. 市政技术，2015，33(06)：194-196.
[138] 杨芸，邵军. 城市生活垃圾处置产业化研究与市场竞争分析[J]. 环境卫生工程，2008，8(16)：28-32.
[139] 周宇，庄国敏. 大数据技术对法学实证研究的启示——以环境保护公众参与为例[J]. 北京邮电大学学报(社会科学版)，2017(04)：21-29.
[140] 聂婷，王建军，林本岳. 从大众到个体：大数据在规划公众参与中的应用探讨[C]. 中国科学技术协会、广东省人民政府. 第十七届中国科协年会——分 16 大数据与城乡治理研讨会论文集. 中国科学技术协会、广东省人民政府：中国科学技术协会学会学术部，2015：97-102.
[141] 徐国华，隋玉柱. 城市垃圾问题处理对策[J]. 环境规划与管理，2006，31(3)：29-31.
[142] 李东兴. 大数据的特征和相关技术分析与趋势研究[J]. 中国教育技术装备，2015(12)：10-12.
[143] 杨宗慧，杨丽琼，王欣欣. 云南 NGO 环境保护公众参与可行性浅析[J]. 环境与可持续发展，2015，40(04)：84-87.
[144] 苏玉娟，董华. 企业技术创新的内源动力和外源支持[J]. 山西财经大学学报，2001(S2)：112-113.
[145] 吴怡. 我国环境标志制度中公众参与问题研究[D]. 华东政法大学，2020.
[146] 毛寿龙. 公众参与政策制定的有效路径[J]. 决策探索，2011(4)：6-7.
[147] 周沁薇. 城市生活垃圾治理中公众参与研究[D]. 华中科技大学，2018.
[148] 黄海艳，李振跃. 公众参与基础设施项目的影响因素分析[J]. 科技管理研究，2006，26(12)：247-248.

[149] 王欢乐.提升地方政府公共服务能力的研究[J].科教导刊：电子版,2013(21)：3-3.
[150] 张凌云.信息时代公共参与对公共事务管理的影响研究[J].经济与社会发展研究,2015(03)：209-209.
[151] 王俏.我国公众参与科技决策问题研究[D].河北师范大学,2013.
[152] 刘淑妍.当前我国城市管理中公众参与的路径探索[J].同济大学学报(社会科学版),2009,20(03)：85-92.
[153] 李桥兴,陈克杰.面向健康产业大数据的灰色关联分析建模探讨[J].贵州大学学报：社会科学版,2018,36 (02)：57-62.
[154] 陈掌兵.我国公众参与公共管理有效性研究[D].吉林财经大学,2013.
[155] 应松年.依法治国必须依法行政[J].中国人大,1998 (18)：11-16.
[156] 李金戈,徐云川.影响城市居民垃圾分类意愿的因素分析[J].环境与发展,2019(11),234-237.
[157] 赵彬吟.地方政府公共项目建设中的公众参与机制研究[D].湘潭大学,2012.
[158] 张世秋,胡敏,胡守丽,等.中国小城市妇女的环境意识与消费选择[J].中国软科学,2000(05)：12-16.
[159] 许晓明.环境领域中公众参与行为的经济分析[J].中国人口·资源与环境,2004,14(01)：127-129.
[160] 王凤.公众参与环保行为影响因素的实证研究[J].中国人口·资源与环境,2008(06)：30-35.
[161] 方斌.公众参与上海旅游节的客观影响因素研究[D].上海师范大学,2012.
[162] 张锐.大型公共建筑项目投资决策中的公众参与影响因素研究[D].广州大学,2013.
[163] 邝嫦娥,田银华,吴伟平,等.长株潭城市群公众参与环保行为的实证研究[J].湖南科技大学学报(社会科学版),2013(02)：81-84.
[164] 曾婧婧,胡锦绣.中国公众环境参与的影响因子研究——基于中国省级面板数据的实证分析[J].中国人口·资源与环境,2015,25(12)：62-69.
[165] 张启良.我国离创新强国还有多远?——从R&D活动及经费比重指标说起[J].统计与咨询,2014(4)：46-47.
[166] 石微微.地区科技投入强度与经济发展对比探讨[J].中国科技博览,2016(4)：221-221.
[167] 吴小文,张禹佳,文雯,等.基于有效发明专利的贵州省专利现状分析[J].中国发明与专利,2017,14(02)：39-42.
[168] 陈诗鸿.公共管理视角下公众参与渠道分析[J].财讯,2016(28)：85-85.
[169] 邓聚龙.灰色系统综述[J].世界科学,1983(07)：3-7.
[170] 李子田,郝瑞彬,李宏萍.公众参与环保的有效途径环境污染有奖举报[J].北方环境,

2004(02)：36－39.

[171] 罗敏. 公众参与环境保护的动力问题研究[D]. 华东师范大学，2017.

[172] 顾建军. 县域农村信用体系建设探究[D]. 南京农业大学，2014.

[173] 陈功玉，黄望荠. 企业技术创新的内源动力因素及其机制[J]. 中国科技论坛，1998,000(005)：46－49.

[174] 袁媛. 基于企业社会责任的企业家道德建设[J]. 中国电力教育，2013(20)：178－179＋226.

[175] 张启祯. 保护生态和环境是企业的社会责任[J]. 商品储运与养护，2001(06)：44－46.

[176] 兰玲，宁小银. 浅论环保公众参与[J]. 湖南社会科学，2011(01)：118－121.

[177] 燕博. 大数据背景下行政监督的公众参与机制构建研究[D]. 湘潭大学，2017.

[178] 严小芸. 我国城市生活垃圾减量化法律制度研究[D]. 兰州大学，2018.

[179] 王甲伟. 大数据背景下城市交通管理中的公众参与问题研究[D]. 长安大学，2017.

[180] 田金花. 我国公司环境责任的内外监督机制建立健全研究[J]. 中外企业家，2017.

[181] 谢香兰. 浅析我国政策过程中公众参与的动力与阻力[J]. 经济与社会发展，2007,5(010)：35－38.

[182] 范进利. 公众参与社会管理：动力因素分析[D]. 天津大学. 2013.

[183] 罗伯特·F·德威利斯. 量表编制：理论与应用[M]. 重庆：重庆大学出版社，2004.

[184] 李艳双，曾珍香，张闽，等. 主成分分析法在多指标综合评价方法中的应用[J]. 河北工业大学学报，1999,28(1)：94－97.

[185] 王京传. 旅游目的地治理中的公众参与机制研究[D]. 南开大学，2013.

[186] 潘磊. 城市生活垃圾分类难点及解决措施[J]. 资源节约与环保，2020(05)：123－126.

[187] 张忠原. 城市生活垃圾收集处理的环境管理研究[J]. 资源节约与环保，2020(01)：135.

[188] 陈艳. "强制分类"背景下城市生活垃圾回收物流系统研究[J]. 辽宁科技学院学报，2020,22(01)：72－74.

[189] 陈雪萍. 基于垃圾分类的城市生活垃圾处理系统动力学[J]. 再生资源与循环经济，2020,13(05)：31－34.

[190] 朱飞鹰. 城市环卫规划中生活垃圾处理方式的思考[J]. 资源节约与环保，2020(05)：133.

[191] 杨冬. 论我国环境保护公众参与制度的完善[D]. 河北经贸大学，2015.

[192] 胡莉莉. 我国公众参与环境管理研究[D]. 兰州大学，2009.

[193] 朱佳林. 论公众环境行政参与[D]. 兰州大学，2013.

[194] 郭智谋，王翔. 完善公众参与城市生活垃圾管理的对策研究[J]. 现代经济信息，2018(07)：103.

[195] 赵宇. 公众参与模式在中国城市生活垃圾管理中的应用研究[J]. 经济动态与评论，

2016(01): 215-228.

[196] 李卫国.举报制度:架起公众监督的桥梁[M].北京:中国方正出版社,2011.

[197] 王希.垃圾分类世界观[J].当代工人,2019(19): 50-52.

[198] 张德元.生产者责任延伸制度——理论与实践[M].北京:经济科学出版社,2019.

[199] 一卓.来自海外的"分类绝技"[J].走向世界,2019(32): 34-37.

[200] 吴梅.全民环保之路:环境公共决策中"非组织"参与权保障机制研究[M].北京:法律出版社,2019.

[201] 李彬彬.基于委托代理理论下的建筑节能减排政府激励机制研究[D].南京工业大学,2016.

[202] 郑沫,杨解君.公众参与行政决策的反馈法律机制构建——基于应然的分析与现实的检讨[J].法治论坛,2019,000(001): P.150-166.

[203] 潘子尧.新时代我国服务型政府建构的伦理研究[D].长沙理工大学,2018.

[204] 赵闯,姜昀含.环境决策中公众参与的有效性及其实现[J].大连理工大学学报:社会科学版,2019,40(01): 115-122.

[205] 李以渝.正反馈、负反馈概念新探[J].社会科学研究,1988(03): 57-58.

[206] 钟扬荣.谈反馈与生物反馈[J].生物学教学,2005.

[207] 曲恒,韦丹,林建国.环境影响评价中的公众参与[J].大连海事大学学报,2007,33(S2): 177-179.

[208] 邓勇.对建立健全公众参与意见反馈机制的思考[J].湖南人文科技学院学报,2011,000(005): 8-11.

[209] 宋燕波.零废弃物:让垃圾从源头消失[J].绿色中国:公众版,2005(4): 72-73.

[210] 郭燕.我国"零废弃"管理实践及意义研究[J].商场现代化,2014(29): 254-256.

[211] 钱易.清洁生产与循环经济:概念、方法和案例[M].北京:清华大学出版社,2006.

[212] 周家春.大学教学评价反馈机制面临的问题与改进策略[J].重庆科技学院学报(社会科学版),2019(4): 31.

[213] 徐锡莲.利用大数据开展科普工作的设想[J].科技资讯,2015(8): 226-226.

[214] 陈严.城市生活垃圾管理系统动力学模型研究[D].杭州电子科技大学,2009.

[215] 张蓉.网络民意表达推进社会管理创新研究[D].南昌大学,2012.

[216] 贾荣文.大数据背景下城市交通管理中的公众参与策略分析[J].中外企业家,2020(02): 217.

[217] 郭丽娟.大数据的特点及未来发展趋势[J].信息通信,2014(10): 195.

[218] 王挺,吴东.大数据共享平台实现智慧城市的建设方案[C].《建筑科技与管理》组委会.2017年8月建筑科技与管理学术交流会论文集.《建筑科技与管理》组委会:北京恒盛博雅国际文化交流中心,2017: 75-76.

[219] 喻文承，茅明睿. 大数据时代规划公众参与的机遇与应对[J]. 城乡建设，2015(11)：35-37.

[220] 杨岚兰，石磊. 大数据技术及其在通信领域的应用[J]. 信息与电脑(理论版)，2015(15)：68-69.

[221] 李果，赵鹏飞，许建，王婷婷. 知识管理视角下高职人才培养工作状态数据采集平台的建设与实施[J]. 职业技术教育，2013，34(08)：55-57.

[222] 万德年. 人才培养状态数据采集质量的研究[J]. 黄冈职业技术学院学报，2019，21(02)：14-18.

[223] 陈东，刘细发. 社会管理的公众参与机制及其路径优化[J]. 湖南社会科学，2014，000(003)：6-8.

[224] 邵焕峥. 大数据环境下计算机软件技术应用研究[J]. 无线互联科技，2019，16(14)：126-127.

[225] 向程冠，熊世桓，王东. 浅谈高校大数据分析人才培养模式[J]. 中国科技信息，2014(09)：138-139.

[226] 李忠雄. 基于大数据技术的计算机应用人才培养模式研究[J]. 职业，2019(26)：41-42.

[227] Tin A M, Wise D L, Su W H, et al. Cost—benefit analysis of the municipal solid waste collection system in Yangon, Myanmar[J]. Resources Conservation & Recycling, 1995, 14(2): 103-131.

[228] Koushki P A, Al-Duaij U, Al-Ghimlas W. Collection and transportation cost of household solid waste in Kuwait [J]. Waste Management, 2004, 24(9): 957-964.

[229] Kaseva M E, Mbuligwe S E. Appraisal of solid waste collection following private sector involvement in Dar es Salaam city, Tanzania [J]. Habitat International, 2005, 29(2): 353-366.

[230] Li J Q, Borenstein D, Mirchandani P B. Truck scheduling for solid waste collection in the City of Porto Alegre, Brazil [J]. Omega, 2008, 36(6): 1133-1149.

[231] Arribas C A, Blazquez C A, Lamas A. Urban solid waste collection system using mathematical modelling and tools of geographic information systems [J]. Waste Management & Research the Journal of the International Solid Wastes & Public Cleansing Association Iswa, 2010, 28(4): 355-363.

[232] Kim B I, Kim S, Sahoo S. Waste collection vehicle routing problem with time windows [J]. Computers & Operations Research, 2006, 33(12): 3624-3642.

[233] El-Hamouz A M. Logistical management and private sector involvement in reducing the cost of municipal solid waste collection service in the Tubas area of the West Bank [J]. Waste Management, 2008, 28(2): 260-271.

[234] Miranda M L, Everett J W, Blume D, et al. Market-based incentives and residential municipal solid waste [J]. Journal of Policy Analysis and Management, 1994, 13(4): 681 - 698.

[235] Canterbury J L, Hui G Rate Structure Design: Setting Rates for a Pay-As-You-Throw Program [M]. US Environmental Protection Agency, Solid Waste and Emergency Response, 1999.

[236] Hogg D, Favoino E, Nielsen N, et al. Economic analysis of options for managing biodegradable municipal waste [J]. Final report to the European Commission. Bristol, Eunomia, 2002. 20(13): 67 - 82.

[237] Reichenbach J. Status and prospects of pay-as-you-throw in Europe — A review of pilot research and implementation studies [J]. Waste Management, 2008, 28(12): 2809 - 2814.

[238] Houtven, G. L. V. , Morris, G. E. , 1999. Household behavior under alternative pay-as-you-throw systems for solid waste disposal. Land Economics 75 (4), 515 - 537.

[239] Batllevell M, Hanf K. The fairness of PAYT systems: Some guidelines for decision-makers[J]. Waste Management, 2008, 28(12): 2793 - 2800.

[240] Sakai S, Ikematsu T, Hirai Y, et al. Unit-charging programs for municipal solid waste in Japan[J]. Waste Management, 2008, 28(12): 2815 - 2825.

[241] Elia V, Gnoni M G, Tornese F. Designing Pay-As-You-Throw schemes in municipal waste management services: A holistic approach[J]. Waste Management, 2015.

[242] Brown Z S, Johnstone N. Better the devil you throw: Experience and support for pay-as-you-throw waste charges[J]. Environmental science & Policy, 2014, 38: 132 - 142.